Jean-Pierre Mohen
Todos tenemos 400 000 años

Documento/311

Jean-Pierre Mohen

Todos tenemos 400 000 años

Traducción de
Soledad Silió

Planeta

COLECCIÓN DOCUMENTO
Dirección: Rafael Borràs Betriu
Consejo de Redacción: María Teresa Arbó, Cristina Pagès, Marcel Plans y Carlos Pujol

Título original: Vous avez 400 000 ans

Diseño colección y cubierta de Hans Romberg
Ilustración cubierta: fragmento de vasija de arcilla del III milenio a. C., Novosibirsk
Primera edición: mayo de 1992
Depósito Legal: B. 18.534-1992
ISBN 84-08-00024-1
ISBN 2-7096-1018-3 editor Éditions Lattès, París, edición original
Composición: Fort (Aster, 9,5/10,5)
Papel: Offset Rotoform, de Clariana, S. A.
Impresión: Duplex, S. A., Ciudad de Asunción, 26, int., letra D, 08030 Barcelona
Encuadernación: Auxiliar Gráfica JIRO, S. A.
Printed in Spain - Impreso en España

Índice

INTRODUCCIÓN

TODOS TENEMOS 400 000 AÑOS

La frase «todos tenemos 400 000 años» no es una simple ocurrencia ingeniosa. Así se constata un hecho de consecuencias múltiples. Porque la duración inherente a toda herencia biológica, cultural, ecológica de cada uno de nosotros es una dimensión primordial a la que no habíamos prestado atención; el pasado había sido olvidado casi en su totalidad, a excepción de esa parte reciente de la historia, importantísima pero parcial, que conocemos por fuentes escritas. El gran descubrimiento de la arqueología, a pesar de las inmensas lagunas, es enseñarnos a descifrar los vestigios fósiles del pasado, es decir, la memoria del mundo.

Desde hace cerca de un siglo hemos asimilado la paradoja de Denis Vialou sobre las cuevas paleolíticas decoradas:[1] «Es un mensaje confiado al tiempo, como si el tiempo tuviera memoria.»

Aquí intervienen varios factores favorables: la evolución de nuestra manera de pensar, que acepta que el hombre sea una creación natural y pueda ser objeto de estudio; el desarrollo de métodos científicos aplicados a la arqueología; los numerosos descubrimientos más o menos espectaculares, pero siempre interesantes, que movilizan a los especialistas y al público en general; la creación de servicios competentes por parte de la administración y de las asociaciones, tanto en Francia como en los países vecinos, y en otros muchos lugares. Poco a poco, las posibilidades de una historia universal ampliadísima encuentran aplicaciones incluso donde, como en el caso de la Polinesia, hasta el pasado más reciente parecía perdido sin remedio por falta de textos, o también donde, como en los múltiples aspectos de la vida cotidiana, las fuentes escritas en la mayoría de los casos no nos dicen nada.

1. Véase al final de la obra la tabla cronológica de los principales yacimientos arqueológicos.

La historia revelada por la arqueología ya no es sólo la historia de los reyes o de cierta clase de hombres, es la historia de todos los hombres.

La exploración de un pasado tan extendido en el tiempo y en el espacio geográfico no puede hacerse, claro está, sin dificultades y sin que se produzcan algunas sorpresas:

— se descubren caracteres humanos en esqueletos muy antiguos, como el de Lucy, por ejemplo, que tiene 3,5 millones de años. Pero Lucy no medía más de 1,40 m y su cerebro tenía una capacidad de 600 cm^3. ¿Es realmente una mujer? ¿Nuestra Eva? ¿Qué es lo que somos nosotros? Sólo podemos responder a esas preguntas haciendo prudentes matizaciones;

— a pesar de las diferencias «raciales» que se comprueban en nuestros días, no existe más que una sola humanidad en la tierra. La última subespecie humana, llamada de Neandertal, distinta de nosotros desde el punto de vista biológico, se extinguió hace unos 32 000 años;

— hace 20 000 años nuestros antepasados, los hombres de Cro-Magnon, padecían artrosis, como si pasaran demasiado tiempo al calor de la lumbre... ¡y no hicieran suficiente ejercicio!;

— unos 3 000 años antes de Cristo, la deforestación ocasionada por la quema de los montes produjo graves daños ecológicos que sin duda contribuyeron a la invención de nuevas técnicas agrícolas;

— hacia la misma época, señales evidentes de guerra reflejan por primera vez las tensiones que hay entre los grupos sociales;

— una grave crisis en el abastecimiento de materias primas se deja sentir hacia el año mil antes de Cristo, cuando el estaño occidental, demasiado escaso y caro, es sustituido por el plomo, lo cual supone una catástrofe para la calidad del bronce y la eficacia de las armas; pero un nuevo metal no tarda en empezar a hacer la competencia al bronce, el hierro;

— la Galia romana supo encontrar un notable y original sistema de explotación del suelo con la multiplicación de las *villae,* lo cual fue sin duda un logro económico y social;

— del año mil al siglo XII hay un renacimiento urbano y rural que va acompañado de una gran calidad de vida, como indican tantos pequeños objetos encontrados entre las ruinas;

– ¿Cuál es el balance que nos da la arqueología de los desastres climáticos, epidémicos, demográficos y económicos de la guerra de los Cien Años?
– ¿Cómo explica la arqueología industrial la llegada de nuestra sociedad contemporánea?

Podríamos continuar la enumeración de esas situaciones singulares y de esos sobresaltos de las sociedades, tan parecidos a los fenómenos que vivimos ahora y que aterran a muchos de nosotros. Este libro reúne cierto número de ejemplos que nos muestran la creatividad de nuestros predecesores, así como la actualidad de los problemas, muchas veces dramáticos, que tuvieron que resolver. Son ejemplos tomados en su mayor parte de Francia y de los países vecinos. Tienen valor de demostración. Podrían haberse tomado de todas las partes del mundo, pero el Año de la Arqueología, para el cual el ministro de Cultura me confió un trabajo de coordinación, ha permitido hacer, entre septiembre de 1989 y septiembre de 1990, un balance colectivo de las aportaciones de la arqueología en Francia durante los últimos treinta años. La exposición que se celebró en el Grand Palais en el último trimestre de 1989 y su catálogo, «Archéologie de la France», han dado a conocer los métodos que se siguieron y la experiencia sacada de los trabajos. A través de toda Francia, más de ciento treinta manifestaciones han explicado, por temas y por regiones, los resultados de los trabajos arqueológicos y de su interpretación. Es el momento de preguntarse por qué la arqueología es un nuevo humanismo, por qué está plenamente justificado querer profundizar en algunos de los temas suscitados por la investigación arqueológica.

Varios alumnos de un instituto de la Isla de Francia participaron en un concurso de lectura del mejor libro de arqueología, y redactaron luego un trabajo sobre esa nueva ciencia. No es poco lo que esperan de ella. «La arqueología», dicen, «puede dar garantías a la humanidad en un momento en que el futuro parece condenado al crecimiento económico al ritmo de las bolsas de Tokio, Nueva York y Londres». En cualquier caso, la arqueología puede y debe proponer una definición de la humanidad profunda, incluso oculta, pero completa y auténtica, más tranquilizadora que la imagen dada por los medios de comunicación de una humanidad febril, mercantilista y violenta. Ese intento se hace posible desde el momento en que ya no se considera al hombre del pasado como un «primitivo», sino como un ser semejante a nosotros en todos los aspectos.

¿Por qué 400 000 años?

La cifra de 400 000 años hace alusión al hombre de Tautavel. En ese pueblo del Rosellón, situado a una veintena de kilómetros al norte de Perpiñán, Henry y Marie-Antoinette de Lumley han estado haciendo excavaciones desde 1964 en la llamada cueva del Arago. Se trata de una enorme boca de caverna natural, en parte hundida, que domina la llanura desde varias decenas de metros. Hace de 700 000 a 100 000 años la cueva estuvo ocupada intermitentemente por los homínidos; los depósitos sedimentarios y de restos de comida acumulados alcanzan más de once metros de altura; veinte niveles de hábitats prehistóricos están separados por capas de arena estériles. Entre los miles y miles de vestigios —100 000 útiles de piedra por ejemplo—, más de setenta restos fósiles de homínidos constituyen el conjunto europeo más antiguo y completo que existe en este momento. Aunque en Tautavel no hay ningún esqueleto entero, los distintos huesos correspondientes a varios individuos pertenecen a una especie única, anterior al hombre moderno u *Homo sapiens*. El «hombre» de Tautavel es por tanto un excelente jalón del origen biológico del hombre moderno en nuestro territorio. Ese hombre antiguo era robusto; su cráneo, que se hizo famoso con el descubrimiento en 1971 de una parte anterior completa con el frontal y cara, tenía una frente huidiza, arcos superciliares prominentes y un prognatismo general. Dos mandíbulas indican la ausencia de mentón; los dientes son grandes. Varios otros huesos del cráneo permiten hacerse una idea del volumen del cerebro, unos 1 500 cm^3, volumen pequeño si se compara con los 1 500 cm^3 actuales. Varios caracteres hacen de estos homínidos unos pitecántropos y, sin duda, los antepasados del *Homo sapiens,* especie a la que pertenecemos nosotros. Parece incluso que puedan ser el origen de la subespecie neandertalense, «prima» del hombre moderno, como se verá después. El hombre de Tautavel cazaba unas veces el musmón, animal de caza de invierno, y otras el caballo. En algunas épocas se dedicaba sólo al reno. Había subido también hasta su gruta grandes pedazos de carne de rinoceronte. En un radio de 10 km, y hasta de 35 km en el 20 por ciento de los casos, había ido a buscar piedras para fabricar utensilios con los que cortar la piel y la carne, y partir los huesos largos para sacar de ellos el tuétano. Un montón de huesos «consumidos» se formó hace 500 000 años; estaba rodeado de bloques de piedra, los cuales es probable que fueran yunques dispuestos así para partir los huesos.

El caso de Tautavel nos hace conocer al hombre prehistórico en su medio de vida, con sus costumbres culinarias y sociales. Está organizado. Numerosos estudios científicos se unen para reanimar algunos fragmentos de la vida de esos antepasados tan lejanos. Veremos que falta poco para que les oigamos hablar y reír.

¿400 000 años? Varios cientos de dataciones obtenidas con distintos métodos, paleomagnéticos, isotópicos, geológicos y palentológicos, indican que el estrato de restos humanoides se acerca más a los 450 000 que a los 400 000 años. Esta última fecha se ha conservado por razones de prudencia y simplificación.

Esa fecha no significa que fuera hace unos 400 000 años cuando aparecieron los primeros homínidos en el territorio de Francia. Sobre la presencia de útiles de piedra que implican una fabricación humana se proponen fechas que sobrepasan los dos millones de años. Y si acudimos a las fechas más antiguas que se conocen para situar en el tiempo la aparición de los antepasados de los hombres, hay que citar a Lucy, en Etiopía, que tiene 3,5 millones de años, y está considerada por muchos antropólogos como el primer jalón de la humanidad, pero se han encontrado huellas fósiles todavía más antiguas. Huellas de bípedos han quedado marcadas hace 3,7 millones de años en Laetoli, Tanzania, y los huesos recogidos en Lukeino, Kenia, se fechan hace 6,5 millones de años.

La fecha de «400 000 años», que en sí misma es ya considerable y que, en Francia, es un jalón bien comprobado, no es una fecha exagerada respecto a la realidad que emerge de la tierra. En esa larga evolución humana parece corresponder al momento en que el lenguaje articulado se hace posible y aísla al hombre del resto de la creación.

Una arqueología a menudo imprevisible

La arqueología tiene siempre un aspecto imprevisible. A pesar de todos los medios de prospección, de preparación del trabajo sobre el terreno, y de examen de los objetos o muestras en el laboratorio, hay siempre una parte de desconocido que aparece. La mayoría de las veces lo que trae es una decepción, pero una información negativa es también importante desde el punto de vista científico. Puede ser el origen de una agradable sorpresa. Unas radiografías de masas herrumbrosas de la época merovingia han hecho aparecer las decoraciones incrustadas de laminillas de plata de unas fíbulas. Todo resultado de análisis proporciona una información no perceptible a primera vista, y eso nos permite avanzar en el terreno de lo no descifrado.

Para el público en general la arqueología imprevisible puede estar en cualquier sitio, como en el caso del agricultor de Blanot (Côte-d'Or) que mira por curiosidad las raíces de un árbol derribado por una tormenta en 1982 y descubre en un caldero de bronce cuentas de oro, anillos, adornos, pulseras y vasos de bronce. Se lo comunica a las autoridades y se entera de que ese tesoro data de mil años antes de Cristo. La sorpresa alcanza también a personas más experimentadas en arqueología. En 1953, más abajo del monte Lassois (Côte-d'Or), René Joffroy descubre un montón de piedras muy desgastadas que él supone son los restos de una construcción de la villa romana señalada en esa zona. En pleno invierno realiza una exploración y encuentra la tumba de Vix, la más espectacular de las tumbas célticas conocidas hasta ahora. Y qué decir del descubrimiento por unos niños de la cueva de Lascaux, en Dordoña, hace cincuenta años, y de la autenticación definitiva del arte rupestre por el abate Breuil.

La arqueología es una aventura en el sentido de que, a pesar de toda la documentación reunida sobre un lugar, depara algo nuevo. Su objetivo es dominar lo que hay de casualidad en los hallazgos y a menudo la improvisación que se deriva de ello.

En el Consejo superior de la investigación arqueológica, organismo que reúne a un grupo de especialistas para reflexionar sobre las grandes líneas de una política de la arqueología en Francia, existe una discusión permanente sobre los programas de las excavaciones: el examen de los temas de la investigación proporciona un mayor equilibrio de los esfuerzos y un mejor reparto de los equipos sobre el terreno.

Pero hay también toda una serie de excavaciones urgentes, llamadas de salvamento, que se ha desarrollado en estos últimos años con los grandes trabajos urbanos y rurales. En este momento son, con gran diferencia, las más frecuentes y las que movilizan a unos equipos más numerosos, coordinados por los directores de los departamentos de antigüedades de cada región. Entramos de nuevo en los dominios de una arqueología imprevisible, pero que hay que dirigir con energía y discernimiento.

Pueden citarse numerosos ejemplos en las obras de las autopistas de todas las regiones de Francia, en el trazado del tren de gran velocidad entre París y Lille, en los terrenos de las instalaciones de la compañía Electricité de France y en las grandes obras de acondicionamiento de los metros urbanos.

Para dar una idea de la dificultad y el interés de las excavaciones de salvamento, vamos a citar sólo dos casos, el de un gran conjunto, la necrópolis neolítica de Pontcharaud, cerca de Clermont-Ferrand (Puy-de-Dôme) y el de un descubrimiento único, el del tesoro de Eauze (Gers).

En 1986, en la intersección de la carretera nacional 89 y de la autopista A 71, que se estaba construyendo, se encontraron en Pontcharaud, en la misma parcela de terreno, tres yacimientos arqueológicos: un poblado de la época gala, una estación de la edad del bronce y una vasta necrópolis neolítica, que ocupa 1 500 m^2, explorada en su totalidad por Gilles Loison. Hay en ella setenta individuos de todas las edades y de ambos sexos, inhumados según distintos usos funerarios, que van de la sepultura individual con ofrenda a la sepultura colectiva con ablación de las manos y los pies, a la que se añaden grandes piedras, según un rito protomegalítico. Data del año 4000 antes de Cristo. La excavación y el estudio en el mismo terreno se han realizado en buenas condiciones. Después de la publicación de ese hallazgo excepcional, los restos encontrados se expondrán en un museo regional. La sociedad de las Autopistas del Sur ha dado aún más realce al descubrimiento en el Gard de la sepultura de una mujer de fines del III milenio, llamada la «dama de Caissargues». Se ha construido un local en el lugar donde se encontró, junto a la autopista; el vaciado del sepulcro se expone rodeado de abundante documentación sobre la importancia de esta excavación de salvamento.

Mientras se hacían unos trabajos de explanación de un terreno próximo a la estación de Eauze, la antigua Elusa, el Servicio de antigüedades históricas de Midi-Pyrénées estaba haciendo unas excavaciones; en la tarde del 18 de octubre de 1985 apareció un tesoro en un hoyo de 50 cm de diámetro.

Daniel Schaad, el descubridor del tesoro de Eauze, ha conseguido joyas y monedas en bastante buenas condiciones, separándolas de la masa que formaban y restaurándolas en el laboratorio. Unas 28 000 monedas, con un peso de 120 kilos, han podido identificarse y han quedado marcadas con un número y registradas por ordenador. El tesoro monetario va acompañado de una importante cantidad de joyas de oro, alfileres hechos de asta, dos cuchillos con mango de marfil tallado, una llave pequeña de bronce, tres lingotes de plata y siete cucharas del mismo metal. Se llamó a varios especialistas en historia, numismática, metalurgia, orfebrería y joyería para hacer el estudio y la monografía del lugar. Se llegó a un acuerdo con el propietario del terreno para solucionar el problema del estatuto legal del conjunto. Ahora el tesoro pertenece en su totalidad al Estado. Está previsto exponerlo en Eauze, el sitio donde se encontró, en las mejores condiciones de seguridad.

Del descubrimiento fortuito a la publicación y la exposición; esos son los pasos esenciales que sigue la arqueología: su primer aspecto, monográfico, lleva a hacer un estudio histórico más amplio, después de haber reunido una multitud de datos.

Buscador y arqueólogo

La gente se siente atraída por la arqueología debido a la emoción que provoca el descubrimiento inesperado de una tumba con ricas ofrendas, de un tesoro o de un cuerpo humano conservado intacto en la turba o bajo las cenizas. El público comprende la emoción del descubridor y muchas veces su entusiasmo. Añade por su cuenta el misterio de lo desconocido. Existe esa forma de ver las cosas; es la que llamamos romántica. Pero ahora todo el mundo está convencido de que el «descubrimiento» no es más que un aspecto de la investigación arqueológica. La arqueología es una ciencia, es decir, algo que requiere:

— una metodología de prospección, de trabajo sobre el terreno y de aprovechamiento de los datos en el laboratorio;

— una práctica con el personal y los instrumentos más adecuados;

— una finalidad para ser una contribución dinámica a la investigación histórica, tanto si concierne al hombre como a su entorno geológico y ecológico.

Una de las dificultades de la arqueología moderna es la de conciliar los distintos aspectos de esta disciplina. En los últimos tiempos se han hecho importantes progresos con la utilización de medios científicos fisicoquímicos y estadísticos, llamados «arqueométricos». Se aplican a los nuevos métodos y perfeccionan el trabajo de la arqueología. No son eficaces si la finalidad de la operación no se determina de una forma imaginativa y precisa.

Por eso vemos que muchas personas que han participado con entusiasmo en el rescate de vestigios arqueológicos no lo han entendido bien. Han sido minuciosos en el trabajo de campo, han consignado sus observaciones en un cuaderno, han tomado muestras y las han enviado a los laboratorios. Con ayuda del láser han levantado el plano de todas las alineaciones de piedra y dibujado los restos, capa por capa: un verdadero trabajo de arquitecto. Son unos buscadores irreprochables. Pero la arqueología ahora exige algo más. Si por cualquier razón, por falta de tiempo, porque hay otro trabajo urgente, porque determinado especialista no está disponible en ese momento, y los estudios no se hacen después del hallazgo o no hay ningún equipo que prepare la publicación, porque el material encontrado se guarda sin haberlo restaurado, sin aclarar su situación legal, el trabajo no está terminado.

La arqueología debe también hacer públicos los resultados de sus investigaciones y saber mantenerse en contacto con los medios modernos, las informaciones nuevas y los debates que se produzcan.

La arqueología, una ciencia nueva

Lo mismo que un detective, el arqueólogo emplea su sentido de la observación y de la deducción. Lo mismo que él está, *a priori,* atento a cualquier indicio que pueda tener alguna significación para lo que quiere demostrar. Porque todo vestigio arqueológico es una prueba y un testimonio, una prueba de la existencia de esa «cosa», que es el reflejo de un entorno, de un contexto natural, de una cultura, de una sociedad, etc. Cuanto más preciso es el campo de investigación, más importantes son a menudo las conclusiones que se sacan de ella. El empleo de métodos rigurosos, especialmente arqueométricos, inspirados en las ciencias físicas, es lo que caracteriza en arqueología las tres últimas décadas.

El lugar donde se realizan las excavaciones se ha convertido en un laboratorio de las ciencias de la tierra: múltiples muestras de todas clases se analizan allí. La micromorfología estudia sobre grandes láminas de cristal una película de la sección de los sedimentos acumulados; se determinan las fases activas secas o húmedas, las interrupciones, las perturbaciones debidas a la frecuentación animal o humana; los homínidos de Tautavel vuelven a situarse así en la dinámica geológica del relleno sedimentario de la cueva; en Fort-Harrouard (Eure-et-Loir), Marie-Agnès Courty y Nicolas Fédoroff han podido reconocer el paso de los horticultores neolíticos sobre el manto de loess, cargado de elementos orgánicos, y la actividad desbordante de los broncistas prehistóricos, que habían tirado las cenizas de sus hornos calentados a más de 1 000°, temperatura suficiente para hacer que se fundan las plantas fósiles.

Se estudian los huesos; sus fracturas son el resultado de actividades culinarias o artesanales; se seleccionan las especies animales de acuerdo con criterios naturales o culturales. Se examinan e identifican los granos de polen, las semillas, las conchas, las rocas, los metales.

Uno de los avances espectaculares de la arqueometría son los métodos físico-químicos de datación. El más famoso de ellos es el carbono 14, descubierto por el norteamericano Libby en 1949, que permite obtener una referencia cronológica universal a partir de una muestra de materia orgánica. Otros resultados obtenidos con el arqueomagnetismo, la dendrocronología, el potasio-argón, la termoluminiscencia, indicios de fisión, la hidratación de la obsidiana y la racemización de los aminoácidos nos proporcionan algunos jalones en la duración del pasado.

La arqueometría ha elaborado también técnicas del tratamiento de la información; mide los objetos y los elementos, las frecuencias y las ausencias, las densidades y los márgenes de error. Utiliza métodos de clasificación o de sistema experto que proceden de la estadística, del análisis de datos en componente principal, del análisis factorial. Se estudian así, gracias al ordenador, producciones artesanales de cerámica, complejos líticos de un mismo período y series del ajuar funerario de las sepulturas.

Los aparatos que miden la resistencia a la conductividad eléctrica descubren las concavidades terraplenadas y los muros desgastados. La microsísmica detecta nuevas cuevas que tienen la entrada tapada. La fotografía aérea registra antiguas divisiones, la planta de las villas galorromanas, recintos funerarios protohistóricos, campamentos neolíticos. La arqueología subacuática, gracias a la escafandra autónoma, estudia pecios de todas las épocas y los poblados lacustres sumergidos.

La arqueología necesita todas esas técnicas para mejorar la calidad de sus informaciones. Es una ciencia que emplea el razonamiento inductivo-deductivo.

Arqueología y patrimonio

La arqueología clásica, llamada la primera, se ocupa de la Acrópolis de Atenas y del puente del Gard, de los anfiteatros y los juegos del circo, de las inscripciones y los tesoros de monedas.

La arqueología prehistórica ha adquirido su ejecutoria de nobleza con el reconocimiento de la autenticidad de las cuevas decoradas con pinturas; ha puesto a punto métodos para descifrar los archivos del suelo y descubrir la vida de las sociedades antiguas.

La arqueología medieval se ha inspirado en las dos anteriores: obtiene excelentes resultados en los pueblos abandonados y en el corazón de las ciudades.

La arqueología moderna y contemporánea dedica la misma mirada arqueológica a los vestigios de los siglos XIX y XX. Esa mirada es la de Balzac en *El primo Pons,* que define la arqueología como la ciencia de «todas las creaciones del trabajo humano».[2] Los sectores industriales y técnicos ilustran los logros de esta arqueología más reciente.

La arqueología se interesa por el conjunto del patrimonio. Posee sistemas de análisis generales, y el campo que se abre ahora ante ella es considerable.

> La arqueología ha revolucionado el estudio de la historia. Ha extendido los horizontes casi tanto como el telescopio la visión del astrónomo en el espacio, ha ampliado su perspectiva del pasado, lo mismo que el microscopio ha revelado a la biología que, bajo el aspecto de los grandes organismos, se oculta la vida de las células infinitesimales. Ha modificado, en fin, el estudio de la historia en la misma medida en que lo ha hecho la radiactividad con relación a la química.[3]

2. Pléiade 2, t. VII, p. 540.
3. V. Gordon Childe, *Progress and Archaeology,* Londres, 1945, p. 2.

La oportunidad de explorar el pasado va unida a lo que queda del patrimonio. Si los métodos de la arqueología son eficaces, el patrimonio no es infinito; es incluso muy limitado y está amenazado por la actividad de la vida moderna. Hay que hablar de protección del patrimonio, resto mínimo que queda del pasado. Algunos han afirmado que la búsqueda del pasado era una ocupación próxima a desaparecer y que, debido a los numerosos trabajos actuales, las reservas de testimonios arqueológicos de nuestro suelo estaban a punto de agotarse. Hacia el año 2000 ya no habrá más que una proporción insignificante de esos yacimientos que se haya salvado por casualidad. Esa confirmación patética debe reforzar la urgencia de nuestra atención. Los objetos y las estructuras de la habitación o de la tumba han conocido una primera vida hasta que fueron abandonados; han tenido luego un largo período de supervivencia excepcional bajo tierra y vuelven a tener una segunda vida cuando son descubiertos. Esa vida es frágil; los peligros de una muerte definitiva, cuando se destruye el yacimiento arqueológico o por negligencia de los conservadores-restauradores, aumentan el sentimiento de responsabilidad del arqueólogo, que con frecuencia consigue éxitos innegables, pero que es otras veces espectador impotente de la desintegración de testimonios insustituibles de la historia universal. Si las pinturas de Lascaux son por fortuna el ejemplo de una preservación *in extremis,* la rápida desaparición de los frescos antiguos, que nos muestra Federico Fellini en su película *Roma,* ilustra de manera ficticia una situación muy real.

Pero, ¿qué representan esos fragmentos, testimonios de los grupos humanos, en esa historia suya que ha durado tanto tiempo? Jorge Luis Borges ha expresado esa extraña sensación de impotencia que se tiene al querer seguir el curso de una historia tan larga: «Comprobé que las pequeñas ilustraciones distaban dos mil páginas una de otra. Las fui anotando en una libreta alfabética, que no tardé en llenar. Nunca se repitieron.»[4]

Ése es el reto al que tiene que enfrentarse el arqueólogo ante la increíble e incompleta riqueza del patrimonio escondido bajo tierra. En este libro se consignan algunos resultados nuevos de la investigación arqueológica que estimulan nuestra reflexión contemporánea sobre la condición humana.

4. Jorge Luis Borges, *El libro de arena.*

1. BIOLOGÍA Y CULTURA: UN FÓSIL BIEN VIVO, EL HOMBRE

El 16 de enero de 1837 Édouard Lartet, un geólogo, presentaba en la Academia de Ciencias la mandíbula de un mono antropoide, el pliopiteco, descubierta en Sansan (Gers), en un terreno que contenía restos de una fauna terciaria. Lartet había comprendido «la singularidad y el gran alcance en filosofía natural» de la existencia de ese mono, pero Geoffroy Saint-Hilaire no estaba muy convencido y terminó su exposición con esta frase: «La hora de las investigaciones filosóficas no ha sonado todavía.»

Casi un siglo y medio después, otro científico, el biólogo Jean Monod, resumía sus investigaciones y precisaba la larga solidaridad genética de los seres vivos: «Todo ser vivo es también un fósil. Lleva en su cuerpo, y hasta en la estructura microscópica de sus proteínas, las huellas, si no son los estigmas, de su ascendencia. Eso es verdad en el caso del Hombre mucho más aún que en el de cualquier otra especie animal a causa de la dualidad física e "ideal" de la evolución de la que es heredero.»[1]

Entre 1837 y 1970 se había producido un cambio radical en el concepto del hombre. El libro de Charles Darwin, *On the Origin of Species by Means of Natural Selection*, publicado en Londres en 1859, tuvo sin duda una gran influencia sobre la idea de la evolución, que había aparecido, discretamente, en el siglo XVIII. Buffon, por ejemplo, escribe a propósito de una posible filiación entre el caballo y el asno:

> Si se demostrara alguna vez... que en los animales e incluso en los vegetales había, no digo varias especies, sino una sola que hubiese sido producida por... otra..., no habría ya límites al poder de la Naturaleza y podría con razón su-

1. Jacques Monod, *le Hasard et la Nécessité*, 1970.

ponerse que, de un solo ser, ha podido sacar con el tiempo todos los otros seres organizados.[2]

Por oposición al espíritu filosófico del siglo de las Luces que estaba terminando, Georges Cuvier, a principios del siglo XIX, invoca el método científico inductivo de Francis Bacon y se limita a la estricta observación de los hechos. La de los cortes en las capas estratigráficas de las canteras de la cuenca parisiense le había permitido imaginar una historia catastrófica de especies que cambian de una capa a otra, y que en varios aspectos era lo contrario de la teoría transformista de Lamark (1809). En ese contexto Jacques Boucher de Perthes distingue los tiempos «antediluvianos», con especies animales que han desaparecido de nuestro entorno actual, y en el que aplica por primera vez al hombre, de una manera clara, la teoría de la evolución natural:

> No hay duda de que este cálculo de las edades por la superposición de las cenizas y esta resurrección de las generaciones con ayuda de trozos de arcilla o de unos cuantos pedazos de piedra, parecerán muy aventurados; pero no me cansaré de decirlo; si me apoyo en unos testimonios tan frágiles es porque no dispongo de otros, porque hay pocas esperanzas de encontrarlos. Hablamos de un tiempo que está más allá de los tiempos, más allá de todas las tradiciones. Ahí no se trata ya de siglos, y en esa noche de los tiempos transcurridos, en esas tinieblas, uno se guía por el más leve resplandor. A falta de monumentos hay que contentarse con su polvo y, en ausencia de los propios individuos, con la huella que han dejado sus pasos en él.[3]

El hombre antediluviano era todavía una concesión a la religión católica, pues, según el *Génesis*, el diluvio señalaba una ruptura en la creación que, de acuerdo con los cálculos que hizo en el siglo XVII el arzobispo inglés James Ussher, se remontaba a 4004 años antes de Jesucristo. Clericales y anticlericales mantuvieron discusiones muy enconadas sobre esa cuestión hasta 1859, año en que se produjo un cambio con la publicación de la obra de Charles Darwin sobre la selección natural. Édouard Lartet y Gabriel de Mortillet establecen, cada uno por su lado, la convergencia entre el tiem-

2. Buffon, citado por François Poplin en «le Temps de la préhistorie», Société préhistorique française, ed. Archéologia, 1989.
3. Buocher de Perthes, *Antiquétés celtiques et antédiluviennes*, 1847, vol. I, p. 164.

po de la prehistoria y el tiempo de la evolución biológica, como ha demostrado Nathalie Richard. Los descubrimientos realizados a fines del siglo XIX en Francia, en las cuevas y abrigos rocosos del Périgord y de los Pirineos, en España, en Inglaterra, en Bélgica, en Suiza y en Italia provocan un debate que alcanza gran vehemencia. Se llega a acusar a los jesuitas de haber pintado Altamira para engañar al pueblo. Esos primeros arqueólogos, capaces de los peores excesos, establecen las clasificaciones de las épocas arqueológicas con métodos que son ya científicos, geológicos, paleontológicos y hasta químicos. Empieza la larga historia del hombre. Dos hombres notables, el abate Breuil y el padre Teilhard de Chardin, y unos años más tarde grandes profesores como François Bordes, André Leroi-Gourhan, Jean Piveteau o Yves Coppens se ocupan de los problemas de la evolución del hombre y ofrecen, cada cual a su manera, análisis profundos de nuestra condición. Los descubrimientos recientes son numerosos y nos permiten esbozar un balance original de nuestra propia imagen.

La busca de los vestigios humanos más antiguos: el papel del antropólogo

Desde el descubrimiento del hombre de Pekín y de su estudio por el padre Teilhard de Chardin, desde el estudio de los fósiles humanos de Java, los trabajos de la familia Leakey en Olduvai, África Oriental, las espectaculares misiones internacionales a lo largo de Rift Valley, y la aparición de la famosa Lucy en Hadar. Etiopía, el público está familiarizado con cierto número de nombres extraños: australopiteco, *Homo habilis*, pitecántropo u *Homo erectus*, *Homo sapiens neandertalensis*, *Homo sapiens sapiens*, etc.

Y es que la arqueología trata de explicar qué es la aventura humana. Algunos descubrimientos de restos fósiles, modestos o más importantes, como los realizados en Francia en excavaciones recientes, constituyen jalones muy importantes en la medida en que nos ponen en presencia de los propios actores de esa historia tan antigua. El problema es que están muy fragmentados y diseminados en el tiempo.

Un diente humano se ha conservado así en la sima de Vergranne (Doubs). Es el de un niño de cuatro o cinco años, encontrado entre los restos de grandes animales que quedaron atrapados en la sima hace 400 000 años. ¿Dónde están los otros dientes y el resto del esqueleto? ¿Disueltos en zonas poco favorables? En Orgnac (Ardèche), cuatro dientes de niño y uno de adulto estaban también esparcidos en los niveles 5 y 6, contemporáneos del relleno de la sima de Vergranne.

Por eso es tan extraordinario el hallazgo en las excavaciones de Tautavel de setenta huesos de homínidos que se calcula tienen también unos 400 000 años. Los huesos del cráneo y de la mandíbula nos informan sobre el aspecto físico de la cara prognata, sobre la capacidad reducida del cerebro, la escasa aptitud para hablar, el régimen alimentario omnívoro. La posición erguida del hombre de Tautavel queda confirmada por la forma de la pelvis y los fragmentos de huesos largos, especialmente fémures. Uno de ellos presenta marcas producidas por cortes y plantea el problema de la antropofagia. Sin embargo, a pesar de su aspecto arcaico de pitecántropo, el hombre de Tautavel es ya casi un hombre, una especie de primo neandertaloide muy antiguo del hombre moderno.

Unas excavaciones de salvamento dirigidas por Alain Tuffreau entre 1976 y 1982, en una fábrica de Biache-Saint-Vaast, en la región de Arras (Pas-de-Calais), han hecho posible el hallazgo de dos cráneos humanos fragmentados muy interesantes. Datan de un período comprendido entre 200 000 y 175 000 años. Uno de ellos está representado por el frontal, con un arco superciliar muy prominente, y por el parietal: el aspecto arcaico de ese individuo se diferencia poco del del hombre de Tautavel. Del otro se conserva la mitad posterior, con su hueso occipital liso. Tiene un aspecto más moderno. ¿Había entre los homínidos de esa época unas diferencias tan grandes? Los dos individuos de Biache-Saint-Vaast ¿pertenecen a la misma subespecie? Los antropólogos lo explican de otra manera: el primero debía de ser un hombre, y el otro, de aspecto más delicado, una mujer.

En la cueva de Lazaret, en Niza, Henry de Lumley ha descubierto varios huesos humanos datados hace 130 000 años: dientes de adulto y de niño, un parietal y otro hueso del cráneo, una mandíbula y dos huesos de la pelvis.

La sepultura de un niño neandertal de tres años, enterrado en una fosa de 90 por 70 cm en Roc de Marsal (Dordoña), es una de las más antiguas que se han encontrado en Francia: tiene 50 000 años. El esqueleto está completo y permite estudiar la evolución de ciertos caracteres morfológicos durante el crecimiento de esa subespecie humana fósil.

Estos ejemplos de descubrimientos recientes de los restos humanos más antiguos encontrados en Francia son característicos de las fuentes del estudio antropológico del origen de los hombres. Son a un mismo tiempo excepcionales y muy reducidos. No sabemos nada de los primeros habitantes de Europa durante más de un millón de años. Y si las comparaciones con África y Asia hacen pensar que esos primeros homínidos que tallaban la piedra eran pitecántropos, no hay duda de que las futuras investigaciones nos reservan sorpresas. Como vemos, una combinación de observaciones, deducciones y comparaciones permite a los antropólogos plantear el problema del hombre en términos muy nuevos.

Un enamorado a destiempo

Una característica excepcional del Hombre con relación al mundo animal es un comportamiento sexual permanente con independencia de las estaciones. ¿Puede la arqueología decirnos algo más sobre esa originalidad, sus orígenes y sus consecuencias?

«El hombre, por decirlo en pocas palabras, tiene una actividad sexual continua; la de los animales es discontinua. El hombre está dispuesto a aparearse en todo momento, los animales no... Si tratamos de imaginar cómo sería una sociedad humana en la que los sexos no se interesasen el uno por el otro más que en verano, como pasa con los pájaros cantores, o, como los perros, no experimentasen el deseo sexual más que una vez cada varios meses, e incluso una sola vez en toda su vida, como las hormigas, comprenderemos la importancia que tiene esta singularidad.»[4]

Ante semejante enigma, la arqueología se encuentra desarmada o casi desarmada. Las observaciones hechas a partir de huesos de los homínidos fósiles, algunas huellas de pies u otros indicios de ocupación, y que tienen en cuenta sus primeros utensilios, son las fuentes en que se basan las interpretaciones, frágiles, desde luego, pero que apuntan al problema de los comportamientos originarios de esos primeros homínidos. Un norteamericano, Owen Lovejoy, resume así su hipótesis.

4. Julian Huxley, citado por Donald Johanson y Maitland Edey, *Lucy*, Robert Laffont, 1983, p. 347.

> Pero ahora soy bípedo. Ahora que estoy de pie, podéis esperar de mí cosas distintas. Ahora, mucho más que antes, estoy en condiciones de llevar, transportar y lanzar objetos. Hubo un período, en algún momento, digamos que entre hace cuatro millones y un millón y medio de años, en que el empleo de utensilios dejó de ser una cosa totalmente insignificante para convertirse en algo fundamental en el desarrollo del hombre. No fui primero un mono que empleaba utensilios, como durante tanto tiempo se ha dicho. Yo he sido un mono innovador en el aspecto social y sexual que se ha convertido en bípedo; gracias a lo cual mi especie ha podido propagarse mejor que los otros monos antropoides. Fue sólo una casualidad que mi aptitud para mantenerme erguido y utilizar las manos haya llevado a un ulterior desarrollo de los utensilios y de una civilización, a un aumento del volumen de mi cerebro y por último a la existencia de cuatro mil millones de mis semejantes. Todos esos elementos no son más que subproductos de aquello de lo que realmente se trata: un mejor sistema de reproducción.[5]

Para comprender bien ese debate hay que tener presente que en la teoría de la evolución sólo la reproducción excedentaria asegura la supervivencia de la especie. En un año la ostra pone 500 millones de huevos, la rana 200, la coneja pare una docena de crías, la leona sólo dos. En el extremo de la evolución, los monos antropoides no tiene más que un hijo cada cinco años. Como es natural, cuanto menor es el número de hijos, mayores son los cuidados que les dedica la madre y muchas veces el padre. Pero parece que los homínidos fueron capaces de inventar una serie de comportamientos para escapar a la ley que hace que la especie animal, cuanto más evolucionada, más dificultades tiene para reproducirse. Esos comportamientos aparecieron al mismo tiempo que algunos caracteres que fueron los que crearon las condiciones particulares de la evolución. La comparación de los homínidos y de los monos antropoides nos hace comprender mejor la diferencia reveladora.

Los primeros están instalados en el suelo, mientras que los segundos viven principalmente en los árboles; los unos son bípedos, los otros siguen siendo cuadrúpedos. Ni los unos ni los otros son grandes corredores. El bipedismo es

5. Julian Huxley, citado por Donald Johanson y Maitland Edey, *Lucy*, ed. Robert Laffont, 1983, pp. 380-381.

una adaptación más bien torpe a la marcha, pero deja libres las manos y favorece la vida sedentaria. Esa clase de vida es cada vez más frecuente para las hembras de los homínidos y sus hijos, mientras que los machos se desplazan hasta más lejos para buscar comida, pero permanecen unidos a ellos por lazos familiares. Los monos antropoides no tienen una vida de pareja duradera, salvo en algunos casos, como el de los gibones. No se puede decir que los monos tengan instalaciones fijas, y las hembras, con el hijo agarrado a la espalda o al vientre, van a buscar su comida igual que los machos. Mientras que los homínidos comparten la comida dentro del grupo, los monos antropoides recogen cada uno la suya. Los homínidos emplean los utensilios de una forma cada vez más sistemática para cazar, cortar y consumir; su papel sigue siendo insignificante entre los monos antropoides. El cerebro de los primeros continúa desarrollándose, el de los segundos no evoluciona más. En ese contexto biológico y social, la sexualidad continua de los homínidos se diferencia de la sexualidad de los antropoides, que sólo se manifiesta en los momentos de preparación amorosa de la fecundación. La innovación sexual de los homínidos se convierte así en una respuesta inconsciente al problema de la supervivencia: el bipedismo, la mano libre y la tendencia a la vida sedentaria, la constitución de un grupo social solidario, la actividad sexual repartida durante todo el año, que evita las luchas de los machos en la época de celo de los animales, la fidelidad de los machos por períodos de fecundidad humana breves de tres días por ciclo, hacen posible que los nacimientos sean bastante próximos. La mujer puede así criar varios hijos al mismo tiempo, cosa que no puede hacer el mono antropoide. Esa capacidad humana para dar a luz hijos y criarlos refuerza la solidaridad social; es el origen del crecimiento demográfico, de la transmisión de la experiencia adquirida, de la expansión y la adaptación en el mundo.

NUESTRO CUERPO MILENARIO DE HOMO SAPIENS SAPIENS: BIÓLOGOS Y ARQUEÓLOGOS SE ENCUENTRAN

En 1987, tres biólogos, dos de la Universidad de Berkeley, en California, y una de la Universidad de Hawai, hicieron un examen comparado del ADN mitocondrial, base de la herencia materna, tomado de la placenta de 147 personas originarias de África, de Asia, de Europa, del Próximo Oriente y de

Nueva Guinea; el ADN registra, generación tras generación, la historia genética del individuo, de tal modo que puede suponerse que la herencia genética más antigua es la más común en todos los demás. Los fragmentos de ADN analizados se han comparado unos con otros según su grado de semejanza y se presentan en forma de una clasificación arborescente cuyo tronco resulta ser africano. A partir de un índice de mutación de ese ADN, los investigadores han calculado que la aparición del *Homo sapiens sapiens* se sitúa entre 280 000 y 140 000 años. Así, gracias a la biología, aparece de nuevo el problema de la Eva africana, es decir, el antiquísimo origen de la humanidad moderna en África.

Desde 1982, André Langanay y su equipo del Instituto de Antropología de Ginebra han hecho por su parte otra investigación que ha durado cuatro años, sobre tres sistemas genéticos, los grupos sanguíneos RH, los grupos séricos Gm, antígenos portados por algunas moléculas de anticuerpos, los grupos tisulares HLA, determinados por los glóbulos blancos y responsables del rechazo de los trasplantes. El fin de confrontar esas tres series de datos genéticos, bien conocidos por razones médicas, es demostrar la profunda homogeneidad de la humanidad actual, es decir, su muy probable origen común; eso explica también que un hombre y una mujer procedentes de cualquier lugar del mundo puedan tener hijos. Las diferencias comprobadas entre los hombres existen, naturalmente, y vuelven a encontrarse en los tres sistemas genéticos estudiados: los grados de semejanza permiten aquí también, gracias al ordenador, obtener una clasificación de los grupos humanos, que se reparten exactamente de acuerdo con la dispersión geográfica. Los descubrimientos arqueológicos ayudan al biólogo a interpretar su cuadro. André Langanay considera, por ejemplo, probable que la población original de hace más de 100 000 años se parezca mucho a las poblaciones actuales de África Oriental, del Medio Oriente o de la India, que constituirían el centro de expansión del *Homo sapiens*. Las razas que nosotros definimos según el color, los negros, amarillos, blancos, no tienen verdaderas justificaciones genéticas: son el resultado de la acción de los rayos ultravioletas sobre la piel y de la distribución geográfica de nuestros antepasados directos tan sólo durante los diez o veinte mil últimos años.

Como vemos, el examen antropológico de los fósiles humanos no deja de tener importancia para nuestra visión del hombre. Llegados a este punto, ¿cómo no comparar las conclusiones de los biólogos con las de los antropólogos y con las reflexiones de los filósofos? Todos opinan lo mismo: los hombres, repartidos ahora a través del mundo, son todos ellos hermanos biológicos. La diversidad de su aspecto físico, de su carácter, de sus formas de vida, de su lengua se debe a caracteres «discretos» que constituyen la riqueza de la humanidad universal. En su obra *Raza e Historia*,[6] Claude Levi-Strauss explica cómo debemos comprender lo humano en su diversidad; la exclusión de ciertos grupos humanos no está provocada por desigualdades genéticas; está inspirada por el rechazo de los valores culturales del otro; el miedo que lleva a apartar cualquier otro sistema cultural para proteger las costumbres y valores propios aparece en numerosas situaciones:

> La humanidad termina en las fronteras de la tribu, del grupo lingüístico, a veces incluso del pueblo; hasta el punto de que un gran número de poblaciones de las llamadas primitivas se designan a sí mismas con un nombre que significa los «hombres» (o en algunos casos diremos que con más discreción, los «buenos», los «excelentes», los «completos»), dando así a entender que las otras tribus, grupos o pueblos no participan de las virtudes y quizá ni siquiera de la naturaleza humana, sino que como máximo están compuestos de «malos», de «malvados», de «monos de tierra» o de «huevos de piojo». Con frecuencia se llega hasta a privar al extranjero de ese último grado de realidad haciendo de él un «fantasma» o una «aparición».[7]

El «salvaje» es el que viene de la selva, un «natural», un «inculto», pero ya sabemos que el hombre primitivo, producto sólo de la naturaleza, no es más que un mito, un tema del que tendremos ocasión de ocuparnos en el capítulo 4. Los griegos también llamaban «bárbaros» a los que no hablaban su lengua y a los que ellos no podían entender.

Un neandertal aguafiestas

El descubrimiento en 1979 de un esqueleto neandertalense en Saint-Césaire, cerca de Saintes, Charente-Maritime, en el yacimiento de la Roche à Pierrot, ha hecho que haya

6. Editado por la Unesco, reeditado por Editions Denoël, 1987.
7. *Opus cit*.

que plantearse en términos nuevos el problema del hombre moderno. Este, *Homo sapiens sapiens*, representado entre otros por el hombre de Cro-Magnon, apareció en el Périgord hace unos 35 000 años al mismo tiempo que el paleolítico superior. La adecuación entre el nivel cultural y espiritual, que implicaba el sentimiento estético (arte) y metafísico (sepulturas), y la definición biológica del hombre moderno al término de la evolución humana, parecía perfecta. Por su superioridad biológica e intelectual, el *Homo sapiens sapiens* había eliminado y reemplazado a su predecesor, el *Homo sapiens neandertalensis*, el autor de la industria de piedra llamada musteriense (nombre tomado del yacimiento de Le Moustier, en la Dordoña), propia del paleolítico medio.

Pero el neandertal de Saint-Césaire, descubierto por François Lévêque, apareció donde no se esperaba, en un nivel claramente definido del paleolítico superior, cuya fecha puede calcularse en unos 32 000 años. El cuerpo estaba encogido y había sido colocado de lado; el esqueleto, más o menos bien conservado, ocupaba una superficie de 70 cm de diámetro. El cráneo, del que no se conserva más que la parte derecha, es característico, a pesar de que algunos caracteres están atenuados debido sin duda a que se trata del de una mujer: la frente es huidiza; las órbitas forman una protuberancia continua; la cara es maciza y no presenta pómulos; la mandíbula, muy alargada, no tiene mentón. Algunas observaciones hechas sobre los huesos de la parte posterior del cráneo, bastante fragmentados, confirman que ese esqueleto pertenece a la subespecie neandertalense sin que haya en él, según Bernard Vandermeersch, que ha hecho el estudio, el menor indicio de mestizaje con el hombre moderno.

Inmediatamente se han formulado varias preguntas:

— Las dos subespecies del hombre de Neandertal y del hombre moderno ¿han sido contemporáneas, al menos durante cierto tiempo? La respuesta es afirmativa. Bernard Vandermeersch aporta la prueba con sus excavaciones en la cueva de Qafzeh, en Israel, en la que se han encontrado varias sepulturas. El estudio de los esqueletos demuestra que el hombre moderno está presente en esa región desde hace al menos 120 000 años y que el de Neandertal, sin duda originario de Europa, lo está desde hace unos 50 000 años. De momento, no se señala ningún mestizaje entre esas dos poblaciones.

En Europa occidental, los caracteres neandertaloides

aparecen en Tautavel hace unos 400 000 años; los dos cráneos de Biache-Saint-Vaast, en el Pas-de-Calais, que tienen 200 000 años, son también buenos jalones en la evolución antropológica hacia el hombre de Neandertal, hasta el punto de que se piensa que este último caracteriza a la población de Europa durante tres o cuatro centenares de miles de años: Por otra parte, no parece estar presente ni en África ni en Extremo Oriente ni, con más motivo, en América.

¿Coincidieron los hombres de Neandertal en Europa con los primeros hombres modernos? Es probable, y ahora es seguro que lo hicieron a principios del paleolítico superior, como lo atestigua el descubrimiento de Saint-Césaire.

— Pero, ¿qué relación hay entre la evolución antropológica y la evolución cultural? La respuesta ya no es segura, porque, aunque el hombre moderno y el de Neandertal son muy distintos desde el punto de vista antropológico, los dos están asociados a las mismas formas culturales, en especial a las sepulturas, que aparecen en el Próximo Oriente hace unos 120 000 años. En Francia, una decena de sepulturas musterienses se atribuyen a los hombres de Neandertal. Las primeras manifestaciones artísticas, pequeños adornos, presencia del ocre en las sepulturas, se encuentran también en las dos subespecies humanas. ¿Qué decir de la evolución de los utensilios de piedra y poco después de los objetos pulimentados de hueso, de asta de reno o de marfil de mamut? Parece independiente de la diferencia antropológica. Pero entonces, ¿por qué ese paso más bien rápido entre el mundo del paleolítico medio y el del paleolítico superior caracterizado por una serie de innovaciones culturales? La evolución antropológica no coincide ya con los cambios culturales.

— ¿Cómo y por qué el hombre de Neandertal desapareció hace 30 000 años? Si descartamos la hipótesis mantenida hasta ahora de una desaparición producida por la mutación biológica que, en un esquema evolutivo lineal, habría transformado a los hombres de Neandertal en hombres modernos y el mundo cultural del paleolítico medio en mundo cultural del paleolítico superior, nos encontramos ante uno de los enigmas más interesantes de nuestra historia, porque no tenemos ya una respuesta clara. Vamos a hacer un resumen de la situación. El hombre moderno y el hombre de Neandertal son dos subespecies distintas; tienen antepasados comunes; se individualizaron por razones probables de aislamiento geográfico hace unos 400 000 años los hombres de Neandertal, y tal vez hace poco más de 120 000, los hombres modernos;

evolucionaron paralelamente durante cerca de 100 000 años, estuvieron sometidos a las mismas «aculturaciones» y participaron en las mismas innovaciones debidas a fenómenos externos. ¿Qué clase de catástrofe afectó sólo a los hombres de Neandertal? Aunque se extendiera a uno o dos milenios, la desaparición fue rápida a escala zoológica. No hay ningún indicio de genocidio o de degeneración provocada por condiciones de vida mal adaptada. De momento, el fenómeno de la extinción sigue sin poder explicarse, aunque se comprueba que es frecuente en la historia de los seres vivos: todas las especies de australopitecos o de pitecántropos, por ejemplo, han desaparecido. Los hombres de Neandertal existieron durante cerca de 350 000 años y participaron en una fase esencial de la formación de nuestra humanidad moderna. Para Bernard Vandermeersch esa extinción no es en modo alguno un fracaso biológico; puede considerarse como una cosa «natural». Su rapidez nos asombra.

El descubrimiento de Saint-Césaire hace así concebible, a escala de milenios, pero dentro de una actualidad biológica próxima a la nuestra, la formación de una subespecie humana distinta de la del hombre moderno, pero contemporánea de ella, y la extinción en un tiempo breve de la una o la otra de sus subespecies. Lo que vale para el pasado reciente quizá sea en cierto modo pertinente para el futuro.

El interés por los problemas que ha planteado el descubrimiento de Saint-Césaire ha llevado a Paul Mellars y a Chris Stringer a organizar un coloquio internacional sobre «The Human Revolution; behavioural and biological perspectives in the origins of modern human» (publicado en Edimburgo en 1989). Se trataba en efecto del origen del hombre moderno, considerado desde el punto de vista de la biología y la adaptación.

Pero el problema de la desaparición del hombre de Neandertal ha dado origen a otros estudios recientes, uno de ellos el de Ezra Zubrow, sobre la concurrencia demográfica de las dos subespecies. En opinión del autor, para esos hombres que tenían que adaptarse a diversas latitudes, la templada y la mediterránea, y a fases climáticas sucesivas que pasan de períodos fríos a períodos suaves, bastaría una ligera desventaja demográfica, del orden de un 1 a un 2 por ciento de mortalidad suplementaria para que en treinta generaciones, es decir, en mil años, la población de hombres de Neandertal desapareciese en beneficio de la población de hombres modernos.

Después de hacer un estudio comparativo de los dientes de las dos poblaciones, Eric Trinkaus saca la conclusión de que un 75 por ciento de los neandertales sufría un adelgazamiento del esmalte debido a una carencia alimentaria y a una malnutrición, mientras que sólo en un 30 por ciento de los primeros hombres modernos se observa el mismo caso, lo que indica una nutrición mucho mejor y sin duda unas técnicas de caza más eficaces. Esa desigualdad habría bastado para poner en peligro a la primera subespecie con respecto a la otra.

Ese fenómeno de competencia puede comprenderse porque las dos poblaciones son contemporáneas en cierto momento y porque unas situaciones de vida artesanal, social y matafísica más complejas parecen haber sido favorables al desarrollo de los hombres modernos. El estudio del origen del lenguaje articulado y del pensamiento lógico nos demuestran la superioridad de una adaptación a las situaciones complejas.

¿Qué sabemos del lenguaje articulado?

El lenguaje articulado de los hombres se adquiere en su totalidad con el *Homo sapiens sapiens*. No hay ninguna lengua actual que no utilice todas las posibilidades fónicas y semánticas de nuestro paladar profundo, de nuestras cuerdas vocales y de la parte anterior de nuestro cerebro. Nuestra constitución biológica y nuestro comportamiento social obligan a nuestra especie a usar el tipo de lenguaje articulado que conocemos ahora. La aparición de la palabra ha inspirado textos muy hermosos, como éste de André Leroi-Gourhan en *Le fil du temps*:

> La condición funcional propia de los antropoides (mano independiente de la locomoción y de la posición erguida) aparece por tanto estrechamente relacionada, en el dominio cerebral, con la posibilidad de una expresión fonética altamente organizada, y uno se explica por qué, a pesar del aparente retroceso de la técnica facial, los centros motores de la cara han conservado una importancia igual al menos a los de la mano. El campo de relación del hombre conserva por consiguiente una técnica repartida entre la mano y la cara como la de los animales, pero esa técnica reviste una naturaleza específicamente original, puesto

que el polo facial está cerebralmente adaptado a la emisión de sonidos organizados. Por otra parte, puede observarse que se ha producido un reflujo en el terreno manual al extenderse el lenguaje a las representaciones plásticas y a la escritura. Esa comprobación tiene gran importancia cuando se considera la evolución de los propios antropoides, del australopiteco al *Homo sapiens,* porque establece una estrecha relación entre la aparición del lenguaje y la de la técnica manual propiamente humana, que está señalada por los primeros utensilios fabricados.[8]

El lenguaje es un nuevo medio de almacenar el tiempo. Lo biológico, dice Henri Laborit, almacena el tiempo en sus estructuras materiales y continúa haciéndolo. El lenguaje pone «en reserva el tiempo y la experiencia de las generaciones pasadas en una señal, sonora u óptica la mayoría de las veces». Contrae el tiempo, lo hace asimilable y comunicable. Procede de la herencia genética y de la herencia semántica. Viene de la vida y de la educación. Es el vehículo de nuestros pensamientos y de nuestras acciones.

El lenguaje humano no se reduce a la producción de sonidos articulados, sino que exige también la precepción de éstos y su comprensión. La simple enunciación de palabras, su adquisición y su uso no es tampoco específica del hombre: el loro, según dicen, es charlatán. En cambio, la sintaxis de las frases y las leyes del conocimiento lógico caracterizan el lenguaje del hombre moderno. Philip Lieberman, investigador norteamericano, publicó en 1989 un estudio comparativo de cráneos de homínidos fósiles y de primates actuales. Las posibilidades del lenguaje humano se sitúan hace unos 500 000 años y parecen adquiridas en su totalidad en algunos individuos de hace 100 000 años.

Hasta los años sesenta nadie se había percatado de que el habla humana era un componente importante de la lingüística. Los lingüistas pensaban que las palabras eran la combinación arbitraria de los sonidos. Pero al idear una máquina de leer para los ciegos se cayó en la cuenta de que los sonidos del habla no eran unos sonidos ordinarios. El habla nos permite transmitir sonidos o segmentos fonéticos vocales a una velocidad de 25 por segundo. En cambio, no sabemos identificar como sonidos hablados los sonidos que no sobrepasan una velocidad de 7 a 9 por segundo. Si quisiéramos hablar al ritmo de los sonidos ordinarios, las frases serían tan largas

8. *Le fil du temps*, Librairie Arthème Fayard, 1983.

que al final de una frase, aunque fuese corta, el oyente no se acordaría de lo que se había dicho al principio de ella. Sólo los sonidos emitidos a la velocidad del habla son comprensibles para el hombre. Hay un lenguaje de gestos, como el que utilizan algunos pueblos saharianos o el que sustituye a la palabra de los sordomudos, pero es una adaptación reciente. La comunicación originaria es verbal.

El lenguaje humano se presenta así como una adaptación suplementaria de ese ser que, al hacerse bípedo, ha dejado libre la mano que lleva y maneja el utensilio.

¿Adaptación a qué? A la solidaridad por la comunicación, a la transmisión de las cosas aprendidas, a la preparación de proyectos atrevidos. La rapidez específica del habla humana, que no puede confundirse con cualquier otra emisión de signos, puede que sea también una protección de la innovación humana, proceso típico de adaptación. La última fase de la evolución es el control voluntario de la comunicación, fase unida al desarrollo neurológico del hombre.

Con su estudio de los cráneos fósiles, Philip Lieberman ha demostrado que la diferencia entre el animal y el hombre que habla reside en la morfología de la base del cráneo y el arco de la mandíbula inferior. El primero es revelador del tamaño de la faringe, especie de cámara de emisión de los sonidos del lenguaje articulado, y de la posición muy baja de la laringe, capaz de variar los sonidos emitidos. Los recién nacidos y los niños pequeños tienen un tracto vocal todavía muy parecido al de los mamíferos, luego al de los chimpancés. La forma de la mandíbula inferior permite distinguir una lengua plana y alargada, de una lengua abombada, más gorda, que interviene en la articulación de los sonidos, de las vocales y de las consonantes. La flexión típica de la base del cráneo, que libera el volumen de la faringe, coincide con el desarrollo del oído y de la parte anterior del cerebro, centro de la percepción de los sonidos del lenguaje. La reunión de esas características morfológicas es perceptible en algunos *Homo erectus* de hace un millón de años, que anuncian al *Homo sapiens*. Hace unos 400 000 años se adquieren los principios del lenguaje moderno con las vocales universales típicas de nuestra especie. Es la época del hombre de Tautavel, y la risa, «propia del hombre» según Rabelais, entonces era ya sin duda una realidad.

Sin embargo, el hombre de Neandertal, que anuncia el hombre de Tautavel, era deficiente en cuanto a sus capacidades lingüísticas y cognoscitivas. Como mínimo sus comunicaciones verbales eran gangosas y estaban sujetas a errores vocales; sin duda hablaba muy despacio y era incapaz de comprender frases complejas. En cambio, algunos cráneos fósiles próximos a los del *Homo sapiens sapiens*, como los de Petralona, Broken Hill y Skhül V, presentan a partir de hace 100 000 años las señales del lenguaje articulado moderno.

Esos estudios que están realizándose ahora son primordiales. Revelan que el proceso hacia la condición del hombre moderno empieza para el lenguaje y el pensamiento hace unos 400 000 ó 500 000 años. Muestran, como hemos visto, que el utensilio apareció en un contexto intelectual que no es el del lenguaje articulado. Muestran también que, desde su aparición, hace al menos 100 000 años, el hombre moderno posee las posibilidades del lenguaje articulado y del pensamiento lógico que ahora nos son propias.

Unos antepasados que enfermaban y que sabían curarse

Marie-Antoinette de Lumley y el doctor Jean Dastugue se han ocupado de contestar a la pregunta sobre las enfermedades de nuestros más remotos antepasados. La respuesta es sólo parcial porque se refiere únicamente a las enfermedades o traumatismos que dejan huellas en los huesos del esqueleto. El cráneo de Tautavel nos ofrece el ejemplo de la pérdida accidental de un diente mucho antes de la muerte del individuo, porque el alveolo de la encía se ha cerrado. El niño de Lazaret debió de morir a causa de una meningitis que ha dejado rastros en el parietal que se encontró. El viejo hombre de Neandertal de la Chapelle-aux-Saints padecía una luxación congénita de la cadera y artrosis de las vértebras cervicales; tenía una deformación de la rótula; se había aplastado una falange de uno de los dedos del pie y se había fracturado una costilla poco antes de morir.

Los hombres de Cro-Magnon y de Chancelade también padecían artrosis, como si fueran relativamente sedentarios y pasaran demasiado tiempo sentados... una observación que iban a confirmar los próximos descubrimientos. Los hombres del paleolítico superior sólo tienen fracturas en el antebrazo, lo cual también merecería un estudio para explicar el fenómeno. Otra particularidad física es la ausencia casi total de caries, que se multiplican en la época neolítica para alcanzar entre un 2,5 y 3,4 % con relación al número total de dientes examinados.

A partir de 5 000 años antes de Cristo, los especialistas observan enfermedades congénitas y de crecimiento que dejaron rastros en las vértebras y los huesos largos entre la población de las sepulturas colectivas de Fontenay-le-Marmion, en Calvados, y de Loisy-en-Brie, en el departamento de Seine-et-Marne. Algunas enfermedades infecciosas, como la tuberculosis, han dejado lesiones en un cráneo de la época neolítica del valle del Petit Morin (Marne), en otro cráneo de la edad del hierro procedente de Luc (Gard) y en una columna vertebral de la edad del bronce encontrada en la gruta de Meyrueis (Lozère). La degeneración es la causa de algunas artrosis. Las fracturas no son frecuentes; entre 425 piezas óseas de Loisy-en-Brie, P. Comode no ha contado más que quince fracturas, once de ellas del antebrazo. Esa proporción tan baja se confirma para el conjunto de la población de la prehistoria reciente y de la protohistoria, que estaba poco expuesta a fracturarse los huesos de los miembros. Si hay que relacionar esa conclusión con una forma de vida tranquila, otros momentos menos apacibles explican las heridas producidas por golpes o proyectiles. En una veintena de sitios se han encontrado puntas de flecha clavadas en los huesos, principalmente en las vértebras. En 1978, Pierre Birocheau encontró en una loma de Châtelliers d'Auzay, en la Vendée, tres enterramientos dobles; el tercero de ellos guardaba los restos de un hombre con una flecha clavada en la cuarta vértebra lumbar, y los de otro con el cráneo hundido por un golpe tan fuerte que había hecho que se desprendiese un trozo redondo de hueso. ¿Acto de guerra o sacrificio?

Entre los tratamientos terapéuticos, es probable la reducción de las fracturas y también la reeducación en casos de afecciones osteo-articulares, pero lo más espectacular es la cirugía craneal. En el curso del IV y sobre todo del III milenio antes de nuestra era, se realizaron varios cientos de trepanaciones. Los arqueólogos encuentran cráneos trepanados en las sepulturas megalíticas y en las grutas artificiales o hipogeos. A menudo el diagnóstico es fácil de establecer: la abertura de forma elíptica tiene un borde sesgado, hecho con una hoja de sílex que deja señales de preparación en la caja craneal. La sección del hueso muestra el diploe entre las dos láminas compactas cuando el sujeto estaba ya muerto o murió a consecuencia de la operación. Esa parte está osificada y tiene un reborde cuando el operado ha sobrevivido, cosa que ocurrió bastantes veces. La trepanación se localiza casi siempre en el parietal izquierdo; la abertura suele tener unos centímetros de diámetro, pero puede pasar de diez centímetros, como en el cráneo de Nogent-les-Vierges (Oise) y en el de Plan de Cuques (Bocas del Ródano). Una abertura grande de ese mismo tipo se había practicado en un cráneo que se encontró en el corredor del monumento megalítico A de Bougon (Deux-Sèvres). Era la tercera trepanación que se hacía en el mismo cráneo, y resultó fatal; agrandaba dos aberturas hechas anteriormente, ya cicatrizadas. En el mismo monumento se había observado ya una trepanación doble. El hecho de que se repitiese la operación es un buen argumento en favor de sus fines terapéuticos: ya hemos mencionado el parietal con marcas de lesiones tuberculosas del valle del Petit Morin. Es probable que los médicos prehistóricos supieran extirpar las lesiones infecciosas del cráneo. Se conservan tres ejemplares en los que se distingue un orificio típico de trepanación y otro abierto con una técnica más rápida, sin preocuparse de proteger el contenido endocraneal: uno procedente de Cibournios y los otros dos del Petit Morin. Los antropólogos creen que podría tratarse de un examen necroscópico después del fracaso de la operación y la muerte del paciente. Eso indicaría una curiosidad «científica» de la que tenemos otras manifestaciones en la época neolítica.

El examen de los exvotos galorromanos nos informa sobre varios tipos de enfermedades. La ceguera está representada por el busto en piedra de un joven de Genainville, en Val-d'Oise, y las láminas de bronce con figuras de ojos encontradas en Nuits-Saint-Georges (Côte-d'Or).

Los múltiples exvotos de Chamalières, en el Puy-de-Dôme, entre los que hay piernas, brazos, uno de ellos con un tumor en la axila, pechos y pelvis, representan sin duda partes del cuerpo enfermas; planchas anatómicas, como las de Sources de la Seine, muestran vísceras esquematizadas: estómago, esófago, pulmones, hígado y bazo.

¿A qué divinidad romana o gala estaban dedicados todos esos exvotos? Seguro que el destinatario no era el médico, como lo demuestra la placa encontrada en Chamalières que lleva inscrita una oración mágica. Exvotos iguales a esos se dejaban en Roma junto al templo de Esculapio en una isla del Tíber, el río cuya agua se bebía por atribuírsele virtudes curativas, según creencias muy antiguas. Un dios galo, Borvo, el dios de las aguas termales, ha dado su nombre a Bourbon-les-Bains, Bourbon-Rancy o Bourbon-l'Archambault. La mayoría de los exvotos galorromanos y romanos son anteriores al final del siglo I de nuestra era, pero la creencia en los dioses curanderos no ha desaparecido todavía.

En aquella época se había desarrollado una medicina clínica dentro de la tradición griega de Hipócrates, quien vivió entre 460 y 380 antes de C. Esa medicina, científica y ética, se impuso en el mundo antiguo. Sus principios, reunidos bajo el nombre de «Juramento de Hipócrates», son los que siguen todavía los médicos contemporáneos:

> Dirigiré el régimen de los enfermos en beneficio suyo, con arreglo a mis fuerzas y mi criterio, y me abstendré de todo mal y de toda injusticia. No administraré veneno a nadie si me pidieran hacerlo... Pasaré mi vida y ejerceré mi arte en la inocencia y la pureza... En cualquier casa adonde vaya entraré para bien de los enfermos, guardándome de toda acción mala y corruptora... Sea lo que sea lo que vea o escuche durante el ejercicio o fuera del ejercicio de mi profesión, callaré lo que nunca tiene que ser divulgado, considerando la discreción como un deber...

La autoridad moral de los médicos antiguos se desprende de algunas estelas funerarias de la Galia romana dedicadas a ellos. La descubierta en Limony, en el territorio de la ciudad de Vienne (Isère), es epigráfica: recuerda a Marcus Apronius Eutropus «medicus Asclepiadus», seguidor de las teorías de Asclepíades de Prusa, un sabio que basaba su doctrina en la física atomista de Epicuro. Otra estela, esculpida, nos muestra una figura majestuosa vestida con una túnica, una «medica» instalada en Metz. Escenas de parto en tierra cocida indican la importancia de las comadronas. Los médicos militares de las legiones son también cirujanos que curan las heridas. Existe ya la división entre médicos generales y especialistas. Los ojos son objeto de especial atención. En una de las caras del pilar funerario de Moutiers-sur-Saulx (Moselle) vemos a un oculista que, con ayuda de un escalpelo o una espátula, opera o examina el ojo izquierdo de una mujer que está de pie y vestida con un ropaje amplio. Sabemos por un texto de Aulus Cornelius Celsus, contemporáneo del emperador Tiberio en el siglo I de nuestra era, y por una serie de instrumentos como los encontrados en 1975 en el Saona, a la altura de Motbellet, que la operación de cataratas ya se realizaba en el mundo romano. En un estuche de latón había cinco agujas de bronce, montadas en un mango decorado con incrustaciones de plata y de cobre. Después de examinar el hallazgo en el Museo central romano-germánico de Maguncia, se descubrió que dos de las agujas eran huecas y tenían un orificio en la punta, y que una varilla que se deslizaba por el interior de ellas permitía aspirar una materia acuosa. Michel Feugère demostró que ese hallazgo amplía nuestro conocimiento de la técnica empleada para operar la catarata en la Antigüedad. Desde fines del siglo III antes de Cristo, Crisipo de Atenas había comprobado que la catarata, opacidad del cristalino del ojo, se manifiesta por la aparición de una mancha gris o lechosa en el centro del iris y por la pérdida de la vista. Una intervención quirúrgica puede hacer que se recobre. Cornelius Celsus nos describe la operación, que no es dolorosa. El oculista introduce, entre el borde del iris y el ángulo externo del ojo, una aguja que penetra en el globo ocular y alcanza el cristalino. Hasta el hallazgo de Montbellet se creía que el oculista se contentaba con apartar el cristalino para dejar libre el campo de visión; por el agujero del iris el médico regula los movimientos con la punta de su aguja; Celsus no dice nada más. Pero la aguja hueca permite aspirar el cristalino entero o fragmentado, según sea el endurecimiento debido a la edad. Esa es al menos la técnica que un tal Ammar, médico musulmán del año mil, dice haber inventado. Ammar es sin duda sincero, y no tenía noticia de los sorprendentes instrumentos galorromanos de Montbellet.

El estuche de oculista de Firminius Severus, conservado en el Museo Nacional de Antigüedades, además de instrumentos quirúrgicos, contiene sellos y restos de colirios, dos balanzas pequeñas para pesar los ingredientes y las copitas para preparar los medicamentos. Los sellos de oculista eran de esteatita verde o de pizarra negra y tenían de cuatro a seis centímetros de largo. Por la parte de atrás se escribía el nombre del producto y la forma de emplearlo, porque el sello estaba destinado a aplicarse sobre una tableta de medicamento «seco» o colirio: se frotaba con ella el ojo o se diluía con agua de lluvia, leche, clara de huevo o aceite, antes de aplicar el remedio. El principio del colirio seco y del sello de oculista parece una invención gala. De los 256 sellos catalogados en el mundo antiguo, 217 proceden de las Galias y de las dos Germanias, y 24 de Gran Bretaña. La variedad del vocabulario con que se designan y la de su composición demuestra que esos colirios eran el resultado de unos conocimientos farmacológicos profundos que debían de hacerlos eficaces. Numerosos vegetales como la rosa, la milenrama y el boj tienen propiedades astringentes, lo mismo que la resina, la mirra y el incienso. Un mucílago sacado de las pepitas del membrillo se ha empleado como calmante durante muchos años. El jugo de la adormidera, del opio y del azafrán eran muy estimados por sus propiedades anestésicas y calmantes. Los sulfatos de cinc, de cobre y de hierro, los acetatos de cobre y de cinc son antisépticos, lo mismo que el mercurio, empleado en muy pequeña dosis en los colirios; el yoduro de plomo cura las ulceraciones de los párpados.

Esos ejemplos nos dan una idea de la farmacopea, verdadera ciencia de la Antigüedad, fuente de muchos tratados. Una estela de piedra del museo de Epinal (Vosgos), perteneciente al siglo III, nos muestra a la farmacéutica en su botica, rodeada de sus morteros y otros recipientes; está sentada, con aire digno, la mano izquierda sobre una colección de escritos, apoyada en la rodilla de la pierna izquierda, que tiene un poco levantada. Con la otra mano, separada del cuerpo, parece dirigirse al visitante. En segundo plano, un hombre prepara los medicamentos.

La excavación de los cementerios medievales en algunos casos nos revela muertes espantosas. Raoul Perrot, antropólogo de la Universidad de Lyon, llama la atención sobre dos ejemplos espectaculares. Un cráneo de la necrópolis de Vignegu-Vasselin (Isère) destrozado por un golpe que le fracturó la zona orbital; tiene la bóveda del cráneo hundida, el occipital ha cedido y los parietales se han separado. Un traumatismo así tuvo que estar producido por una maza o por una piedra lanzada con una honda.

Al otro hombre, procedente de Creuzier-le-Vieux, cerca de Vichy, le mataron a hachazos. El primer golpe dejó un corte en la parte interior izquierda del cráneo. El hombre cayó al suelo de bruces y le remataron con otros golpes en la parte posterior de la cabeza.

Esa brutalidad, en parte admitida por las instituciones judiciales y políticas, explica cierto número de lesiones encontradas en los esqueletos arqueológicos. Completan la información dada por los numerosos escritos médicos que nos ayudan a comprender los inicios de la cirugía moderna. Dos autores medievales, Henri de Mondeville (1260-1320) y Guy de Chauliac (1300-1360), por ejemplo, se inspiran en los escritos de Hipócrates, el padre de la medicina, pero inventan también tratamientos para evitar las hemorragias, la gangrena y el tétanos. Utilizan varios métodos para contener el flujo de la sangre: introducen la mano en la herida hasta que se forme el coágulo; aplican compresas de estopa empapadas en clara de huevo y vino caliente; ligan los vasos, etc.

La extracción de puntas de flecha de distintos tipos era mucho más frecuente de lo que hace suponer el escaso número de huesos traspasados por ellas que se han encontrado. El caso de un cementerio belga citado por Edouard Salin parece ser una excepción. Sin embargo, cada tipo de operación se describe con todo detalle, y se inventaron varios instrumentos para empujar y sacar flechas o dardos: una ballesta al revés se combina con una tenaza que extrae la flecha; otra tenaza, parecida a unas tijeras con la hoja acanalada, sirve para sacar las puntas de hierro, y otra, con hojas dentadas, que recuerda el pico de un pájaro, permite llegar hasta el fondo de la herida y coger la flecha. Cuando la flecha está muy hundida, la extracción no se hace hasta cuatro o cinco días más tarde, después de ablandar la herida con aceite de rosas, yema de huevo y azafrán.

Las heridas en la cabeza son frecuentes a pesar del uso del casco: Raoul Perrot ha estudiado 43 casos de heridos franceses. Los cortes producidos por armas blancas representan el 60 % de los casos, los destrozos por golpes el 37 %; los impactos de flechas son raros. Tenemos ejemplos de intervención quirúrgica: sea cual fuere el tipo de herida, se afeita primero la cabeza; se estudia luego el caso y se decide si se opera o no. La operación del cráneo es la trepanación.

La trepanación se practica durante la Edad Media en toda Europa; se han encontrado cuarenta cráneos trepanados, y en nueve de los casos la operación tuvo éxito. El equipo del cirujano se componía de instrumentos de acero, una barrena, un escoplo, una sierra, dos trépanos, uno de ellos de exfoliación, y además un «lenticular», especie de cuchillo para cortar el hueso, una palanca pequeña, un «separador» para hacer una incisión entre dos agujeros de trépano, etc. Guy de Chauliac nos explica en este párrafo cómo debe hacerse:

> Si el hueso es débil, sepárese con los separadores y lenticulares, y si es necesario golpéese con un martillo de plomo; si el hueso es fuerte, conviene que sea perforado con trépano, con varias perforaciones (...) y luego con los lenticulares que se separe de una perforación a otra y se levante con una palanca. Después, con lenticular y martillo allánense todas las asperezas del hueso.

Para limpiar la sangre, que podía ser abundante, e impedir que continuara brotando, se empleaba un paño mojado en agua con vinagre.

La proporción de operaciones con buenos resultados no era muy elevada, y tenemos otra cifra que parece confirmar la escasa eficacia de los cirujanos medievales: de un total de 86 huesos largos fracturados, sólo 36 presentan una consolidación buena con recuperación satisfactoria de sus funciones. Según Guy de Chauliac, el cirujano sabía curar la rotura de un músculo o de un tendón, operar al herido, reducir una fractura y entablillar el miembro para que el hueso se soldase bien. Pero había pocos cirujanos, y las soldaduras mal hechas, como en el ejemplo encontrado en la necrópolis de Néris-les-Bains (Allier), son bastante frecuentes.

Los textos medievales nos hablan también de las substancias empleadas en la preparación de los medicamentos. Entre los 176 productos preparados para la traumatología que ha catalogado Raoul Perrot, un 83 % son de origen vegetal; los otros se dividen a partes iguales entre origen animal y origen mineral. Tres cuartas partes de ellos son de uso externo (ajenjo, acacia, polvo de momia, tela de araña, mostaza, etc.); un 13 % forma parte del régimen de los heridos, como leche, hierba pajarera, pistacho, etc.; un 15 % son de uso mixto, como las «harinas resolutivas», hechas a base de avena, alholva, haba, altramuz, etc.

La cirugía de Ambroise Paré, que en el siglo XVI generaliza la ligadura de las arterias cuando se hacen amputaciones, tiene su origen en la tradición medieval y antigua.

La arqueología nos descubre así que nuestros antepasados, próximos o más alejados en el tiempo, debían de padecer las mismas enfermedades que nosotros; al menos hay pruebas de ello por lo que se refiere a las enfermedades que tienen una traducción anatómica. La diferencia esencial es la frecuencia con que se manifestan: la escasez de fracturas de los huesos largos y de caries dentales caracteriza los períodos prehistóricos, mientras que unas y otras están muy extendidas en nuestros días. La frecuencia de las lesiones vertebrales degenerativas corrobora la idea de una vida sedentaria ya en la época prehistórica. Es indudable que había ya quien se ocupaba de los enfermos y los disminuidos físicos. Hemos visto aparecer desde el neolítico el interés «científico» por explicar algunos fracasos quirúrgicos. Marie-Antoinette de Lumley y Jean Dastugue hablan de «la existencia de relaciones sociales complejas en las que ya se abre paso la noción de "coloquio singular", nacido de la confianza del enfermo y el ascendiente del terapeuta».[9]

El arqueólogo también puede hacernos comprender la amplitud de las catástrofes, como erupciones volcánicas, seísmos, epidemias, hambres y matanzas que impresionaron a los cronistas de los tiempos históricos.

Según sea la amplitud y la naturaleza de los daños, el análisis de los hechos puede tener un interés histórico capital: los descubrimientos de Pompeya y Herculano han demostrado de forma espectacular el terror de sus habitantes y su rápida muerte enterrados bajo las cenizas del Vesubio: confirman lo que dice Plinio y precisan todas las consecuencias demográficas, económicas y políticas de la erupción volcánica. En cambio, las excavaciones de Santorin, en el Egeo, parecen indicar que la ciudad minoica de Tera estaba ya abandonada cuando se produjo la erupción del volcán. No pudo, por tanto, haber causado la muerte a sus habitantes, dato que ha sido el punto de partida de un nuevo debate sobre el fin de la civilización de los palacios cretenses.

Los hechos que se comprueban no siempre tienen esa amplitud: el minero de Obourg, Bélgica, murió al hundirse la galería neolítica donde trabajaba para extraer el sílex. Puede ocurrir también que una matanza, como la que se supone que hubo después de examinar el estrato de guerra de Raix (Vaucluse), sea el resultado de un acontecimiento trágico importante. La observación arqueológica tiene que ser muy atenta; son demasiados los esqueletos descubiertos que se han tomado como pruebas de acontecimientos históricos, de una invasión germánica o vikinga, por ejemplo. En realidad, es raro que esa clase de acontecimientos históricos deje rastros arqueológicos.

Tenemos un buen ejemplo de ello en las catástrofes del siglo XIV, tan bien documentadas por los archivos y las crónicas contemporáneas; las hambres, la guerra de los Cien Años, la Gran Peste, la lepra, el mal de san Antón, intoxicación producida por el cornezuelo del centeno, hicieron desaparecer a una tercera parte de la población. La arqueología puede comprobar el abandono de lugares, el descenso del número de habitantes, la ampliación de los cementerios, hechos relacionados con esos sucesos macabros, y precisar así las fuentes históricas.

9. *La préhistoire française*, París, t. II, p. 164.

El hombre a la conquista de la tierra
Una capacidad de adaptación única

El hombre no existe sólo por su cuerpo, sino también por su adaptación casi biológica a las diferentes partes del mundo.

En estos tiempos sería inútil tratar de definir una región natural única que corresponda al hombre: no se concibe al pigmeo sin la selva ecuatorial; el tuareg es inseparable del desierto; el agricultor europeo vive al ritmo de las cuatro estaciones; el esquimal necesita grandes espacios helados. Sólo las relaciones internacionales modernas permiten adaptarse a regiones diferentes en un espacio de tiempo corto. Pero el hombre internacional vive en las condiciones «unidimensionales» y protegidas de las grandes ciudades, que en cierto modo forman una región específica. Ningún ser vivo ha tenido tanta curiosidad ni una tal capacidad de adaptación a las distintas latitudes, a los distintos climas, a los diferentes paisajes. Se dice que Cristóbal Colón descubrió el Nuevo Mundo cuando llego a San Salvador, el 12 de octubre de 1492. Pero allí encontró a unos indígenas cuyos antepasados habían hecho también el «viaje». La investigación arqueológica nos ofrece una perspectiva nueva de la historia de la población de la tierra. Los primeros homínidos son africanos, y aparecen hace unos seis millones de años. Lucy, la más famosa de ellos, que tiene 3,5 millones de años, anuncia a los australopitecos.

Actualmente se admite que los homínidos están presentes desde hace dos millones de años, al menos en las zonas meridionales y templadas de Europa y de Asia. Avanzan hacia el norte durante los períodos interglaciales.

Fue mucho más tarde, al retirarse los hielos más allá del estrecho de Bering, cuando los hombres pasaron a América. Una fecha anterior a 72 000 años es muy problemática; una fecha comprendida entre 65 y 25 000 años puede aceptarse. Las muestras de 200 000 años, encontradas en una cueva brasileña, ¿indican una supuesta presencia humana? La hipótesis parece ahora inverosímil. La verdad es que no se conoce el origen del hombre americano, y que de momento sólo disponemos de algunas hipótesis basadas en observaciones todavía sin confirmar. Sea como sea, América empezó a poblarse por el norte, desde el Asia oriental. Los hombres parecen haberse esparcido muy deprisa por todo el territorio y haberse adaptado, por tanto, a condiciones naturales muy distintas. Hasta después del nacimiento de Cristo, no se puede pensar en contactos entre la Polinesia y América del Sur.

Ahora podemos seguir también el avance de los hombres por el Pacífico desde el sudeste de Asia. 40 000 años antes de C. se ocupa ya Australia. El norte de Melanesia se surca unos 5500 años antes de C.; los hombres difundían por ella la preciosa obsidiana. Navegaban en grandes embarcaciones como la que se ha encontrado en las costas del Japón, en tiempos de la civilización neolítica de Jomom, durante el V milenio. Los «señores del mar» protopolinesios recorrían las islas del Pacífico occidental; hacia el 1500 antes de C. su paso está atestiguado por la cerámica decorada de estilo «Lapita». Hacia 1200 antes de C. llegaron por el este a las islas de Tonga y de Samoa. La parte oriental de la Polinesia se pobló a principios de la era cristiana, la isla de Pascua hacia el 500, Hawai hacia el 600 y, más al sur, Nueva Zelanda, hacia el 800. Hacia el año 500 grandes catamaranes polinesios podrían haberse acercado por primera vez a las costas de América del Sur. No hay pruebas directas de que lo hicieran, pero la presencia de la batata en la isla de Pascua hace que la hipótesis sea verosímil.

Al tener que enfrentarse a los cambios de la naturaleza y a su variedad geográfica, el hombre inventa maneras de sobrevivir y técnicas que aseguran la realización de proyectos económicos, culturales y sociales.

¿Qué es a fin de cuentas lo que se llama «hombre moderno»? ¿Nos dice algo sobre nuestro destino arqueológico?

Diagnóstico simplemente provisional de nuestra condición de hombre moderno

Formamos parte de la naturaleza, pero dos cosas nos separan de los otros seres vivos, la conciencia que hace que el hombre sepa que sabe, y la cultura que es la facultad de imponer al mundo un grado de artificio sin precedentes, pero también de participar en una experiencia de la vida colectiva y acumulativa. La necesidad de conocer cosas sobre él mismo y sobre los demás hace del hombre un ser único. Como dice Jacob Bronowski, «nuestro destino es el conocimiento».

A eso podemos añadir una característica del hombre moderno, la de dominar la rapidez de los intercambios, lenguaje, costumbres, tecnología, alianzas políticas. Nuestra civilización científica ha nacido de la rapidez de las comunicaciones. Los intercambios originan cambios y son la base de la teoría de la selección natural; producen la adaptación a las circunstancias y al medio ambiente. Si las adaptaciones naturales de las eras geológicas nos parecen pasivas, las adaptaciones humanas colectivas e individuales se consideran como acciones. Las ideas de conjunto alcanzadas en los últimos decenios han hecho perceptibles las diferencias de rapidez en la evolución de los distintos aspectos que constituyen el hombre. La progresión biológica es bastante lenta y se manifiesta a una escala de 10 000 años, salvo en algunos casos, como la desaparición del hombre de Neandertal, que podría haberse producido en mil años. Los cambios culturales son más rápidos, y Jean Chavaillon ha podido mostrar diferencias en el paleolítico antiguo entre las innovaciones técnicas y la aparición más tardía de tipos de hominoideos. La evolución de las sociedades puede ser todavía más rápida. Jacques Cauvin ha estudiado detenidamente el paso al neolítico en Asia occidental, en el que la llegada de una sociedad sedentaria da origen a varias innovaciones técnicas, como la cría de ganado, la agricultura y la fabricación de la cerámica. Lo del movimiento acelerado de la historia no es una frase vacía. Tenemos la impresión de que el avance técnico ha sobrepasado en nuestros días el de otras cosas que arrastra con él en su huida hacia adelante, de ahí la necesidad de establecer códigos éticos para las manipulaciones genéticas o de celebrar reuniones internacionales sobre la energía atómica. La evolución cultural es el resultado de un ensanchamiento de la imaginación humana, pero ¿va en el mismo sentido que la evolución biológica y social? Las advertencias de algunos sabios demuestran que la historia no puede trazar un cuadro coherente de los distintos aspectos que componen la vida de los hombres en un momento determinado. Claude Levi-Strauss ha hablado de la contribución de la arqueología a esa visión de la historia fragmentada, vacilante, que va avanzando más bien a trompicones:

> El desarrollo de los conocimientos prehistóricos y arqueológicos tiende a distribuir en el espacio unas formas de civilización que nos inclinábamos a imaginar como escalonadas en el tiempo. Eso significa (...) que el «progreso» (si es que ese término sirve todavía para designar una realidad muy distinta de aquella a la que se aplicó en un pri-

> mer momento) no es ni necesario ni continuo; procede porsaltos, por brincos o, como dirían los biólogos, por mutaciones. Esos saltos y esos brincos no consisten en ir siempre en la misma dirección; van acompañados de cambios de orientación, un poco como el caballo del ajedrez, que dispone siempre de varias maneras de avanzar, pero nunca en el mismo sentido. La humanidad que progresa no se parece apenas a la persona que va subiendo una escalera y que, con cada uno de sus movimientos, añade un peldaño más a todos los que ha conseguido subir ya; hace pensar más bien en el jugador cuya suerte está repartida entre varios dados y que, cada vez que los tira, los ve rodar por el tapete, sacando otros tantos números distintos. Lo que se gana con uno siempre se está en peligro de perderlo con el otro, y sólo algunas veces la historia es acumulativa, cuando los números se añaden para formar una combinación favorable.[10]

Desde el siglo XVI Copérnico nos enseñó que la tierra y los hombres no eran ya el centro de la creación, sino un punto mínimo dentro de un universo gigantesco. A mediados del siglo XIX, Darwin y sus contemporáneos declararon que el hombre forma parte de la naturaleza y que su origen podía investigarse científicamente. Extraño destino el del hombre moderno que se da cuenta de que la suya es ciertamente una existencia privilegiada por su facultad de conocer, pero también incómoda por su incapacidad para comprender totalmente lo que él es.

10. Claude Levi-Strauss, *Race et Histoire*, Denoël, 1987.

2. NATURALEZA Y TÉCNICA: LAS INVENCIONES HUMANAS

Karl Marx dice refiriéndose a la técnica de los hombres: «El peor de los arquitectos se diferencia de la mejor de las abejas en que edifica su estructura en la imaginación antes de construirla en la realidad.» Opone así el «ingenio consciente» a la perfección del instinto. El utensilio humano es el resultado de una intervención específica hecha conscientemente. La primera definición del género humano ha sido con frecuencia la de *Homo faber*, el hombre que fabrica utensilios.

Aunque tenga utensilios —algunos monos actuales los tienen— al hombre primitivo se le ha considerado durante mucho tiempo como un ser impregnado de naturaleza. El «buen salvaje» de Jean-Jacques Rousseau está próximo a la selva (*silva* en latín, de ahí el nombre de salvaje). En el siglo XVIII a los primitivos se les llama también «naturales». El hombre individual, instintivamente de acuerdo con las leyes naturales, vive su primitivismo con una cierta inocencia: es Adán y Eva antes del pecado original, o Prometeo antes de abrir la caja de Pandora. En *La pensée sauvage*, obra publicada en 1962, Claude Levi-Strauss dice que todo hombre, tanto si vive en la selva amazónica como en un rascacielos de Nueva York, muestra en sus mitos y acciones las mismas capacidades intelectuales y no más ni menos «instinto». Lo que les diferencia es la forma cultural de vivir. Se trata de un estudio etnológico, y hace referencia a pueblos vivos contemporáneos o precontemporáneos. ¿Cómo podemos saber si esas dudas sobre el «primitivismo» se aplican también en el tiempo a los «primeros hombres» y a qué «primeros hombres»? En el mundo silencioso del pasado no podemos beneficiarnos de las contribuciones de la lingüística. Las series de utensilios fabricados ofrecen en cambio a los arqueólogos lo que las frases de los manuscritos ofrecen a los lingüistas y a los historiadores. Encontramos así comportamientos técnicos, la instalación del hogar, la organización de la caza, la transformación de las materias primas, las manipulaciones de lo que está vivo. El estudio de las técnicas nos ilustra sobre ese hombre llamado por René Descartes «jardinero» del mundo. La preparación de los alimentos, los juegos, la música, la conquista de las distancias son otras tantas maneras de ser que el arqueólogo descubre *in situ* en los estratos geológicos. Revelan las múltiples adaptaciones que impone al hombre una naturaleza varia y caprichosa. Ha tenido que pasar más de un siglo después de la revolución darwiniana para que nos diésemos cuenta de que las múltiples modificaciones de nuestro entorno ecológico afectaban a la vida del hombre.

El hombre frente a una naturaleza explosiva y cambiante

El hombre, aventurero de los espacios, tiene que enfrentarse en todo momento a situaciones nuevas y de desequilibrio. La naturaleza le ofrece el marco, en perpetuo movimiento, de sus acciones.

¿Volverán a despertarse los volcanes del Macizo Central?

Los volcanes, símbolo de los caprichos de la naturaleza, ocupan un lugar importante en la arqueología. Pompeya y Herculano se han conservado en las cenizas del Vesubio. La ciudad de Tera, en la isla de Santorín, cubierta también por las cenizas, guarda en su interior una parte de los secretos de la civilización minoica.

Hay otras dos regiones volcánicas de Europa occidental que estuvieron activas durante la prehistoria, el Eifel, en el valle del Rhin, y la baja Auvernia.

En Alemania, ha sido Gerhard Bosinski quien ha dirigido las excavaciones en la masa de cenizas y piedra pómez depositadas hace 110 000 años en el Eifel oriental, después de la explosión del volcán de Laacher See. El viento esparció las cenizas por un territorio de más de 150 km^2; esa capa quedó recubierta por otra de piedra pómez que puede alcanzar un espesor de 20 m. El viento llevó las cenizas ligeras a más de 100 km, hasta Polonia y la isla danesa de Bornholm, y por el sur, a más de 800 km de distancia, hasta Suiza y el norte de Italia. Cerca del volcán, los terrenos ocupados quedaron enterrados bajo la piedra pómez; se ha conservado la madera de un bosque, se han comprobado huellas de ocupación humana y se han encontrado incluso los restos de un hombre. Hace 20 000 años había estallado otro volcán en la misma región.

Varias fases de actividad volcánica en el Macizo Central se conocen ahora mejor. La *Butte* de Clermont ha proporcionado muestras que permitían datar una erupción hace unos 156 000 años. El *Puy* de Gravenoire es un cono que se formó hace 56 800 años y que hace 28 700 conoció un nuevo depósito de lava. En la baja Auvernia se han comprobado otras erupciones hace de 19 000 a 15 000 años. Jean-Paul Raynal y Jean-Pierre Daugas creen que pudieron modificar los itinerarios estacionales de los magdalenienses. La explosión más reciente parece haber sido la del Puy de Dôme, cuyas cenizas llegaron hasta Suiza hace 10 000 años. Esas cifras no muestran una regularidad en los fenómenos volcánicos y, por tanto, no proporcionan datos para hacer cualquier tipo de previsión. Indican únicamente que se trata de una región sensible al volcanismo, que no puede considerarse extinguido.

El hombre ante los climas

La configuración de las tierras era ya muy parecida a la que vemos ahora cuando aparecieron los primeros hombres; ellos conocieron las playas, los valles más o menos encajados, las llanuras y las montañas. La latitud ha dictado siempre el ritmo de las estaciones; en nuestras latitudes medias se han sucedido siempre cuatro estaciones, mientras que más cerca del Polo Norte el año solar se divide en dos estaciones, con las noches blancas al final de la primavera.

A esa variedad inicial hay que añadir los ciclos climatológicos, que afectan tanto a la erosión de la corteza terrestre y el nivel del mar como a la fauna y la flora. Durante la era cuaternaria, última etapa de la historia de la tierra, caracterizada por la humanidad, varios períodos fríos o glaciaciones alternaron con períodos cálidos o interglaciares. En 1909, los geólogos alemanes A. Penck y E. Brukner fueron los primeros que reconocieron en los Alpes la acción de cuatro glaciaciones; sus morrenas se han observado en el valle de cuatro afluentes del Danubio, que han dado su nombre a los cuatro períodos: Günz, Mindel, Riss y Würm, del más antiguo al más reciente. El enfriamiento que se produjo en cada uno de ellos fue considerable, de 10 a 15 grados menos con relación a las temperaturas actuales. Los valles alpinos estaban ocupados por los glaciares, y uno de ellos llegaba hasta Lyon. Hace 20 000 años, durante la última glaciación que terminó 10 000 años más tarde, el Jura y los Vosgos estaban también cubiertos de hielo. En los Pirineos, situados más al sur, y en el Macizo Central, mucho menos elevado, algunos valles quedaban libres de hielo durante el verano y sus cuevas servían de refugio a los artistas prehistóricos. El casquete polar llegaba hasta Holanda; el hielo podía tener varios cientos de metros de espesor, y acumulaba un volumen de agua cristalizada tan grande que, hace 20 000 años, el nivel del mar era 130 m más bajo que el actual: las islas Británicas formaban entonces una plataforma unida al continente; Córcega y Cerdeña eran una sola isla, y Sicilia no estaba separada de Italia. Los efectos de las glaciaciones se observan también fuera de las regiones montañosas: los que estudian los sedimentos encuentran fragmentos de rocas agrietadas en los estratos arqueológicos o bolsas de suelos «crioturbados» por la alternancia de heladas intensas y de deshielo. Los palinólogos ven descender la proporción de granos de polen de los árboles, que puede pasar del 60 al 10 %. Los zoólogos encuentran restos de mamuts, de rinocerontes lanudos, del oso y de los felinos de las cavernas, animales que vivieron en nuestras regiones templadas durante los períodos fríos.

La evolución del clima en los dos últimos millones de años ha podido conocerse mejor gracias al estudio de muestras de sedimentos de los fondos del océano Pacífico; en 1975, N. J. Schackleton y N. D. Opdyke comprobaron que la relación de los dos isótopos del oxígeno (oxígeno 16O y oxígeno 18O) contenidos en unos moluscos fósiles microscópicos indicaba la existencia de una masa de hielo en el océano, porque ésta se distingue por una tasa superior del oxígeno 18O. Más de veinte períodos fríos han podido reconocerse en esa secuencia cuaternaria, bien datada, por otra parte, gracias al método del paleomagnetismo.

¿Cómo explicar el ciclo de las glaciaciones cuyo equivalente tropical sería el del régimen de lluvias? En la historia de la Tierra, los geólogos han observado un enfriamiento fuerte cada doscientos millones de años, y series regulares de enfriamientos secundarios. La última serie es la de la era cuaternaria. La repetición del fenómeno parece estar relacionada con el movimiento de rotación de la Tierra sobre sí misma y el de traslación alrededor del Sol, que origina insolaciones estacionales diferentes, con aumento o disminución de unos años a otros del hielo de los polos y de las montañas.

La hipótesis del desplazamiento de los polos, defendida por Blanchard en los años cuarenta, no se considera ya esencial, dado que la distancia del desplazamiento no pasa a lo sumo de cincuenta metros. Las variaciones de la órbita terrestre desempeñan sin duda un papel importante: la distancia de la Tierra al Sol varía en nuestros días en el curso de un año en cinco millones de kilómetros; esa distancia ha podido ser de quince millones de kilómetros en algunas épocas. Los cambios, debidos a la Luna y a la forma achatada de la Tierra, de la inclinación del eje terrestre sobre el plano de la órbita (23,45° en 1950; 24,23° hace 10 000 años; 22,23° hace 30 000 años) modifican también el índice de insolación de algunas partes de la Tierra, en especial de los polos. Un último parámetro parece decisivo, el llamado de la «precesión de los equinoccios» que establece la posición de las estaciones sobre la órbita; ésta no es estable y, si hablamos del momento del año en que el Sol está más próximo a la Tierra, ese momento es ahora el 2 de enero, pero hace 600 años era el 21 de diciembre, y era el 21 de junio hace 11 200 años, en plena época del deshielo. En 1978, André Berger, un astrónomo belga, pudo establecer correlaciones convincentes entre las fases de las glaciaciones y las diferentes posibilidades de insolación de la Tierra. Las fases frías se caracterizan por veranos poco soleados durante los cuales los hielos del invierno no llegan a fundirse del todo y se acumulan en años sucesivos.

El fenómeno de la glaciación se explica desde esta nueva óptica por la conjunción de varias situaciones astrales. Es interesante observar también que una fase glacial en una región templada como el Périgord no es simplemente la extensión hasta ella del casquete polar, sino un clima frío suavizado por veranos cortos y frescos, inviernos largos y rigurosos, con algunas intermitencias, y primaveras de duración media. La flora y la fauna reflejan esas condiciones: el reno magdaleniense adaptado a las cuatro estaciones se diferencia así del reno polar actual, que vive al ritmo de las dos estaciones árticas.

La curva de la insolación global de la Tierra desde hace 400 000 años muestra la regularidad de las oscilaciones que permite una relativa extrapolación al futuro: avanzamos, a pesar de las pruebas de calentamiento actual que se extienden a menos de un siglo, hacia un nuevo período frío que alcanzará su punto máximo dentro de 5 000 años, y luego, después de otro relativamente suave, hacia una glaciación más fuerte dentro de unos 22 000 años, a la que seguirá una nueva suavización y, dentro de unos 60 000 años, una glaciación rigurosa equivalente a la de hace 20 000 años.

Otros cambios climáticos más moderados pueden tener unas consecuencias nada desdeñables sobre la vida de los hombres. En nuestros días comprobamos la falta de precipitaciones y una suavidad relativa que hacen retroceder los glaciares alpinos y pirenaicos, mientras que algunas instalaciones de deportes de invierno parecen no poder utilizarse tanto como se había previsto. La falta de agua en el sur de España y, sobre todo, en la franja meridional del Sahara, del Yemen y de Asia central, tiene desastrosas consecuencias para las poblaciones. En esos casos de equilibrio ecológico precario, el fenómeno natural puede verse agravado por la forma de vida o el descuido de los propios hombres.

La «pequeña edad glacial», que los historiadores sitúan desde fines del siglo XVI hasta mediados del XIX, pudo hacer retroceder el límite de las culturas en las zonas septentrionales y de montaña. Unos cuantos veranos lluviosos y más frescos bastan para que la cosecha de cereales, base de la alimentación, no llegue a madurar y no pueda recogerse. Las consecuencias son inmediatas: hambres, epidemias, reducciones de población y reorganización de la sociedad.

Un fenómeno semejante se produjo en Europa occidental entre 1000 y 850 años antes de C.: las tierras altas de las Cheviot Hills, entre Inglaterra y Escocia, quedaron abandonadas, el nivel de los lagos suizos subió bruscamente y destruyó los pueblos, y en las cuevas del sudoeste de Francia se formó una capa de calcita.

Por el contrario, la mejoría en las condiciones climáticas parece favorable al desarrollo de las sociedades. Veremos el indiscutible efecto que tuvo el calentamiento de la Tierra sobre la aparición de las comunidades campesinas hace 10 000 años en el Próximo Oriente, y hace 8 000 años en Europa occidental. En esta última región, un punto óptimo climático hace 5 000 años, otro al principio de nuestra era y un tercero del 800 al 1200 después de C. parecen corresponder a tres períodos de apogeo cultural, el final del neolítico, la época romana y la llegada de la Edad Media.

La influencia de los climas sobre el comportamiento de los hombres es innegable, pero es difícil de calcular con precisión. Aunque en la época actual tengamos a veces la impresión de poder vernos libres de algunas limitaciones climatológicas (posibilidad de ir a buscar el sol al haberse acortado las distancias, cultivos en invernadero, climatización, etc.), el ciclo de los climas impone a la larga las condiciones insoslayables de nuestra existencia sobre la Tierra. Determina la evolución de los aspectos más variados de lo que llamamos la «naturaleza».

Es interesante comparar las conclusiones del prehistoriador sobre la evolución del clima durante varios cientos de miles de años con las de un historiador como Emmanuel Le Roy Ladurie, que ha reunido numerosos documentos sobre el tema en su obra *Histoire du climat depuis l'an mil.*[1] En ambos casos se utilizan los mismos métodos para realizar el estudio: la geología de las morrenas, la palinología de las turbas, la dendrocronología, etc., se emplean de la misma manera en prehistoria que en historia. El historiador dispone, además, de otros datos, los que puede obtener del glaciarismo, basándose en las descripciones antiguas y en la iconografia, y el de la fecha de las vendimias, consignada en los archivos, y de la recolección de las cosechas en general. El gran interés de ese estudio es seguir a escala de la vida humana las implicaciones de los cambios climáticos. El lector se da cuenta, no sin sorpresa, de que esas variaciones pueden ser perceptibles desde tiempo inmemorial y pueden no serlo. Se comprueba que esas variaciones no son regulares y pasan por fases rápidas o lentas. Gracias a esos estudios ha sido posible reconstruir la cronología de los climas de los dos últimos milenios: después de un punto óptimo climático que corresponde a la época romana, se ha comprobado una extensión de los glaciares entre el año 400 y el 750 de nuestra era. Un período suave bastante largo precede a un breve avance glacial en la Edad Media, entre 1200 y 1300. Después de otro descanso, viene el nuevo punto máximo frío, llamado la «pequeña edad glacial», que dura de 1550 a 1850, seguido a su vez de un calentamiento que es el que vivimos ahora.

Otra conclusión interesante es la relacionada con el paso de una fase a otra, que puede ser bastante breve. El cambio hacia el frío del paleolítico se produjo de una forma muy brusca, en poco más de un siglo. En cuanto a la geografía humana, por lo general el hombre se adapta a la evolución del clima, pero sufre especialmente en donde son más fuertes los efectos de los cambios bruscos, en las zonas secas que bordean los desiertos y en las regiones frías y montañosas en las que los cambios son más radicales. Es en esos momentos

1. Champs, Flammarion, 1983.

cuando se comprueban los descensos de población por emigraciones, hambres, epidemias, etcétera.

El enigma de la desaparición de los grandes animales. ¿Tiene el oso de los Pirineos alguna probabilidad de sobrevivir?

Uno de los efectos espectaculares de los cambios climáticos es la transformación de la fauna y la desaparición de algunos animales prehistóricos. Marie Françoise Bonifay nos ofrece las conclusiones que ha sacado de su estudio de los huesos de los grandes animales. Cada animal se adapta a su manera a un biotopo y, al evolucionar éste, se transforma también en equilibrio del mundo vivo. No existe una fauna fría que corresponda a un suelo cubierto de nieve y a temperaturas por debajo de cero; existen herbívoros migratorios que buscan los líquenes en invierno y las hierbas cortas en verano. Algunos recorren la estepa, otros el bosque, otros los relieves montañosos. Hay carnívoros que pasan el invierno en las madrigueras de las cuevas y se calientan en verano en las paredes rocosas expuestas al sol.

Hace 100 000 años el clima de nuestras regiones era templado, y la fauna grande comprendía el ciervo europeo, los grandes bóvidos, el león, la pantera y la hiena. El enfriamiento que siguió a esa época hizo disminuir el número de estos tres últimos y provocó su desaparición. Otros animales aparecieron entonces y se multiplicaron, entre ellos el reno de la tundra, el rinoceronte, el mamut y el antílope de las estepas.

El frío más intenso se registra hace 18 000 años. El primer retroceso del frente polar se sitúa entre 13 000 y 11 000 años, pero se interrumpe por una fase glacial que dura mil años. Hace unos 10 000 años empieza el período «postglacial». Esos milenios intermedios son decisivos para tratar de comprender lo que representa la fauna salvaje actual.

El reno, acostumbrado a escarbar en la nieve para alcanzar los líquenes, pasa hambre cuando la nieve se funde, el suelo se endurece y desaparecen los líquenes. Deja el sudoeste de Francia entre 12 000 y 11 000 años, y se traslada al norte de Europa. Los renos encontrados en el Macizo Central resistieron, hace 10 000 años, en un enclave de clima más riguroso.

El antílope de las estepas está acostumbrado al frío seco, sin nieve. Aparece en el sur de Francia hace unos 16 000 años, pero no se mantiene allí más que durante uno o dos milenios. Actualmente vive en las estepas del Asia central.

El rinoceronte lanudo es una especie extinguida; no sobrevivió a la desglaciación. Adaptado a la tundra fría, se extendió por toda Europa, incluso España. En terrenos bituminosos de Staruria, en Polonia, se han encontrado cuerpos enteros, con la carne y la piel peluda.

El caso del mamut es más complejo y más interesante, ya que su suerte parece ligada al hombre. Este animal, símbolo de la prehistoria, impresionó sin duda al hombre prehistórico, que hace unos 17 000 años le representó en escultura en la cueva de Domme, y hace unos 13 000 en las paredes de la de Rouffignac, en el valle del Dordoña. A la misma época pertenece la preciosa figura en asta de reno descubierta cerca de los Pirineos en la gruta de Canecaude, en Villardonnel. En la Europa del este y en el Asia septentrional, el mamut es un animal al que se conoce muy bien gracias a haberse conservado intacto en las turberas de Siberia. El esqueleto expuesto en el Museo de Historia Natural de París tenía disecados en parte la carne y el pelo. Fue encontrado en la isla Liájov. En 1977, los colegas soviéticos de Leningrado descubrieron en las orillas del río Kirgiliakh, en el norte de Siberia, una cría de mamut de un metro de altura. Tenía de siete a ocho meses, y debió de caer a un lago pequeño y ahogarse. El agua, que permanece casi siempre helada, ha mantenido congelado a ese animal que vivió hace 44 000 años. Ha sido posible estudiar sus órganos y hasta el contenido del estómago. Ahora se expone momificado en el museo. Durante la prehistoria, el mamut fue perseguido y cazado sin tregua por grupos de hombres que obtenían de él casi todo lo que necesitaban para vivir; los huesos servían de armazón para las cabañas (cincuenta cráneos por cabaña en Mezirich, Ucrania) en un país en el que escaseaban los árboles. Al suavizarse el clima, el mamut debió de retirarse hacia las estepas frías del norte y, como necesitaba un largo período de gestación para reproducirse, los rebaños, diezmados por la caza, acabaron por desaparecer. Los últimos mamuts se encuentran en el valle del Dnieper hace unos 14 000 años. Cuando se compara esa fecha con las de las representaciones del sudoeste de Europa, uno puede preguntarse si no habrían podido sobrevivir algunos rebaños en regiones aisladas que hubieran continuado siendo frías, como las mesetas prepirenaicas o el Macizo Central. A menos que la iconografía del mamut se conservara hasta mucho tiempo después de haber desaparecido el animal. Algunos errores anatómicos de la escultura de Villardonnel, con las defensas tratadas como si fueran cuernos, podrían indicar que el artista no había visto un mamut en su vida.

Varias especies de animales prehistóricos han desaparecido, pero quedan todavía verdaderas reliquias de aquellos tiempos. Hemos visto que los renos y los antílopes de las estepas se refugiaron en las zonas frías, pero otros animales se adaptaron al clima templado: son los ciervos, los osos pardos, los corzos, las cabras monteses y algunos caballos. Como dice Marie-Françoise Bonifay, esos animales son testimonios vivos de que no basta un ciclo glacial para eliminar a algunas especies... siempre que el hombre las respete. El mamut, y quizá pronto el oso, son ejemplos de la funesta acción del hombre que, con sus destrucciones, precipita una evolución natural cargada de la variedad y de la riqueza del pasado. En cambio, es posible que el hombre haya salvado al caballo, que desapareció de América durante el último calentamiento del holoceno, y que hace de 12 000 a 6 000 años sufrió un retroceso en Eurasia hasta que fue domesticado.

Las técnicas de la caza y de la pesca

Desde que los arqueólogos comprendieron que la caza prehistórica no era simplemente el enfrentamiento entre el hombre y el animal, sino la aplicación de todo un sistema organizado, con sus aspectos culturales y técnicos, han podido definir varias técnicas y métodos empleados por el hombre prehistórico para conseguir sus presas; los sistemas que nos parecen más sencillos y que podrían considerarse como los más arcaicos no son sin duda alguna los más antiguos. Eso es lo que ocurre, por ejemplo, con los ocupantes de la cueva de Vaufrey, en la Dordoña, que hace de 280 000 a 120 000 años comían la carne de los restos abandonados por los animales carniceros. Esos carroñeros practicaban muy poco la caza.

Se han conservado en varios sitios pruebas directas de la caza en el paleolítico. Marylène Patou ha encontrado restos de varios animales con los huesos traspasados por armas, como el cráneo del asno salvaje de Lunel-Viel, traspasado de parte a parte por un venablo hace 500 000 años. En Lehringen, al norte de Alemania, se encontró una lanza de 2,40 m de largo, de madera de tejo endurecida al fuego, clavada entre las costillas de un mamut cazado hace cerca de 100 000 años. Más tarde, en el paleolítico superior, numerosos omoplatos de renos encontrados también en Alemania, en Meiendorf y Ahrensburg, muestran perforaciones producidas por arpones y azagayas. Una de ellas estaba todavía clavada en el omoplato de un bisonte del yacimiento ruso de Korolevo. Uno de los encontrados en Ahrenburg tenía clavada una punta de sílex rota; iba encajada en un arpón de sección triangular que ha dado la forma a la herida.

Hay que advertir que las fuertes «puntas» de sílex del paleolítico medio no eran armas, como se creía, sino utensilios del tipo de los rascadores. En las épocas antiguas las armas de caza debían de ser picas de madera con la punta endurecida al fuego, como la de Clacton-on-Sea, en Inglaterra. Las mejores armas de los primeros cazadores que seleccionaban sus piezas debían de ser un magnífico conocimiento de los animales y de su comportamiento, como lo indica la instalación de los campamentos cerca del agua y de los vados, y el trabajo conjunto de varios individuos.

Un dato interesante es la abundancia en algunos yacimientos de huesos de grandes animales consumidos por el hombre. Desde los períodos más antiguos los arqueólogos han comprobado la presencia de elefantes y de rinocerontes, animales fuertes y muy peligrosos. Es el caso de Soleilhac (Haute Loire). En Tautavel se había llevado a la cueva una cabeza de rinoceronte con un fin que todavía no conocemos.

Los huesos de rinoceronte son incluso los que más abundan en niveles del paleolítico medio de Mont-Dol, en la Bretaña, y también en Pair-non-Pair y en Rompon. El elefante, el mamut y otra subespecie están presentes en todas partes en Europa central, donde ya hemos dicho que sus huesos servían de armazón en las cabañas, como en Mezirich, Ucrania. El descubrimiento de la lanza de Lehringen hace suponer que el hombre podía atacar a esos animales con las armas simples pero eficaces de que disponía, lo mismo que esos intrépidos africanos que, en el siglo pasado, se lanzaban bajo las patas del elefante con sus picas de madera y las levantaban luego rápidamente para destriparle. Es posible que en muchos casos esos animales no se cazaran, sino que se cogieran cuando ya estaban muertos para aprovechar sus restos. Eso era lo que se hacía aún hace poco tiempo cuando un cetáceo iba a parar a las playas del mar del norte o a las del Atlántico, pero no debe descartarse la hipótesis de una caza organizada en la que se utilizara el conocimiento de las costumbres de los animales y de la topografía del lugar, la construcción de trampas sencillas y el acoso de los hombres. Eso explicaría que en Mauer, Alemania, el 58 % de los elefantes consumidos fueran animales jóvenes, con menos fuerza para salir de la trampa. Justifica también la ausencia en la épocas antiguas de armas especialmente mortíferas, que no se utilizan en ese tipo de caza. Esa hipótesis se mantiene también en Biache-Saint-Vaast (Pas-de-Calais), donde hace 200 000 años, en las orillas del Scarpe, los homínidos se habían especializado en la caza del oso, de los grandes bóvidos, y algunas veces el rinoceronte, todos ellos animales muy peligrosos.

La caza cambia en el paleolítico superior; las azagayas y luego los arpones de hueso o de asta de reno se hacen sin duda para utilizarlos en la caza... o en la pesca, aunque para pescar se reserven más bien los anzuelos y las fisgas. Los propulsores aumentan la fuerza y la precisión del proyectil. En el territorio de Francia, la caza mayor del paleolítico superior es la de los herbívoros, el caballo y el reno, que alcanza su apogeo en la época magdaleniense, «la edad del reno». Los restos óseos de ese animal son muy abundantes y representan hasta el 90 % de la fauna de un yacimiento, en la Dordoña y en la cuenca parisiense. El arte rupestre y el mobiliario es en parte el reflejo de los animales cazados: en algunos dibujos de animales se ven flechas, y el bisonte del pozo de Lascaux tiene el vientre atravesado por una arma larga, con dientes, y está perdiendo las entrañas. El cazador está presente en esas representaciones. En Lascaux, aparece muerto delante del bisonte. En otros casos, como en la escena grabada en un asta de reno de Laugerie-Basse, en la Dordoña, parece ocultarse bajo unas pieles para poder acercarse a los animales sin espantarlos. Algunos signos cuadrangulares, pintados o grabados, se ha supuesto que representaban trampas. En Lascaux, una vaca grande salta por encima de uno de esos signos, como para evitarlo.

En el paleolítico se utilizan varios sistemas de pesca todavía mal conocidos. Jean-Jacques Cleyet-Merle es quien nos ha proporcionado la información sobre ese tema. La importancia de las representaciones de peces en el arte indica una estrecha relación con el hombre. Los salmónidos ocupan un lugar preferente: el ejemplar esculpido en el techo de la caverna de Gorge d'Enfer, en Eyzies, o los grabados y esculpidos del arte mobiliario pirenaico de Mas-d'Azil, de Isturits y de Lourdes. Hay otras muchas especies dibujadas, como los sorprendentes peces marinos de Mas-d'Azil, en el departamento de Ariège, y el «lenguado» de Lespugue. El hecho de que en las capas arqueológicas se hayan encontrado vértebras mezcladas con otros desperdicios de comida confirma que los salmones eran los más apreciados, mucho más que los lucios, las anguilas, las percas, etc. Los salmones son muy vulnerables cuando remontan la corriente de los ríos para desovar; basta situarse junto a los obstáculos naturales o artificiales que tienen que salvar para verlos saltar por encima de ellos, y su captura requiere habilidad manual más que complicados instrumentos de pesca. En las cuevas de Eyzies se han encontrado también fisgas de asta de reno, una especie de tenedores, cuyos dientes se clavaban en la presa y la inmovilizaban... al menos eso es lo que se supone. La presencia de «anzuelos», curvos o rectos, ha dado pie a conjeturas sobre el uso de la caña de pescar, aunque no se ha aportado ninguna prueba.

En el mesolítico aparecen las piraguas talladas en un solo tronco de árbol; ya se conocían en Dinamarca, y Claude y Daniel Mordant descubrieron una, de hace 8 000 años, en un brazo fósil del Sena. Esas embarcaciones hacen pensar en el transporte, pero también en la pesca en aguas profundas. Una nasa de juncos, de la misma época y encontrada en el mismo yacimiento de la cuenca parisiense, representa otra técnica de pesca de la que también hay ejemplos en Dinamarca. Esas trampas se utilizaban a veces combinadas con palos clavados en el fondo del agua para obligar a los peces a pasar por un determinado sitio. Se han encontrado en Escandinavia y en Holanda de época neolítica, y, en Francia, un buen ejemplo de la edad del hierro, en el Somme, en Famechon. Otros, más recientes, han podido estudiarse en la Charente y en la Dordoña, al hacer unas investigaciones de arqueología subacuática. A partir del neolítico, se tejen redes de pesca. Aimé Bocquet ha recogido algunos fragmentos en el yacimiento lacustre de Charavines (Isère), así como restos de lastre, piedras con muescas y cantos envueltos en cortezas de álamo.

El arco, la más bella y la más funesta de las invenciones

Es posible que algunas puntas de sílex solutrenses estuvieran fijadas al extremo de una varilla que se lanzaba con ayuda de un arco, pero no hay ninguna seguridad de que la hipótesis sea cierta. El empleo del arco sí está atestiguado en el mesolítico. Los hombres pintados en la pared de un abrigo del Levante español, la Cueva del Civil, en Cabras Monteses, cerca de Valltorta, llevan arcos y lanzan flechas sobre las ciervas que van delante de los machos. Esa pintura y otras que representan a unos hombres luchando con arcos están datadas en el VI milenio antes de nuestra era. En la turba danesa y alpina se han conservado algunos arcos y flechas; un arco del III milenio se encontró en el polvo de creta de un hipogeo del valle del Petit Morin, en el Marne. Se ha dicho que el arco era la primera máquina: debido a la flexibilidad de la madera y de la cuerda, la energía se acumula cuando se tensa el arco, y se libera de golpe en el momento deseado: un arco de 1,60 m lanza una flecha de 90 cm a 100 km/h, capaz de atravesar el cuerpo de un oso desde 50 metros. El arco es a menudo de madera de tejo, parece ser que en caso de no poder hacerlo de madera de olmo o incluso de frutal. La cuerda puede ser un tendón o un trozo de tripa secado, o estar hecha de fibra vegetal o animal trenzada. La flecha es el resultado de un trabajo muy hábil. En la época prehistórica, la punta es de piedra tallada y algunas veces de hueso; los miles de puntas de flecha esparcidas por todas partes que se han encontrado tienen formas trapezoidales, las más antiguas, que golpeaban por el canto, formas almendradas y triangulares, con dientes. Algunas se usan como colgantes y se han convertido en una especie de talismán. La punta de flecha debe ser de sílex homogéneo, que facilita la talla fina de la piedra con el corte afilado. Se pega con brea o cola de corteza de abedul, y se ata al extremo del asta de madera, que ha de ser lisa y recta para que no se desvíe cuando se dispara. Las plumas contribuyen a dirigir la flecha hacia el blanco. La colocación de las plumas es todo un arte, y se seleccionan sólo las mejores. Son muy apreciadas las de águila, que se reservan para las armas de los personajes de alto rango. La construcción de un arco y de sus flechas, que se llevan en una aljaba, es un trabajo minucioso, y hay que probar el arma para que resulte eficaz. El arco es un arma personal, un arma temible por su fuerza y precisión, que va unida a las primeras imágenes de guerra.

El principio del arco tuvo también otras aplicaciones desde principios del neolítico. Se usaba para hacer girar un taladro y perforar la hoja de las hachas o azuelas de piedra pulimentada. Esas hachas son numerosas, y algunas que se rompieron mientras se estaban haciendo permiten ver bien la técnica utilizada. Algunos autores han hablado de otro empleo del taladro para encender fuego, frotando un palo duro contra una tabla hasta que prenda la hierba seca. Parece que esos «aparatos» para hacer fuego existían desde el paleolítico superior.

La última función del arco de la que querríamos hablar es musical. El arco que se toca con la boca y el de mano han podido reconstruirse en Dinamarca gracias a hallazgos mesolíticos. A un curioso personaje representado en la cueva paleolítica de Trois-Frères, en el departamento de Ariège, se le llama el «brujo»: lleva una piel de bisonte, y delante de su cabeza, con cuernos, hay pintado lo que parece un arco musical, a menos que se trate de una flauta, como supone Michel Dauvois. El principio del arco, instrumento de música, vuelve a encontrarse más tarde en la lira.

Arqueología de la caza noble

Una observación atenta de los vestigios de la caza, armas y trampas, restos de animales, objetos simbólicos, y representaciones esculpidas o pintadas en las rocas, confirma que la caza ha sido siempre una actividad «noble» en el sentido en que el cazador es el que se ha preparado para vivir una relación intensa con el animal. Esa actitud especial se refleja en esta súplica del viejo esquimal dirigida al reno, con la que le pide que acepte entregarse a cambio de regalos:

> Reno,
> piojo de tierra
> de largas patas,
> de grandes orejas,
> de pelo erizado sobre el cuello,
> no huyas de mí,
> te traigo cuero para las suelas,
> te traigo musgo para las mechas.
> Acércate sin miedo,
> acércate a mí.
> Ven.[2]

El profundo respeto hacia el mundo animal se manifiesta también en las palabras con las que el cazador siberiano in-

2. Citado por Eveline Lot Falk, *Les rites de chasse chez les peuples sibériens*, Gallimard, 1953.

voca al oso, el señor del bosque. El hombre está sentado y concentrado, dice su oración con el arco sobre las rodillas, pues el arma es la mediadora entre el hombre y el bosque, de donde vendrá el animal que va a ofrecerse en sacrificio:

> Espíritu, señor del bosque magnífico y sombrío,
> viejo Bai Brylaj.
> Está preparado un gran festín,
> toda una mesa cubierta de pura comida dorada.
> He venido a llamar y conjurar,
> Echa una mirada hacia aquí y sonríe.[3]

La jerarquía de los animales pintados en Lascaux, los toros monumentales, los caballos de tamaño medio y los ciervos pequeños, la calidad de las pinturas paleolíticas en general, los múltiples colgantes hechos de dientes de oso, de lobo y de asta de ciervo, los indicios de un posible culto al oso, indican la importancia de la caza paleolítica en un mundo mágico, muy próximo sin duda al de los pueblos siberianos.

A partir del V milenio, cuando los rebaños de animales domesticados se convierten en la fuente principal de abastecimiento de carne y otros productos de origen animal, la relación entre el hombre y el animal de granja se modifica. La caza queda aparte y continúa la tradición de otros tiempos. La iconografía reciente nos muestra esa caza noble del ciervo (Val Camonica) o la del jabalí, como en Mérida. El caballo se asocia a la caza, e introduce en ella la imagen del héroe-cazador. Entre los adornos de las tumbas no es raro encontrar astas de ciervo perforadas o colmillos de jabalí convertidos en dijes, como en la sepultura de la Colombine, en Yonne.

En algunas sepulturas se depositaban cuartos de jabalí. En Alemania, en la magnífica tumba de Hochdorf, cerca de Stuttgart, los cuernos para beber son cuernos de uro, animal peligroso que era una de las presas de esa caza noble.

En la religión gala y galorromana se asocia a algunos dioses con esos animales, Cernunos al ciervo y Arduana al jabalí, que se convirtió en símbolo de los pueblos galos, y está representado en las monedas y en las insignias, como la de latón descubierta en 1989 en la playa de Soulac, en Gironda.

En la caza noble, las motivaciones son múltiples: unas veces distracción, otras deporte, amor a la naturaleza y al

3. *Ibid.*

mundo animal, necesidad de un cierto sentido ritual y mágico. En la Edad Media la caza tiene sus propias armas y sus propias reglas. Tiene también, por consiguiente, sus furtivos. La montería es una forma contemporánea de la tradición medieval. En nuestros días, la caza parece haber conservado su aspecto de minorías. Sólo se concibe dentro del mayor respeto al mundo animal, como parece haber ocurrido siempre.

El genio de transformar la naturaleza: los primeros utensilios

Todo lo que el hombre hace es, por definición, «artificial», la selección de las piezas cazadas, la elección de los materiales para fabricar los utensilios, la construcción de los campamentos y de las casas, la domesticación del mundo mineral, vegetal, animal, etc. Las huellas del hombre en la naturaleza caracterizan los vestigios arqueológicos abandonados. Esas huellas son la fuente esencial del estudio del arqueólogo, lo mismo que los textos escritos pueden ser el punto de partida del análisis del historiador.

En Europa, a falta de fósiles humanos muy antiguos, las primeras señales de la presencia humana son algunas anomalías del orden natural: en Étouaires, en el Puy-de-Dôme, un número demasiado grande de huesos fracturados de elefante y de rinoceronte, y la presencia de cuarzo en un medio sedimentario que no la justifica podría indicar el paso de antropomorfos hace 2,4 o 2,6 millones de años, durante un largo período de clima suave, favorable a la vida «humana».

La primera transformación espectacular impuesta por el hombre a la naturaleza, según lo que ha llegado hasta nosotros después de la desaparición de todo objeto de materia orgánica, es el utensilio de piedra tallada. Hemos comprendido que el canto rodado al que se ha dado forma golpeándolo no es producto de la casualidad. Es la conjunción de dos manos articuladas y de un cerebro que elabora el proyecto y lo transmite a través del sistema nervioso, con arreglo a cierto número de comportamientos individuales y colectivos aprendidos y conservados en la memoria.

Se propone la fecha de dos millones de años para la aparición de utensilios en el África oriental, en Pakistán y en la Europa meridional. En 1976, Hélène Roche encontró en el triángulo de Afar, al nordeste de Etiopía, guijarros tallados que podrían tener hasta 2 700 000 años. En el Macizo Central, en Saint-Eble, Eugène Bonifay ha descubierto fragmentos de cuarzo labrados por el hombre en un contexto geológico de más de dos millones de años, y hay varios yacimientos en esa zona que son tan antiguos o casi tan antiguos como ése: Chilhac, Blassac, La Roche-Lambert.

La serie de útiles de piedra de Soleilhac, en la misma región de Haute-Loire, representa una variedad significativa de esos instrumentos arcaicos repartidos desde África del Sur hasta Extremo Oriente y la Europa templada. 400 guijarros tallados presentan formas lo bastante precisas para tener aplicaciones específicas: «cuchillas», los llamados «chopper-tools» hechos con cantos de basalto, de cuarzo o de granito, un borde afilado, que se obtiene sacando una o varias lascas de una sola cara o de las dos caras de cada lado del corte. Un «protobifacial» de basalto tiene dos cortes laterales convergentes. Algunos de forma «aerodinámica» son una especie de rascadores toscos; otros, hechos de lascas de piedra, tienen muescas o dientes. Los rascadores de lascas de basalto, de cuarzo o de sílex presentan un corte lateral. Esos utensilios se hacían con ayuda de un percutor duro o golpeando uno contra otro. Son, por lo general, de pequeño tamaño, y se supone que servían para descuartizar la caza y trabajar las pieles, los huesos y la madera.

En el mismo yacimiento de Soleilhac, una acumulación de piedras de 25 metros de largo parece una prueba de que el hombre supo adaptarse a la topografía del lugar mejorándolo en beneficio suyo, es decir, haciendo una pantalla de ramas metidas entre esas piedras para cortar así los vientos fríos.

Desde esa época arcaica puede esperarse encontrar utensilios de hueso y de madera, como ocurre en el África Oriental. El antepasado del hombre obtiene las materias primas de su entorno inmediato. El fenómeno es entonces universal, y la fabricación de productos en serie se impone tanto en África como en Europa y Asia; la humanidad no se extiende todavía a América, a Oceanía ni a Australia.

¿Tuvo lugar alguna vez la guerra del fuego?

El hombre no inventó el fuego. Aprendió a encerrarlo en círculos de piedra, en hogares, y a usarlo para alumbrarse por la noche, calentarse y cocer sus alimentos. Supo producirlo, inmensa conquista, en condiciones precisas que empezamos a comprender.

Las señales de fuego encontradas en la cueva de Escale y de Cumay son modestas. ¿Estaba ya dominado el fuego hace 600 000 años? Tenemos la seguridad de que lo estaba con los hogares que aparecen hace de 500 000 a 400 000 años. Entre los más antiguos, hay que mencionar los de la gruta de Mas des Caves, en Lunel-Viel, entre Nîmes y Montpellier. De uno de los dos, el del estrato 10, uno de los niveles más profundos, se ha sacado un molde. Ese hogar es a un mismo tiempo complejo y clásico; tiene un hoyo en el centro, y un círculo de piedra incompleto para facilitar el tiro; alrededor del hogar, el suelo está en parte pisado y en parte empedrado con cantos; su descubridor, Eugène Bonifay, ha identificado incluso un bloque de piedra que servía de asiento. Se han encontrado distintos tipos de hogares entre los restos descubiertos en una docena de capas: son trozos de empedrado, alineaciones de bloques y tapias bajas de piedra seca, calces de postes, sitios donde estaban las yacijas de paja, y hoyos para guardar los granos y gramíneas. A veces la organización es tan completa que no se duda en hablar de cabañas construidas dentro de la cueva, con sus paredes y espacios para cada cosa: lugares de descanso, la lumbre en el medio, zonas de paso, montones de residuos; y es posible que partes donde se tallaban los cantos y lascas de piedra, se hacían los utensilios de hueso o se preparaban las carnes, las pieles y los productos que se recogían. Los hogares encontrados en 1966 en las dunas fósiles de Terra Amata, no lejos del puerto viejo de Niza, que tienen unos 380 000 años, estaban situados en el centro de campamentos temporales, con chozas hechas de ramas o juncos entretejidos y piedras grandes. El fuego se mantenía encendido sobre un enlosado de piedras o en un hoyo cavado en la arena; por el lado noroeste, un pequeño muro protegía la combustión lenta. La vida de relación del grupo y sus actividades domésticas se organizaba en torno a esas fuentes de calor y de luz. Restos muy antiguos de hogares se han encontrado también en Italia, en Torre di Pietra, y en Hungría, en Vertesszöllös.

Esos ejemplos demuestran que el fuego no aparece como una innovación aislada. Forma parte de un conjunto cultural ordenado que constituye una cabaña. Por algo más tarde se llamará «hogar» a la casa.

No se aprende el fuego como un saber teórico; el fuego se vive como una realidad doméstica y social. Por eso, es poco probable que hace unos cientos de miles de años alguien hubiera podido pensar un día a propósito de los peligros del fuego lo que pensaba el personaje de Roy Lewis: «¿Sería por nuestra parte una buena acción... enseñar a unos retrasados en la técnica la manera de asarse ellos mismos y a nosotros con ellos? ¿No basta ya con un bosque incendiado? ¿Sería razonable poner en manos de unos seres que, después de todo, son poco más que unos monos grandes, el medio de reducir el mundo a cenizas?»[4]

La pregunta del personaje imaginado por Roy Lewis transpone a la época paleolítica nuestro miedo colectivo del siglo XX a ver a algún aprendiz de brujo manipular las técnicas del progreso y perder el control de ellas con consecuencias apocalípticas para todos.

En realidad, después de la integración del fuego en la forma de vida de los hombres de la época paleolítica, las artes del fuego se desarrollaron a partir de principios del neolítico para transformar la materia mineral: la cal, la cerámica, el ladrillo, el metal trabajado en caliente, el mineral reducido a metal, las mezclas de las aleaciones, la loza, el vidrio y también los esmaltes de Bernard Palissy. Al final de la lista encontramos la fusión del átomo que desprende una gran energía térmica. Las explicaciones teóricas de esos actos demiurgos son recientes y todavía no son más que parciales. Si la física nuclear constituye en nuestros días una ciencia de punta, el fuego en sí sigue siendo un enigma. El control de las altas energías no está asegurado al 100 %. La guerra del fuego, tal como la imaginaba Rosny en la época prehistórica, es más verosímil ahora que hace unos cuantos millones de años.

Hombres y gustos

El problema de la alimentación necesaria para la vida es un buen ejemplo del comportamiento del hombre, que transforma una necesidad natural en una convención cultural. No existe una alimentación natural, porque alimentarse es el resultado de un aprendizaje con sus gestos, sus gustos y sus implicaciones económicas y sociales. Los platos refinados de la cocina francesa, los contrastes delicados entre lo dulce y lo amargo de la cocina china, la habilidad de los asados en horno

4. Roy Lewis, *Pourquoi j'ai mangé mon père,* Actes Sud, 1990, p. 143.

canaco sin duda han tenido equivalentes en todas las épocas.

Algunos estudios sobre ese tema, todavía poco numerosos, nos hacen entender mejor la calidad de vida de la que se han rodeado siempre los hombres, pero también el significado de esas comidas de fiesta, de boda o de funeral. ¿Qué decir entonces de la escasez, las hambres o, simplemente, de las comidas cotidianas míseras? Parece un dato revelador que en todas las épocas haya pocos esqueletos humanos que muestren señales de insuficiencias alimenticias. La historia, sin embargo, nos dice que las tragedias del hambre han existido siempre.

Sabemos poco sobre las épocas más antiguas, pero nos sorprende la cantidad de huesos de mamut en Meziritch, Ucrania, de caballo en Solutré o de reno en Pincevent. ¿A qué correspondía la carne consumida en esos sitios y durante cuánto tiempo se consumió? Un mamut tenía más de una tonelada de carne. En Solutré hay indicios de que los trozos de carne se preparaban. La selección de los huesos de reno en Dordoña demuestra que las partes más selectas, como las piernas, eran muy apreciadas. En las zonas dedicadas al descuartizamiento de los renos del yacimiento magdaleniense de Verberie (Oise) se adivina la destreza del cazador-carnicero. La observación de las prácticas culinarias de los esquimales ha llevado a estudiar los restos óseos de renos depositados en las cuevas y abrigos paleolíticos de Aquitania. La extracción de la medula, muy nutritiva, de los huesos largos se hacía al principio partiéndolos en dos, y todavía se encuentran ahora fragmentos de cinco centímetros o más. El hombre del magdaleniense preparaba también caldos, haciendo hervir agua en un caldero de piel o de madera, y añadiendo huesos partidos, con algo de carne pegada a ellos. Otras veces machacaba los huesos para que soltaran un jugo graso; la nieve que se echaba luego en el caldero hacía que se cuajara la grasa. No vamos a hablar otra vez de la selección de las piezas de caza y el significado de comer la carne de uno u otro animal. Las jerarquías animales del arte paleolítico no son las del arte culinario, lo mismo que la representación del cordero y de la paloma, símbolos de la comunidad y de la paz en el arte paleocristiano, no significa que los primeros cristianos no comieran más que esos animales. El estudio del desgaste de los dientes y el de la constitución química de los huesos humanos podrían enseñarnos algo más sobre la parte vegetariana del régimen alimenticio de nuestros antepasados paleolíticos.

La cuestión del canibalismo en las épocas prehistóricas no está aclarada. Sabemos que los chimpancés pueden comerse unos a otros. Raymond Dart ha expuesto la hipótesis del canibalismo a propósito de la fracturación del cráneo del australopiteco de Sterkfontein, en África del Sur. Los restos humanos de la cueva del Arago, en Tautavel, están mezclados con residuos culinarios, y el arqueólogo se pregunta si no serán también restos de comidas. En Krapina, Yugoslavia, las tibias y los húmeros humanos se habían partido por el mismo sitio que los huesos de los animales, sin duda para extraer la medula. La hipótesis se mantiene también respecto al cráneo del monte Cice, en Italia, y los cráneos reunidos de la cueva mesolítica de Ofnet, en Baviera. Hay que citar también la bóveda craneal de la gruta magdaleniense de Placard, en Charente, preparada para servir de copa. La duda se mantiene en la época neolítica, por ejemplo, en Fontbrégoua (Var), y más tarde con respecto a los santuarios celtas y galos, sobre los que se han hecho varias interpretaciones, la del canibalismo, la del sacrificio o la de las manipulaciones rituales *post mortem*.

Volveremos a ocuparnos de la función funeraria de algunas comidas, pero vamos a continuar primero con la evolución de las maneras de alimentarse. Con el desarrollo de una sociedad agrícola, cambia el régimen alimenticio, y los cereales pasan a ocupar el primer papel: el pan es la base de nuestra alimentación desde hace 7 000 años. Los primeros panes son más bien tortas cocidas sin levadura. Se consumen más los productos lácteos que la carne de los animales domésticos, que forman parte de la vida del pueblo. Los animales salvajes se matan pocas veces. Los recipientes de barro pueden ponerse al fuego, y permiten hacer guisos más complicados y lentos, como éste del que damos una receta para cuatro personas encontrada en Suiza, en un nivel arqueológico del IV milenio antes de nuestra era:

> Coger 150 g de tocino ahumado, cortado en lonchas finas, un rabo de ternera cortado en trozos, 500 g de carne de guisar de buey, cortada a cuadraditos, 150 g de apio, 250 g de cebada pelada, 1,5 litros de caldo de buey, un ramito de acederas o de ajo silvestre, un ramo de tomillo y una cucharada de miel.
>
> Derretir el tocino, dorar en la grasa los trozos de rabo de ternera y la carne de buey, luego el apio, añadir la cebada, y dejarlo un momento al fuego. Añadir el caldo y el

ramito de tomillo. Dejarlo cocer despacio durante una hora y cuarenta y cinco minutos en una olla tapada. Añadir la acedera o el ajo silvestre y la miel. Dejarlo cocer un momento más con la olla destapada. Probarlo.

Dos mil años más tarde, en el lugar fortificado de Fort-Harrouard, en la edad del bronce, el régimen alimenticio era también a base de pan y productos lácteos. El mijo se cocía al vapor, y las manzanas cortadas en dos le daban un gusto exquisito. Los embutidos se hacían con carne de cerdo y de jabalí.

Con las excavaciones de las tumbas de Vix (Côte-d'Or) realizadas por René Joffroy y Maurice Moisson en 1953, y luego la de Hochdorf, cerca de Stuttgart, por Jörg Biel y el Servicio de Antigüedades de Baden-Baden (Wurtemberg) en 1978 y 1979, la importancia de la bebida alcohólica funeraria quedó demostrada de forma espectacular. La crátera de bronce de Vix, una obra griega de fines del siglo VI antes de C., pesa cerca de 208 kilos, mide 1,64 metros, y contiene 1 200 litros de vino. Es el vaso antiguo más grande que se conoce. La tapa perforada de la crátera confirma que ese vaso monumental estaba hecho para mezclar con agua el vino espeso que se importaba de Italia y se perfumaba con hierbas aromáticas filtradas por la tapa. Un jarro etrusco de bronce servía para sacar el vino y echarlo en las copas, que eran de metal, plata dorada o cerámica ática.

En Hochdorf, el caldero de bronce, decorado con leones griegos de principios del siglo VI antes de C., contenía 400 litros de hidromiel, según se deduce de los restos secos que quedaban en el fondo del recipiente. Una copa de oro podría haberse usado para las libaciones. La bebida se tomaba en ocho cuernos de uro y un cuerno de hierro de 1,23 m de largo, el más grande que se conoce.

La importancia de la bebida alcohólica en el rito funerario hay que relacionarla con la ceremonia griega del simposio. Algunos textos, especialmente de Platón, nos describen el ambiente festivo de ese rito, favorecido por la embriaguez. En una representación grecoetrusca, vemos a los convidados tendidos y rodeados de coperos. En las sítulas historiadas de bronce, procedentes de Kuffarn, Austria, y de la Certosa, en el norte de Italia, aparecen altos personajes del siglo IV antes de C. Sentados en tronos, consumen la bebida preparada por sus súbditos. El vino mediterráneo se introduce así en el mundo céltico. Se enviaba en ánforas, muy buscadas, según los autores de la Antigüedad. Uno de ellos habla de lo que ocurría en las Galias en el siglo I antes de Cristo:

> Amando hasta el exceso el vino que los mercaderes les llevan sin mezclar, lo beben con tanta avidez que se emborrachan, y caen en un sueño profundo o en transportes de furia. Por eso, muchos mercaderes italianos, llevados de su codicia habitual, no dejan de sacar provecho del amor de los galos por el vino. Se lo llevan en barco por los ríos nevegables o en carros que conducen por la tierra llana: a cambio de un ánfora, reciben un esclavo joven, trocando así su bebida por un copero.[5]

La cocina romana era famosa. Petronio la describe en el *Satiricón* al hablar del festín de Trimalción. Muestras del lujo de las vajillas y de las comidas más refinadas se han conservado entre los restos de las villas galorromanas y en las grandes mansiones de las ciudades. Las ostras aparecen con frecuencia en los depósitos de desperdicios. Se comían crudas con garó, una salsa picante. Los erizos de mar eran también muy apreciados. Los platos exigían una larga preparación: ternera y buey al membrillo, ubres de cerda rellenas, atún con uvas. Joëlle Brière y Françoise Beck han encontrado dos de esas recetas.

> El pastel de lechuga para cuatro personas requiere seis hermosas lechugas, una pizca de pimienta, una cucharada de garó, un vaso de *carenum* (vino cocido), un litro de agua, dos cucharadas de aceite de oliva, dos huevos. Conviene machacar las hojas de lechuga con la pimienta, el garó, el *carenum*, el agua y el aceite. Hay que dejarlo cocer durante veinte minutos, y trabarlo todo con los huevos. Se sirve caliente, espolvoreado de pimienta.

Para la Edad Media, período que se considera difícil, disponemos de una evaluación calórica de la comida diaria de los monjes de Saint-Denis en el año 832: 6 000 calorías. Ese resultado se conseguía con 1 780 kg de pan, 1,5 l de vino o de cerveza, 90 g de queso, 230 g de legumbres secas, y 35 g de grasa. La base de la alimentación eran los cereales; las gachas de cebada o de avena sustituían al pan en las casas de muchos campesinos. El pescado fresco, seco o ahumado, procedente de los ríos, los lagos o el mar, representaba una variación en la dieta, en la que generalmente faltaban las pro-

5. Diodoro de Sicilia, XXVI.

teínas de la carne, reservada para las fiestas o los personajes importantes.

En 1966 aparecieron en Aviñón los primeros fragmentos de las 1 340 piezas medievales de cerámica y vidrio que fueron sacándose durante los cinco años siguientes. En su mayoría son del siglo XIV; y se cree que pertenecían a Brion Barthélemy de Vassinhac, doncel del papa. Predominan los cacharros de cocina; cazuelas para guisos a fuego lento, pucheros y ollas que se destinaban a las carnes de poca calidad que necesitaban cocer mucho tiempo. Las sartenes, de barro vidriado y color amarillo vivo, servían para freír los huevos y el pescado, que era lo que se comía al menos durante los 166 días de ayuno prescritos por la Iglesia. Los *tians*, característicos del sudeste de Francia, se usaban para legumbres y platos al horno. Algunas tapaderas perforadas permitían cocer alimentos al vapor. Los botijos y cántaros contenían agua y vino. Un ánfora pequeña, varios tazones, escudillas y cuencos eran piezas importantes, sin duda más decorativas que prácticas. La vajilla de oro y de plata estaba reservada a la corte pontificia, mientras que la de estaño era patrimonio de los ricos.

Las técnicas del juego y de la música

El estudio de los comportamientos animales y humanos demuestra que el juego está presente en la vida de todos los seres bajo formas muy diversas. Recordemos el ejemplo de bisontes jóvenes que se enfrentan y aprenden, jugando, su papel de adultos en las luchas para seleccionar al macho dominante, o el juego con la muñeca, en el que la niña y el niño, al que ella ha enseñado a jugar, aprenden con toda seriedad a hacer de padres. El juego forma parte de la vida, y se utiliza a menudo para expresar la ambigüedad de una situación o de un concepto. En el arte paleolítico vemos no pocos casos en los que el hombre «jugó» con las particularidades del soporte de su obra para adaptarse a ellas, como ocurre con la cabeza vuelta del «bisonte que se lame» de La Madeleine, en Dordoña, esculpido en asta de reno, o para aprovechar un contorno de roca, que se convierte en la cabeza de uno de los caballos pintados en la cueva de Pech-Merle (Lot). El mismo juego sutil se emplea para representar a algunos «brujos», medio hombres, medio animales, como el de Gabillou, en Dordoña, o el de Trois-Frères, en Ariège. El juego ambiguo de las formas adquiere ahí un significado más profundo, que puede ser la representación de una táctica de caza o, lo que es más probable, de la relación metafísica entre el hombre y el animal. Hay otros juegos, los «equívocos gráficos», que parecen ser más espontáneos y denotar cierto humor, como las «cabezas de lechuza», tanto antropomorfas como felinas, o el encadenamiento de las figuras en el «cetro» de la cueva de la Vache, en el que la cabeza de un ciervo se convierte en sentido inverso en la parte posterior del cuerpo de un pez, y la cabeza de un lobo (?) es el principio del cuerpo de un felino.

René Treuil ha estudiado otro aspecto igualmente interesante de ese mismo tema, que es el relacionado con las figuritas neolíticas. ¿Son ídolos o juguetes? Desde el Próximo Oriente a la Europa occidental, se han encontrado numerosas figuritas, sobre todo femeninas, modeladas en arcilla o esculpidas en piedra o en hueso. ¿Forman parte de pequeños santuarios o son accesorios de juegos de niños? Marija Gimbutas ha defendido la idea de que son representaciones de divinidades, con una «diosa madre» principal, equivalente a la Deméter de la religión griega arcaica y, en torno de ella, todo un panteón de divinidades antropomorfas y animales. El descubrimiento de los lugares de culto de Çatal Hüyük, en Anatolia, refuerza la hipótesis religiosa de esas estatuillas. Algunos descubrimientos hechos en Creta y en Bulgaria demuestran la total integración en la vida doméstica de esas estatuillas, colocadas algunas veces en maquetas de casas. Pero la ambigüedad inherente al juego consiste en unir un significado profundo a la levedad del objeto en sí. Tendríamos aquí el equivalente de las figuritas de los belenes o de modelos en miniatura de algún héroe de nuestros mitos modernos, el Zorro, Goldorak, Super Jenny, o quizá de alguna figurita religiosa que formaría entonces parte de un sistema religioso más complejo.

Llegados a este punto, hay que enfocar el tema desde otro ángulo para ver toda la amplitud de este estudio sobre la arqueología del juego. En varias pinturas paleolíticas y en diversas estatuillas neolíticas, los arqueólogos han reconocido la presencia de máscaras que plantean el problema del teatro y del carnaval. Esos juegos trágicos o cómicos tienen un indudable carácter religioso al mismo tiempo que una total libertad de expresión, que va de la muerte del toro a la diversión grotesca. Se dice que lo propio de la infancia es el juego, pero lo mismo podría decirse de la edad adulta. Las actas del coloquio que Christian Landes organizó en Lattes sobre los juegos del circo en la Galia romana nos sitúan ante un tipo de diversión que llega hasta lo monstruoso, dominado unas veces por Baco y otras por Apolo. Los personajes más ricos construían enormes anfiteatros y teatros-anfiteatros que eran punto de encuentro de la vida pública. Parece que la excitación producida por las carreras y los combates podía dar origen a comportamientos difíciles de comprender, provocados por un frenesí colectivo; en algunas de esas «fiestas» se aplaudía la muerte de cientos de esclavos gladiadores. Por otra parte, sabemos lo que la literatura antigua y universal debe a la institución del teatro.

Más tarde, con las representaciones en las iglesias y plazas de misterios, autos y farsas, volvemos a encontrar ejemplos de estrechos lazos entre actividades «serias» y distracciones. Y qué decir del humor y la libertad que se desprende de las esculturas de algunas iglesias románicas, con sus monstruos infernales y sus figuras que se burlan de nosotros sacando la lengua o enseñando el culo.

Junto a los grandes juegos colectivos había otros más modestos y cotidianos. Su existencia nos la recuerdan los dados que se encontraron en las excavaciones de las letrinas medievales del Grand Louvre, o los de época merovingia descubiertos en el emplazamiento de lo que luego sería la plaza Camille-Jullian de Burdeos. En Saint-Denis, al hacer una excavación, aparecieron las piezas de un juego de chaquete del siglo XII. Una vez restaurado, ese juego de mesa es un verdadero juego de sociedad.

Podríamos desarrollar cada uno de esos puntos. Parece esencial prestar atención al más pequeño vestigio para profundizar en ese aspecto, muy mal conocido, que es la creación, por parte de las sociedades, de los sueños que necesitan para su equilibrio. De los juegos infantiles a los juegos de adultos más depravados, tendríamos que poder reconocer en la actividad lúdica la proyección de los objetivos de cada sociedad.

La música forma parte de ella. A título de ejemplo, vamos a detenernos un momento en ella para mostrar el papel de la arqueología en el reconocimiento del fenómeno. Pero antes de hacerlo, lamentamos ya una cosa, que es haber disociado la música de la danza, una forma de expresión igualmente importante, para la que contamos quizá con menos elementos de estudio, fuera de algunos vasos decorados de la Antigüedad.

Arqueología de la música

La arqueología renueva la historia de la música. Las experiencias recientes de la arqueomusicología son muy prometedoras. Arqueólogos y músicos se unen para estudiar los restos de instrumentos, y algunas veces de notaciones de época histórica; prueban los sonidos en los instrumentos reconstruidos y recuperan algunos fragmentos de secuencias musicales. Pero, más allá de la música instrumental reconstituida, tropiezan con el problema de la función fundamental de la música desde los orígenes de la humanidad. «No hay acción humana que se lleve a cabo sin música», afirmaba el filósofo griego Arístides Quintiliano. A pesar de la pérdida definitiva de los cantos más antiguos y de la desaparición de los instrumentos de madera o de asta, lo que nos queda, aunque sea poco, revela toda la importancia de un mundo sonoro organizado que transmite mensajes acústicos, con sus signos y su gramática.

De las primeras modulaciones de la voz humana es imposible que podamos saber nada durante miles de años hasta llegar a los griegos antiguos, que empiezan a anotar los valores de melodías acompañadas por un instrumento (el primer documento que se conserva data del siglo III antes de C.).

A pesar de eso, los vestigios arqueológicos de instrumentos concebidos para producir sonidos constituyen una fuente inesperada para adentrarnos en el tiempo en busca de los mensajes sonoros del hombre prehistórico. Esos instrumentos se dividen en dos grandes categorías, que corresponden a dos funciones esenciales de la música, de una parte, los reclamos y pitos que imitan el grito de los animales, y, de otra, los diversos instrumentos que sirven para crear ambientes sonoros en la vida de los hombres. Unos y otros aparecen desde el principio del paleolítico superior; algunas falanges de reno perforadas, que se han identificado como silbatos, encontradas a principios de este siglo en el yacimiento de La Quina, en Charente, datan incluso del paleolítico medio, de hace unos 60 000 años. Esos pitos son bastante numerosos, y más de treinta de ellos proceden de varios yacimientos del Pirineo y el Périgord. ¿Hay algún lazo evolutivo entre el pito y la flauta? Ya hemos visto que la función de uno y otro instrumento es muy distinta, aunque algunos reclamos de un solo agujero hagan pensar en la flauta que tiene hasta cuatro agujeros. Están hechas de huesos de aves grandes, como el águila, el buitre o el cisne. La de Isturits, recompuesta por Dominique Buisson, tiene cuatro agujeros, y es la única que está completa. No sabemos qué boquilla tenía ni cómo se tocaba. Una flauta hecha con un hueso de buitre, encontrada en una cueva sepulcral de Veyreau, que data del III milenio, es muy parecida a los ejemplos prehistóricos más antiguos.

Más hipotética es la identificación de los rombos paleolíticos, unas piezas de hueso atadas por un extremo que, al hacerles dar vueltas, producen un zumbido. Se estableció primero su analogía con otros rombos hechos en madera de Australia y de Nueva Guinea; se han encontrado también entre los indios de América, y en algunos yacimientos del mesolítico danés. El rombo paleolítico más espectacular es el de Lalinde, en Dordoña.

Hay unos bastones de asta de reno, con dientes, que se rascaban con otro más delgado, quizá de hueso, para que produjesen un sonido de ritmo rápido. Se conserva un ejemplar completo procedente del yacimiento checo de Pekarna, pero se han encontrado también varios fragmentos en el sudoeste de Francia.

Michel Dauvois ha hablado también de la acústica singular de las cuevas del Pirineo y el Périgord frecuentadas por los hombres prehistóricos. El sonido de la voz o el de cualquier instrumento resuena allí de una manera que no podía dejar de impresionarles. Algunas cortinas de estalactitas, rotas en la época prehistórica, tenían que producir al golpearlas un efecto extraordinario.

Es posible que unos vasos de boca grande y con agujeros en el borde sirvieran de tambores, cubriendo la abertura con una piel tirante. En la edad de los metales, la calidad sonora del bronce se explotó en una serie de piezas que se colgaban en los arreos de los caballos y tintinaban al chocar unas con otras. Al mismo género pertenecen los grandes cascabeles del este de Francia. Es también la época de las trompas de bronce; las más espectaculares son las danesas, que miden hasta dos metros. En el monumento megalítico sueco de Kivik, se puede ver que las tocaban dos personas.

La existencia de la lira antigua está comprobada por algunos hallazgos y representaciones pintadas o esculpidas. Gracias al reciente descubrimiento en Paule, Bretaña, de la estatuilla de la «divinidad de la lira», sabemos que los galos conocían ya ese instrumento en el siglo I antes de C. Es una lira pequeña, con una caja de resonancia de forma redondeada y siete cuerdas, el número clásico. Algunas otras características son más parecidas a las de la cítara.

Ambos instrumentos están representados en obras de la época antigua y galorromana, y en las excavaciones medievales de Charavines apareció un fragmento grande de un cuadro de lira en madera decorada.

Otro instrumento mágico que podemos seguir desde la Antigüedad gracias a la iconografía es el órgano.

La arqueología es sensible a las señales sonoras que el hombre siempre ha sabido percibir en la naturaleza y que él mismo ha tratado de imitar y recrear, pero, por supuesto, sólo se ocupa de esa importante dimensión de la vida bajo su aspecto técnico y dentro de los límites de su documentación.

Dominar las distancias

En nuestros días el progreso se equipara a la velocidad. El T.G.V. ha superado los 500 kilómetros por hora; el Concorde tarda 3 h 45 m en ir de París a Nueva York. En 1962, la sonda Mariner 2 recorrió en ciento diez días los 300 millones de kilómetros que separan a la Tierra de Venus.

La velocidad es la forma moderna de dominar las distancias. ¿Cómo ha llegado esa idea a formar parte de nuestra manera de pensar? Ya hemos visto que la expansión geográfica era una de las curiosidades inherentes al género humano. Los primeros desplazamientos se hicieron por tierra y a pie, pero hace varios cientos de miles de años algunos homínidos cruzaron el estrecho de Gibraltar. ¿Cómo lo hicieron? ¿Sobre troncos flotantes? Los arqueólogos se preguntan si los hombres llegaron a América pasando a pie por el estrecho de Bering, después de que se retiraran los hielos, pero están seguros de que hace unos 40 000 años algunos grupos humanos se lanzaron al mar y, después de una travesía de cien kilómetros desde el continente de Sunda, llegaron a un nuevo continente, llamado del Sahul, la futura Australia.

En el Mediterráneo, la difusión en la Grecia continental de la obsidiana (niveles de hace 10 000 años, en la gruta de Franchtli), que se explotaba en algunas islas de las Cícladas, como Milos, es una prueba de que existían relaciones marítimas directas de 150 kilómetros o indirectas, pero más largas, por etapas de veinte a treinta kilómetros. La colonización de islas que hasta entonces habían permanecido desiertas, como Chipre o Córcega y Cerdeña (IX, VIII milenios), luego

Creta (VII milenio), las Baleares y Malta (VI-V milenios), no se hizo hasta dos o tres mil años más tarde con grupos mesolíticos que se hicieron sedentarios. Es interesante comparar el dominio de los espacios marítimos del Mediterráneo y el de una economía de producción que se impone en los siglos siguientes. ¿Qué tipo de embarcación hacía posibles esos periplos? Los datos que tenemos son escasos. Un remo de madera de Star Carr, en las islas Británicas, que data de hace 10 000 años, una piragua hecha de un tronco de pino, encontrada en Perse, Holanda, y otra de Noyen (Seine-et-Marne), las dos de hace 8 000 años, son los documentos más antiguos de que disponemos en Europa. Las piraguas encontradas en Francia se hacen más tarde en troncos de roble, como la de la Charente, en Cognac. Se ha hablado también de barcos de juncos cubiertos con pieles de animales, los koraks irlandeses. En la zona mediterránea, las embarcaciones podrían haber estado hechas de cañas, como las «papyzella» de Corfú. Tenemos muy pocos datos sobre los medios empleados para navegar en otras partes del mundo. En el Japón, se encontraron los restos de una gran piragua de madera del VIII milenio, que es la época de las primeras incursiones en Melanesia. Los testimonios de los primeros exploradores europeos hablan de grandes catamaranes, de 15 a 33 metros de largo, hechos de tablas unidas, que se lanzaban a descubrir nuevas islas en el mar de la Polinesia. Algunas de esas islas no se poblaron hasta el año 800 de nuestra era.

La arqueología naval se desarrolló a fines de los años sesenta con el descubrimiento de restos de barcos antiguos y algunos de la época medieval. El estudio de esos sorprendentes restos comparados con las representaciones de barcos en mosaicos, códices miniados y pinturas, según las épocas, permite obtener una información mucho más completa de lo que podía esperarse. De 1972 a 1982, Patrice Pomey ha estado explorando el barco de la almadraba de Giens, a la altura de Hyères, en Var. Ese barco se hundió hacia el año 75 o 60 antes de C., con su carga de 6 000 ánforas de vino de Italia y de cajas de piezas de cerámica campaniforme y de cerámica común. En el casco se encontraron también numerosas monedas. Era un barco de vela grande, de 40 metros de largo, 9 de ancho y 4,50 de altura de bodega, con un fuerte lanzamiento por la popa, una roda con tajamar en forma de espolón y un importante plano de quilla antideriva. El caso estaba protegido contra los moluscos por un revestimiento de planchas de plomo, del que pueden apreciarse algunos vestigios. El aparejo ha podido reconstituirse comparándolo con el de los barcos representados en los mosaicos de Ostia y de Túnez: se componía de dos grandes velas cuadradas, sostenidas por dos mástiles. El examen técnico del barco demuestra que el casco se construyó según el sistema antiguo de «tablazón superpuesta»; las cuadernas cumplían sólo un papel secundario de refuerzo. El barco tenía una gran capacidad y era bastante rápido. Esas buenas condiciones náuticas nos permiten comprender mejor la eficacia de una economía comercial mediterránea en vísperas de la formación del Imperio Romano, que nació a orillas del «Mare nostrum», y dependía en buena parte de su capacidad de dominar las distancias entre los distintos puntos del imperio.

Nos gustaría conocer mejor los navíos del Atlántico y del Canal de la Mancha, y en especial los que construían los venecianos y los habitantes de las Islas Británicas.

En esos mares, más agitados que el Mediterráneo, la arqueología subacuática ha empezado a obtener resultados interesantes, aunque no se hayan descubierto todavía restos de barcos. Sí se ha encontrado parte de la carga de algunos que naufragaron en la edad del bronce a la altura de Dover, en Inglaterra, y la de otro que transportaba lingotes de plomo, hundido en el siglo IV de nuestra era a la altura de Ploumanac'h y Perros-Guirec, en Bretaña.

El siguiente ejemplo de arqueología subacuática va a ilustrar la aportación de esta ciencia a la historia del final de la Edad Media. Se trata de los restos de un barco sumergido a 18 m de profundidad en la rada de Villefranche-sur-Mer (Alpes Marítimos). Es una «carraca» de principios del siglo XVI, probablemente de origen genovés. Mide unos 45 metros de largo y 12 de ancho, y tiene dos puentes, con una altura de 6 metros. Es el primer barco de ese tipo y de esa época que se ha encontrado. Algunas piezas del armamento, como el timón, cabrestante, calcés de mástil y bomba de achique, permiten hacerse una idea del funcionamiento del barco. Max Guérout se ha dedicado a ese trabajo desde 1982. La carga que transportaba es también de gran interés. Era la época de las guerras de Italia, y llevaba armas de todas clases, desde arcabuces a bombardas. La naturaleza y cantidad de los productos que contenían las barricas, y la técnica de su fabricación nos sumergen en el mundo del negocio activo que se extendía desde los puertos del norte a los del Mediterráneo. Entre los objetos de uso cotidiano encontrados a bordo, los especialistas han identificado algunos cántaros y tazas de mayólica del norte de Italia.

El papel de los barcos en la difusión de la cerámica semiindustrial de los siglos XIII al XVI quedó demostrado con los descubrimientos submarinos hechos entre 1978 y 1980 en Saint-Malo. Los fragmentos de piezas de cerámica provienen de la descarga de los barcos en el puerto. Su identificación pone de manifiesto la difusión alcanzada por aquellos talleres alemanes, holandeses, ingleses, españoles e italianos. La producción francesa está representada por la cerámica de Saintonge, de Bretaña y de Normandía. Un verdadero mercado común europeo existía entonces para esos productos. Algunas piezas hechas de Saintonge se han encontrado hasta en Canadá.

La arqueología subacuática ha contribuido también a reconstruir el drama del naufragio del *Mauritius*, un buque de la Compañía Holandesa de las Indias Orientales que se hundió el 19 de marzo de 1609 en las costas de Gabón. Sus restos se descubrieron en 1985, y se han explorado durante dos años. Llevaba una valiosa carga de especias, porcelanas y metales destinada a Europa. Ahora es un testimonio inapreciable para comprender el papel de aquella compañía en la gran aventura comercial que llevó a los europeos a Oriente.

¿Y cómo no dedicar unas palabras a otro tipo de viaje marítimo que a principios de este siglo llevaba a los ricos del mundo a hacer un crucero por el Atlántico? Me refiero al *Titanic* del que, gracias a las prospecciones, han podido sacarse algunos objetos, testigos de la vida bruscamente interrumpida de aquella brillante sociedad.

Pero volvamos a los transportes terrestres. Los hombres han recorrido siempre unas distancias que nos asombran. En todas las épocas hay indicios que nos lo recuerdan. La difusión de los espóndilos, unos moluscos del Egeo, hacia Europa occidental, por el eje del Danubio, en el neolítico antiguo, y un poco más tarde, la de las hachas pulimentadas de jadeíta alpina hacia Bretaña, y la del ámbar báltico por toda Europa, son tres ejemplos, que podríamos multiplicar, de productos que circulaban a gran distancia de su punto de origen. Sin duda, las vías fluviales se utilizaban mucho, y el resto se hacía a pie. En los países del norte, cubiertos de nieve durante buena parte del año, se usaban trineos, patines y esquíes al menos desde el II milenio. Los animales de carga, como el asno y el mulo, parecen tardíos, y el caballo al principio sólo se usaba para montar. La rueda, en nuestros días símbolo del transporte terrestre, se introdujo en Europa en el III milenio. En los lagos suizos e italianos se han encontrado varias ruedas de madera. La más antigua, que es la de Auvernier-Ruz-Chatru, data de hacia el 2800 antes de C. Esas ruedas se colocaban en unos carros, que podían llevar dos o cuatro, e iban tirados por bueyes uncidos a un yugo. Los carros que aparecen en algunas tumbas del norte del Cáucaso a fines del neolítico, indican el papel prestigioso de esos vehículos. En la edad del bronce, el caballo puede sustituir al buey como animal de tiro. Más tarde, las ruedas se hacen de bronce. La última que se ha encontrado es la de Coulon, en Deux-Sèvres. Las grandes tumbas de la primera edad del hierro, como la de Hochdorf en Alemania, y las de Apremont y de Vix en el este de Francia, confirman el papel procesional de los carros de cuatro ruedas. Algo más tarde, el carro de dos ruedas que aparece en las sepulturas de guerreros parece ser más «funcional». Pero la utilización del carro como medio de transporte va unida a la construcción de caminos y postas. En la edad de los metales se producen dos avances importantes: de un lado, la innovación gala de poner una llanta de hierro a la rueda de madera, y la construcción de las grandes vías romanas, que hará que se imponga ese sistema de transporte. Un testimonio de él se conserva todavía en las losas desgastadas por el paso de los carros.

La rueda tuvo también otros usos, especialmente en la concepción de las máquinas. El torno del alfarero, inventado en el Próximo y Medio Oriente, se impuso entre los galos en los últimos siglos antes de nuestra era, y la rueda de paletas se convirtió más tarde en fuente de energía. La rueda y la energía artificial se combinan en la primera conquista de la velocidad, pero hay que esperar al siglo XIX para ver las aplicaciones espectaculares de esta revolución técnica.

Domesticar: Las preferencias del hombre impuestas a la naturaleza

En 1936 Gordon Childe publicó un libro que llevaba un título significativo: *Man Makes Himself*. En él ofrece una nueva visión de la época neolítica, considerada como una etapa esencial de la evolución de las sociedades, la del dominio de la naturaleza por el Hombre. Ese dominio progresivo toma el aspecto de una domesticación sistemática del mundo vegetal con la agricultura, y del mundo animal con la ganadería. El principio de la explotación completa del mineral traerá poco después la metalurgia. El hombre mismo parece domesticarse al imponerse unas reglas sociales complejas que rigen sus éxitos y sus fracasos... lo que justifica el título de Gordon Childe.

El origen de la agricultura señala el paso de la economía de caza-recolección a una economía de subsistencia a base de cereales. La transición sin duda fue lenta y adoptó distintas formas. La recogida seleccionada de las gramíneas silvestres es una de ellas. Se practicaba ya en el paleolítico, y todavía se practica en las regiones semiáridas del mundo entero. Una forma más avanzada es la horticultura, que consiste en trasplantar las especies silvestres, en este caso el trigo silvestre del Asia occidental *(Tricticum beoticum),* y cultivarlo en una especie de huerto. Gracias a los cuidados que recibían las plantas y a la selección progresiva se consiguieron unos granos fuertemente sujetos a la espiga, que maduraban al mismo tiempo, lo que permitía recolectarlos en el mejor momento y sin que se esparciesen por el suelo. Una segunda operación, la trilla, seguida de la criba, era necesaria para separar el grano de la paja y limpiarlo. Cuando esos caracteres genéticos de los granos se hicieron estables, nació una especie nueva, cultivada, y apareció el trigo que conocemos ahora. En Francia, los primeros vestigios de plantas cultivadas datan de 5000 años antes de Cristo. Son el trigo y la cebada. Se encuentran en el sur, junto con alguna legumbre, guisantes y lentejas, que están presentes desde el mesolítico. En el norte de Francia hay indicios de plantas cultivadas desde la segunda mitad del V milenio. Dos clases de trigo, el llamado «amidonnier» y el escanda, parecen haber constituido, junto con los guisantes, la base de la alimentación general. La cebada y la lenteja no eran entonces más que un complemento.

Por tanto, desde el neolítico antiguo el régimen alimenticio es a base de cereales, que se consumen en forma de gachas, de tortas o panes, según la calidad de la harina.

En la edad del bronce predomina la cebada, pero es entonces cuando se imponen otras plantas nuevas, como el mijo y la escanda. El trigo vuelve a cultivarse más en la época galorromana, mientras se desarrollan el centeno y la avena. El centeno ocupa un lugar primordial durante toda la edad Media.

Las leguminosas se diversifican con la introducción del haba, el garbanzo y la almorta, que desempeñan un papel apreciable a partir de la edad del hierro. Durante la Edad Media, el haba y el guisante ocupan el segundo lugar después de los cereales.

Entre los árboles frutales es difícil distinguir los árboles injertados, que parecen extenderse durante la edad de los metales. La vid y el olivo se introdujeron en el sur de la Galia durante la segunda edad del hierro, al mismo tiempo que el ciruelo, el manzano, el peral, el níspero, el nogal y el serbal.

A partir de la época romana, en los niveles arqueológicos aparecen simientes de condimentos, como el cilantro, el eneldo, la mostaza, y también el apio, la col y la zanahoria.

En los yacimientos arqueológicos en los que se han conservado los granos carbonizados han podido hacerse balances de los productos agrícolas. Los incendios y la costumbre de tostar los granos para destruir el germen y almacenarlos han hecho posible su conservación. Un buen ejemplo es el de un granero del siglo XVI del pueblo de Castlar, en el Tarn. El granero se incendió y la cosecha almacenada en él quedó destruida. El análisis de miles de granos quemados ha permitido identificar dieciséis plantas principales, así como las malas hierbas, restituir el aspecto de las tierras, y precisar el calendario agrícola y los sistemas de almacenamiento. Los suelos ácidos y pobres se reservaban para el centeno; en los terrenos calcáreos de la llanura se cultivaba el trigo, y el mijo se sembraba en los campos de regadío del valle. Las leguminosas están representadas por los garbanzos y las habas, y hay varias clases de frutas: nuez, fresa, higo, ciruela, pera, melocotón y níspero. Podían recogerse las plantas sembradas en primavera y en otoño. Después de uno o dos años de cultivar trigo y centeno, se dejaba descansar la tierra o se destinaba a pastos. La cebada y el mijo se conservaban con la cascarilla. Los frutos de la cosecha se apilaban en el granero por clases; se llenaban vasijas de centeno o de una mezcla de habas y garbanzos, y los racimos de uvas se colgaban para secarlos.

En los últimos veinte años la arqueozoología ha obtenido resultados muy notables. François Poplin ha sido uno de los iniciadores de ese florecimiento, especialmente con su análisis del fenómeno de la domesticación, algo que implica profundas modificaciones para el animal, pero también para el grupo humano que interviene en ella. El animal tiene que adaptarse a una ecología que no es la de su medio natural, y queda sometido a un ritmo demográfico específico. A consecuencia de ello, se reduce la talla y la capacidad cerebral en el buey, la oveja, el cerdo, el gato... El hocico del perro y del cerdo se hace más corto, y se atrofian los cuernos de los bóvidos. Los caracteres anatómicos diferencian a las especies salvajes de las domésticas. La demografía del rebaño depende del ganadero que, en el caso del toro, por ejemplo, reserva algunos animales jóvenes para carne, y destina a otros a la reproducción o al trabajo o, en el caso de la oveja, a la obtención de productos como la lana y el queso, que constituyen la riqueza de algunos sistemas económicos. Esas actividades, que van unidas a la ganadería, influyen a su vez sobre la sociedad de los hombres que se dedican a ella. Si aumenta la demanda de carne, crece también el número de animales sacrificados, lo que puede llevar consigo una política de reproducción más ambiciosa y nuevos equilibrios en la vida de los pueblos. Si se hace necesario colonizar nuevas tierras, conviene proveerse de bueyes, es decir, castrar a los machos para hacer de ellos animales fuertes y mansos. En ese caso, se reserva un número de vacas suficiente para la reproducción y la leche. En cuanto a la cría del caballo a partir de la edad del bronce, tiene una implicación social directa, ya que durante mucho tiempo «la mejor conquista del hombre» se reserva para la monta. Será objeto de la mayor atención por parte de las sucesivas noblezas, celta, gala y medieval. La formación de los rebaños también guarda relación con las costumbres alimenticias. Cuando se sabe mirarlos con atención, los abundantes restos óseos que aparecen mezclados con los sedimentos nos informan sobre las técnicas empleadas por los carniceros y los usos culinarios. La religión desempeña también un papel importante en ese terreno. Los bóvidos sacrificados son numerosos en los santuarios galos de la Picardía. Por el contrario, la regla de Cluny obligaba a los monjes a hacer «vigilia» todos los días, es decir, a no comer carne. La arqueozoología es una ciencia en plena expansión. Un simple ejemplo, el del perro, nos dará una idea de sus métodos y de sus resultados.

La primera manipulación genética: el perro

¿Quién se asombra ahora de ver un perro en la calle? Su presencia nos habla de una de las historias más extraordinarias de la manipulación genética. Lo más sorprendente es que de esa historia no sabemos casi nada. Aunque supongamos, como han afirmado algunos autores, que el hombre magdaleniense podría haber sido capaz de domar algunos animales, como el reno, y quizás en ciertos casos el caballo, los indicios que tenemos nos dicen que el primer animal domesticado fue el perro: el de la cueva de Palegawra, en el Irán, tiene 12 000 años. Al de Aïn Mallaha lo enterraron hace 9 000 años lo mismo que a un hombre. Por la misma época, aparece en Jericó, y en Francia también es la primera especie no salvaje. El de Pont-d'Ambon, en la Dordoña, es pequeño, tiene 9 600 años, y su contexto arqueológico es el aziliense, una cultura de fines del paleolítico. Su presencia se ha señalado en Inglaterra, en Dinamarca y en Alemania hace unos 9 000 años. En América, el perro también está presente desde hace 10 000 años.

El doble enigma del perro es su temprana distribución por todo el mundo y su origen. Ningún animal salvaje puede aspirar a ser el antepasado directo del perro. El perro forma parte de los cánidos, pero representa una especie creada por el hombre al cruzar algunas especies salvajes más o menos domesticadas. El resultado de esas manipulaciones fue la aparición de una nueva especie estable en el plano genético, el perro.

La investigación se hace en zoología y en etnología. Hay que saber qué animales son los más parecidos al perro en la morfología del esqueleto, pero también en cuanto al comportamiento en sociedad, en la caza, y con respecto al hombre. El lobo es uno de los antepasados del perro, está emparentado con él por el esqueleto y por una aptitud para la vida social y para la caza; pero no es el único. Se ha pensado en el chacal, que tiene un esqueleto parecido y el mismo instinto cazador, pero es un animal solitario y poco sociable. Lo mismo ocurre con el coyote americano. Los perros nórdicos están más cerca del lobo que los perros mediterráneos, y los perros tropicales más cerca del chacal. La dificultad viene de que no conocemos bien la evolución de las especies fósiles, como los lobos antiguos, por ejemplo, que presentan diferencias apreciables entre el lobo nórdico, bastante grande, y el lobo indio mucho más pequeño.

Habría que saber también qué era lo que esperaba el hombre de los primeros perros: ¿que le ayudaran a cazar? ¿El instinto cazador era más importante que la sociabilidad? ¿La situación era igual en América, en Europa y en el Próximo Oriente? Lo que sabemos es que la relación del hombre y el perro ha sido siempre muy especial: el perro ha merecido el honor de una sepultura en varias partes del mundo y en épocas distintas. Ya hemos hablado del enterramiento de Aïn Mallaha, y Rose Marie Arbogast subraya que la presencia de esqueletos de perro en las fosas y sepulcros neolíticos (Bourgon A, Deux-Sèvres) es la manifestación material del papel de compañero del hombre asignado al perro.

Parece que la carne de perro ha sido considerada tabú en numerosas épocas, pero sabemos que ha habido también excepciones, como en algunos períodos de fines del neolítico y en la América precolombina. La actitud del hombre respecto al perro varía igualmente en las distintas partes del mundo: los perros de Molosia se cruzaban para aumentar su fuerza y ferocidad; están representados en los bajorrelieves asirios. Los lebreles se elegían por su rapidez en la caza y en los concursos, eran los compañeros preferidos de la nobleza medieval. El pekinés, por su gracia y delicadeza, era el mejor perro de compañía para las mujeres de la aristocracia china. El perro lobo policía es un especialista en defensa y en descubrir huellas. Todas esas razas pertenecen a la misma especie inventada por el hombre en varios lugares del mundo. La historia del perro es una sorprendente proyección de las sociedades y de la psicología de los hombres sobre el animal.

Los desafíos técnicos: de los megalitos a la metalurgia

El desafío técnico de los megalitos

Durante dos o tres mil años, entre 4500 y 1500 o entre 4000 y 2000 años antes de Cristo, según las regiones, se levantaron en la Europa occidental unos monumentos hechos con grandes piedras, que son de los más antiguos que se conocen en el mundo. Las excavaciones realizadas durante los últimos treinta años en Suecia, en Dinamarca, en el norte de Alemania, en las Islas Británicas, en Francia y en la península Ibérica, han revelado ante todo que esas piedras sin pulimentar, que todavía podemos ver en algunos sitios, no eran a menudo más que las ruinas de unos monumentos complejos perfectamente estructurados. Lo primero que nos asombra es cómo fue posible mover y levantar los bloques de piedra más grandes, que pesan más de 100 toneladas. El campeón es el Gran Menhir partido de Locmariaquer, en Bretaña, que pesa 350 toneladas. Se calcula que la losa más grande de una de las tumbas de Antequera, en Andalucía, pesa 180 toneladas.

El bloque que cubre la cámara del túmulo A de Bougon alcanza las 90 toneladas. En el sur de Inglaterra, las piedras de Avebury pesan por término medio 40 toneladas. Las de Stonehenge son un poco más ligeras... sólo pesan 30 toneladas. Ese es también el peso —exactamente 32 t.— del bloque, copia de la piedra que cubre el túmulo F2 de Bougon, que en 1979 decidimos levantar y arrastrar para probar las técnicas prehistóricas.

Varios datos sacados de las excavaciones de Bougon y de las prospecciones efectuadas en los alrededores nos proporcionaron algunas indicaciones muy valiosas. La clase de piedra empleada, el sílex, y un rápido estudio geológico de la región nos demostraron que el bloque había sido arrastrado hasta allí desde unos cuatro kilómetros de distancia. En el lugar de donde suponíamos lo habían extraído, que es donde aflora el banco rocoso de ese tipo de piedra, encontramos vestigios de canteras medievales y de habitat neolítico. Un bloque enorme, caído en la empinada ladera que hay allí, podría ser el recuerdo de un fracaso de los constructores megalíticos. La distancia recorrida corresponde a otros muchos ejemplos. ¿Qué utensilios podían haber empleado esos hombres en el IV milenio? La suerte hizo que hubiésemos excavado antes unas canteras en el propio Bougon, a lo largo del túmulo F. Las habían abierto para extraer las piedras que revestían el monumento, y los materiales más heterogéneos que cubrían la masa del túmulo.

Se habían cavado varios hoyos grandes en forma de embudo y de tres metros de profundidad que se unían a cada lado del túmulo en un foso ancho, lleno de restos de piedra. En el fondo del foso, los canteros se habían dejado varios utensilios, percutores y picos de asta de ciervo. Aprovechando alguna hendidura, el cantero iba socavando los bloques para que se partiesen en el sentido natural de las capas, y los desprendía luego golpeándolos con las mazas de piedra. Es un sistema sencillo y eficaz. Fue el que se utilizó para desprender las grandes lajas del banco rocoso. Tres personas consiguieron sacar en una hora un bloque de media tonelada. Árboles, cuñas, palancas y rodillos son indispensables para poder manejar piedras de gran tamaño. Con la ayuda de un hacha pulimentada, Jacques Gachina pudo hacer una prueba demostrativa de todos los elementos necesarios, empezando por los árboles cortados, robles, hayas, olmos... Las cuerdas, hechas de fibras vegetales, hiedra y viburno, se dejaban macerar para hacerlas más flexibles, y tenían que tejerse con mucho cuidado, pues de su calidad dependía que no hubiera accidentes. Doscientas personas arrastraron el bloque de 32 toneladas sobre unos rodillos, simples troncos de roble, colocados sobre un camino desmontable, una especie de carril formado por dos series de troncos, abiertos por la mitad para que se agarrasen mejor al suelo. La distancia recorrida en la prueba fue de 50 metros. La distancia que podría recorrerse por término medio en una jornada sería de 100 metros. En cuarenta días, los hombres del neolítico llegaban con su piedra al túmulo.

Demostramos también cómo podía levantarse el bloque con ayuda de tres palancas, tres grandes troncos, manejados cada uno de ellos por veinte hombres, que los meten por debajo de un extremo de la piedra y hacen fuerza con ellos al mismo tiempo. La eficacia es total. Basta poner maderos para mantener la piedra en alto e ir repitiendo la operación por ambos lados una y otra vez. Pero, dado el número de personas que se necesitó, comprendimos que la construcción de los grandes monumentos megalíticos tenía, además, unas implicaciones de las que también hablaremos después.

De las canteras a las minas

La busca de materiales para la construcción y para la fabricación de hachas y otros utensilios llevó al hombre del neolítico a organizar la explotación de la roca, y a excavar canteras y minas. Charles-Tanguy Le Roux ha hecho el análisis petrográfico de numerosas hachas pulimentadas de piedra rara o especial. Ha podido así estudiar las hachas de dolerita A y encontrar el sitio de donde procedían, que es Plussulien, en Bretaña. Entre el 4000 y el 2000 antes de Cristo, se explotaron allí grandes afloramientos de esa roca, y se instalaron talleres en los que se trabajaba. Allí se preparaban y desbastaban las piezas que se enviaban luego a toda Francia y a los países vecinos. El pulimento de las hachas se hacía en el mismo sitio donde se iban a utilizar. El excavador calcula que serían al menos cinco millones de piezas las que salieron de las canteras de Plussulien, en las que la piedra se sacaba primero de una zona de roca superficial agrietada, y luego, a partir del 3000, de otra roca más profunda y compacta, que se hacía estallar por medio del fuego antes de darle forma con la maza de piedra y el percutor.

El sílex se presenta en forma de nódulos dispuestos por

lechos horizontales en el banco calcáreo. Desde el 4000 antes de Cristo, el hacha pulimentada de sílex alcanza un gran éxito. Las primeras explotaciones de esa roca son hoyos excavados en una meseta o zanjas abiertas en algunos valles abruptos, como el de Etaples, en el Pas-de-Calais, o el de Spiennes, en Bélgica. Los hoyos se hacen luego más profundos y se convierten en verdaderos pozos, de los que salen galerías que siguen los lechos de nódulos. Jean Desloges ha estudiado un buen ejemplo de mina de sílex en Bretteville-le-Rabet, cerca de Caen. Sobre una superficie de varias decenas de hectáreas se cavaron pozos, unos junto a otros, para llegar hasta una laja de sílex de 30 cm de espesor, que se encontraba a 2,60 metros de profundidad. Pozos y galerías estaban llenos de restos de piedra, y se tapaban después de abandonarlos. Entre los restos se encuentran algunos utensilios rotos o enteros. Son picos y hachas de sílex de minero, y piezas de asta de ciervo, que se utilizaban como palancas para sacar los nódulos. Cada pozo daba unas seis toneladas de sílex en bruto. Como la producción sobrepasó pronto las necesidades locales, se difundió a veces a cientos de kilómetros de distancia. El fenómeno de las minas de sílex se extendió por toda Europa. La explotación del sílex de Grand-Pressigny para hacer hojas de puñal llegó a ser una verdadera industria. En el III milenio, se utilizaban unas técnicas bastante parecidas para extraer el mineral de cobre de las minas de Cabrières.

Metalurgia y alquimia

El trabajo del metal hace su aparición muy pronto, desde el VIII-VII milenio, en el Próximo Oriente, mucho antes de que el oro y el cobre, el estaño o el bronce y el hierro dieran su nombre a unas «edades» mencionadas ya por los autores antiguos como Teócrito y Lucrecio, y adoptadas de nuevo a fines del siglo XIX por los arqueólogos del Viejo Mundo, tomando como base la clasificación de los objetos prehistóricos y antiguos descubiertos en las excavaciones y conservados en los museos.

La obtención del metal a partir del mineral ha sido siempre un misterio para los hombres. Representa la manifestación prehistórica más avanzada del dominio de los recursos naturales, pues transforma el mineral en su constitución química y en su estado físico para obtener un resultado que permita fabricar con él armas, adornos, utensilios, platos, vasos, etc.

El estudio de la metalurgia antigua demuestra que los conocimientos de los primeros hombres que se dedicaban a ella tenía que alcanzar la perfección técnica necesaria para separar el metal líquido de la ganga. Para el cobre, uno de los primeros metales que se trabajaron, hacía falta contar con prospectores intuitivos que fueran unos «geólogos» experimentados, y un equipo de mineros que atacara el filón del mineral que se quería extraer. Los bloques, que se sacaban quebrantando la roca con mazas de piedra, y utilizando utensilios de asta de ciervo, se subían al borde del pozo y luego se machacaban y trituraban. Los fragmentos, lavados y escogidos, se calcinaban o se echaban directamente en los hornos, que se calentaban a más de 1 000º. Está comprobado que en Europa eso se hacía ya desde el V milenio en Rudna Glava, Yugoslavia, y en el III milenio en España, en el río Tinto, y en Francia en Cabrières, cerca de Montpellier. Los lingotes de cobre salidos de los hornos de reducción del mineral se llevaban luego a los centros donde se hacían los objetos, que eran broches, leznas, hojas de hachas y de puñales. Chipre, la isla del cobre, empezaba a ser explotada.

La introducción en el horno de mineral de cobre arseniado dio origen a la primera aleación, sin duda natural al principio, y luego voluntaria y artificial. Para obtener hojas de puñal largas, como las de Gaubikelheim, en Alemania, y de Carnoët y La Motte, en Bretaña, de cobre con un 23 % de arsénico, hacía falta un tratamiento especial. El mismo principio de aleación se repite luego con el bronce, que es una mezcla de cobre y estaño. Este último se encuentra en la naturaleza en forma de un óxido, la casiterita, poco abundante, y limitada esencialmente a Cornualles y a Bretaña. Los yacimientos aluviales de casiterita se descubrieron hacia el año 1800 antes de C. Desde las islas Casitérides, que sin duda eran las islas Scilly actuales, situadas al sudoeste de Inglaterra, el mineral de estaño se llevaba hasta la cuenca oriental del Mediterráneo. Con el bronce fundido se hacían espadas, hachas, puntas de lanza, utensilios y adornos. Con los lingotes, convertidos en hojas a golpe de martillo, se hacían cascos y corazas. Parece que al escasear el estaño, los broncistas probaron a añadir plomo a la aleación, pero el metal perdía calidad y las armas se rompían. En el primer milenio antes de C., se aprendió a dominar la forja del hierro; las armas nuevas y, sobre todo, las espadas largas, se impusieron rápidamente. Los hornos monumentales para reducir el mineral de hierro, descubiertos por Claude Domergue en Martys, cerca de la cima de la Montaña Negra que domina Carcassonne, datan del siglo I antes de C. Su técnica no era muy eficaz, porque la proporción de hierro que queda en las escorias es bastante alta, pero la abundancia de la producción compensaba las deficiencias del sistema. Hacia esa época, se empleó mucho también una aleación nueva, el latón, a base de cobre y de zinc. Es típico del mundo romano.

La paleometalurgia explora ese terreno a un mismo tiempo técnico e histórico, y es la arqueología la que proporciona las fuentes esenciales para su estudio. Las explicaciones dadas por los textos de la Antigüedad, más filosóficos que técnicos, son difíciles de interpretar. Las fórmulas de los alquimistas son las más fantásticas y delirantes. Los siete metales se relacionan en ellas con un astro: el oro corresponde al Sol, la plata a la Luna, el plomo a Saturno, el hierro a Marte, el estaño a Venus, el cobre a Mercurio, y el electro a Júpiter. Se supone que los alquimistas griegos se inspiraron en un libro atribuido a Bolos de Mendes. Se habla de la fabricación de la púrpura sintética, de cómo transformar en oro falso y plata falsa el metal vil, es decir, el plomo y el cobre. El alquimista penetra en los secretos de los metales y los de la naturaleza en general. Esa tradición antigua se transmite a la edad Media. En las excavaciones del Grand Louvre, se descubrió el taller de destilación de un alquimista del siglo XIV, con sus retortas, monteras de alambique, aludeles y copelas.

Los secretos del oro antiguo

Mientras que los metales se extraen por lo general de los minerales después de un tratamiento térmico, el oro aparece como una excepción, puesto que se encuentra siempre en su estado natural en forma de polvo o de pepitas. Por eso, podría parecer sorprendente que los hombres prehistóricos no lo hubieran recogido mucho antes, sobre todo teniendo en cuenta que llama la atención por su brillo. Sin duda no era para ellos más que una simple curiosidad sin interés alguno. Aparece entre los vestigios arqueológicos desde el V milenio en Varna, Bulgaria, cuando las primeras técnicas metalúrgicas están ya totalmente dominadas: forja de las piezas, acompañada de una segunda cocción para preservar la homogeneidad del metal o el vaciado en moldes del metal fundido en un crisol. Una de las joyas más antiguas encontradas en Francia es la «diadema» de Pauillac, que mide 20 cm de largo y data del III milenio. En esa época, se encuentran también hilos y pequeños adornos que se depositaban en las tumbas. Christiane Eluère, que ha estudiado la orfebrería antigua, ha demostrado la relativa autonomía de esa arte del metal. Algunos talleres más innovadores, especialmente los de Etruria, inventan procedimientos especiales, como la soldadura, la granulación y la filigrana.

El empleo de aleaciones, con el cobre por ejemplo, se justifica por razones económicas y técnicas en el caso de las soldaduras ya que, al tener una temperatura de fusión más baja, hace que sean más fáciles. En cambio, la refinación es algo más que un simple procedimiento técnico; es una opción cultural, porque refinar el metal precioso establece una relación de valor que se puede determinar. Las piezas de orfebrería, y luego las monedas de oro, se convierten así en los medios de transacción por excelencia, y muy pronto el oro pasa a ser considerado como el patrón de la riqueza económica. No puede extrañarnos que los grandes talleres trabajaran para los faraones, los reyes y los príncipes.

Un buen ejemplo de alarde técnico al servicio del prestigio de un personaje es el collar de la princesa celta de Vix, enterrada unos 500 años antes de Cristo. Está formado por un tubo hueco, con unas bolas en parte incrustadas y sujetas a una espiga interior. Lleva un filete de filigrana adornado con pequeños leones.

El casco galo de Agris es también una obra hecha con esmero; es de bronce, con una chapa de hierro recubierta de láminas de oro y adornos de coral sujetos por pequeños remaches de plata.

Entre las joyas galorromanas destacan las del tesoro de Eauze, con sus grandes collares, sus colgantes de monedas y sus pulseras. El valor de esa producción es tanto económico como social.

Metalurgia y minas medievales

Hay que esperar a la publicación en el siglo XVI del magnífico tratado de Agricola, *De re metallica,* para tener algunas explicaciones claras sobre la práctica de la metalurgia en general.

Gracias a la arqueología, podemos tener un conocimiento más profundo de los niveles técnicos de cada taller y del grado de integración en la sociedad del trabajo de los metales. Un buen ejemplo de ello son las investigaciones de Marie-Christine Bailly-Maître y de Philippe Chapon en Oisans. El conjunto arqueológico de Brandes (Isère) tiene su origen en las minas de plata explotadas en los siglos XII y XIV. Se han encontrado los restos del pueblo de los mineros, que se instalaron con sus familias en un medio duro de alta montaña, a 1 850 metros de altitud. Tenían un nivel de vida decoroso, con una alimentación equilibrada y bastante rica; los objetos de adorno y los juegos aliviaban un poco la monotonía producida por el aislamiento. La iglesia parroquial estaba dedicada a san Nicolás. En el cementerio que hay junto a ella se encuentran las tumbas de una población que padecía de saturnismo, debido probablemente a la explotación de minerales de plomo argentífero. La explotación se hacía cerca del pueblo y más arriba, a 2 700 metros, junto al lago Blanco, a cielo abierto o en las galerías de las minas. Han podido estudiarse las instalaciones interiores, con sus nichos para las lámparas, sus muros y sistemas de apuntalamiento; en las paredes pueden verse todavía las marcas de los picos y de las punterolas. El mineral se preparaba allí mismo: se machacaba en un mortero y se separaba de la ganga, luego se molía y lavaba. Se conservan algunos vestigios de las instalaciones hidráulicas que se utilizaban para esas operaciones. El mineral pulverizado se calcinaba también allí, porque contenía una importante cantidad de sulfuros que había que eliminar antes de reducirlo. No se sabe dónde se hacía la operación de purificar el mineral. El conjunto arqueológico de Brandes, con sus minas, su pueblo de artesanos y sus instalaciones mecánicas representa una fase temprana del desarrollo de la metalurgia, del que, hacia 1450, encontramos otra muestra en la mina de plata de Pampailly, que perteneció a Jacques Cœur. Esa mina «renacimiento» introduce algunas innovaciones en el sistema de achicar y evacuar las aguas, y tiene pozos más profundos y galerías más amplias que facilitan el transporte del mineral. Otro ejemplo de esa evolución es la mina de plata alsaciana de la Fontaine des Chouettes, en Sainte-Marie-aux-Mines, que es del siglo XVI. El cotejo de los documentos, la iconografía y los datos del estudio directo permite dar una explicación más completa de la llegada de la era industrial.

Las forjas de Buffon y la arqueología industrial

Las forjas de Buffon, creadas por el famoso naturalista en 1768, en el departamento de Côte-d'Or, representan una de las primeras manifestaciones de la industrialización de la siderurgia. A los sesenta años, Buffon decidió experimentar nuevas técnicas para mejorar la producción de hierro, y emprendió la construcción de los edificios por 300 000 libras turnesas, una suma considerable para la época. Se trataba de un complejo siderúrgico completado con varios servicios que permitían llevar una vida autónoma a los obreros que trabajaban allí. La gran forja funcionó hasta su muerte, en 1788. La empresa era un reto tanto científico como económico, y los problemas se acumularon después de la muerte de Buffon. Poco después de 1850, debido a la crisis de la industria siderúrgica tradicional, las forjas quedaron abandonadas.

Durante algún tiempo se fabricó allí cemento, pero en 1916 un incendio causó grandes destrozos en los edificios, que fueron deteriorándose cada vez más. Ha sido en 1979 cuando se creó una asociación para salvar y restaurar ese lugar histórico. Los trabajos empezaron en 1982. Desde entonces, una amplia serie de observaciones ha permitido completar los documentos gráficos del siglo XVIII, poco precisos, y reconstruir las forjas en las mejores condiciones.

Desde hace algunos años, se han realizado otros trabajos de arqueología industrial. Con los que se han hecho de 1983 a 1987 en la Vieille Forge de Aube, en el Orne, se ha salvado un edificio de ese tipo, que es de los mejor conservados de Europa. Corresponde al siglo XVIII, y tiene la forma de un gran mercado cubierto, con las paredes hechas de madera y ladrillo. El interior es oscuro; en uno de los lados, dos hornos de afinación permitían purificar el hierro colado y obtener hierro puro, que luego se laminaba con ayuda de un enorme martillo movido por una máquina hidráulica de madera, que tenía 18 m de largo y 6 de altura. La base donde iba encajado el yunque llega hasta tres metros de profundidad. Su estudio, y el de los distintos terraplenes que señalan cada una de las fases de la historia de la forja, se hizo durante las excavaciones realizadas por Thierry Churin, que es quien dirige ahora el museo de la metalurgia de la región de Ouche.

Se han estudiado los restos de otras magníficas forjas de

los siglos XVII y XVIII en Bretaña, y también en otras regiones, en Lorena, en los Alpes, en Dordoña... Se han creado numerosas asociaciones con el fin de salvar esos edificios y el testimonio de su actividad. Francia sigue así el ejemplo de Polonia y de Inglaterra donde, desde 1973, en Ironbridge se exhiben como monumentos un magnífico puente de hierro de 1779 y el famoso alto horno de Abraham Darby. Esos lugares no son simples museos. La universidad de Birmingham ha creado un centro de investigaciones en Ironbridge.

La arqueología industrial no se interesa sólo por la metalurgia. Ha estudiado también los centros de la industria de la sal en el Franco Condado. Claude-Isabelle Brelot explica las fases de su desarrollo. Las primeras salinas explotaban las fuentes de agua salada, como las de Salins, en el Jura. Luego, para asegurar la regularidad del caudal, la captación del agua se hacía a mayor profundidad, lo que dio origen a una arquitectura subterránea original: se cavaban pozos más hondos de agua salada, y otros pozos paralelos para avenar el agua dulce que brotaba de fuentes parásitas. En el siglo XVI, el agua salada se subía por medio de norias tiradas por caballos, y se llevaba por canales hacia la fábrica, donde se separaba de la sal por evaporación. Hacia 1760, los caballos se sustituyeron por bombas hidráulicas movidas por la corriente de un río desviado de su cauce. En el siglo XVIII, grandes construcciones de madera protegían las cubas y canales en los que se concentraba la solución salada por evaporación del agua. Luego bastaba con hacer pasar la solución a un recipiente grande colocado encima del horno para recoger la sal ya cristalizada. En el siglo XIX se descubrió que, cavando pozos de 140 a 246 metros, se alcanzaban bancos de sal gema que podían explotarse por disolución: se enviaba agua que se salinizaba, y se bombeaba después. La desnacionalización de las salinas en 1841 y la anexión de Alsacia-Lorena favorecieron la creación de nuevos centros en el Jura, en Haute-Saône y en el Doubs. A partir de 1930, el sistema se industrializa en Montmoro, en el Jura, pero la competencia de la sal de mar es cada vez mayor y hace desaparecer la explotación tradicional de la región de Salins.

Las manufacturas de paño fino del siglo XVII al XIX han sido objeto de una investigación arqueológica que se integra en un estudio histórico de fondo. La primera manufactura de ese producto de lujo se creó en 1646 en Sedān para competir con las fábricas del norte de Italia y de los Países Bajos. Los paños finos se tejían con la lana de las merinas españolas, que se embarcaba en el puerto de Bilbao. Colbert fomentó la creación de nuevas manufacturas en Sedan, Abbeville, Elbeuf, Louviers, Andelys, Carcassonne, y en el barrio de los Gobelinos de París, el barrio tradicional de las tintorerías. En este caso, el programa arqueológico no se refiere únicamente a los edificios de las grandes fábricas y de los distintos talleres, sino también a todas las instalaciones relacionadas con esa actividad: cubas y calderas de las tintorerías, tinas para quitar la grasa, sistemas hidráulicos y técnicos de los batanes, etc.

Esta enumeración da pie para hablar de otros aspectos de la arqueología industrial, el de los molinos de agua y de viento, el de los transportes, los ferrocarriles y los canales, con sus esclusas y sus gabarras, el de los faros, las pesquerías, etc.

La arqueología industrial, que limita su trabajo al estudio de los edificios e instalaciones desaparecidos, enterrados o mal conocidos, bordea la historia, la sociología, la etnología, la tecnología y la economía. Existen estrechas relaciones entre los investigadores del Centro Nacional de Investigaciones Científicas de las universidades, de las colectividades locales y de las asociaciones que fomentan la salvación de esa clase de patrimonio. Porque la actividad profesional se concibe como parte integrante de ese patrimonio y se intenta mantenerlo vivo en los ecomuseos, que se iniciaron desde que se celebró en 1976 una reunión en Creusot-Montceau-les-Mines presidida por Georges-Henri Rivière. Se trata de conseguir que los empresarios se interesen por el patrimonio industrial y ayuden a su conservación. El ecomuseo de Le Creusot-Montceau-les-Mines ha servido de modelo para otros, como el centro textil de Fourmies-Trélon, en el norte de Francia, el ecomuseo del Nord-Dauphiné, el de Beauvaisis, el de Saint-Quentin-en-Yvelines, el de Saint-Nazaire y otros. En París, la Cité des Sciences et Techniques de La Villette ha tenido el mismo origen.

Invenciones y naturaleza artificial

Inmersos en un medio natural en continuo cambio, los hombres experimentan la necesidad de transformar en beneficio propio la materia y los seres vivos en proporciones a veces inquietantes. Esos cambios precipitados y artificiales favorecen sin duda su adaptación a la vida, pero ocasionan también desviaciones que no pueden dominarse. Es evidente que los problemas morales que plantea en nuestros días la ingeniería genética van unidos a las técnicas actuales de la investigación pero, en el fondo, reflejan la voluntad del hombre, patente al menos desde principios del neolítico, de seguir avanzando con la domesticación.

Cuanto más perfecciona el hombre sus técnicas, más se inmiscuye en el orden natural, y se da cuenta también de la coherencia de los sistemas físicos y de la fragilidad de su equilibrio.

El drama ecológico actual es la indiferencia y el abandono. En nuestras regiones, la naturaleza ha estado sometida a la acción del hombre, que a lo largo de los siglos ha influido en ella con la explotación agrícola y ganadera. Tenemos una deuda con la naturaleza en la medida en que hemos cogido las riendas de su destino y hemos instaurado el tipo de equilibrio que vemos en ella. Hemos dicho que la naturaleza original no existe ya en nuestros países desde hace varios miles de años, y que no es posible la vuelta al primer estado natural. Cuando se produce el abandono del hombre, asistimos a la formación de eriales o al empobrecimiento y desertización de las tierras. En estas condiciones, se impone la reflexión ecológica, que ha de tener en cuenta los éxitos y los fracasos del pasado.

3. ARQUEOLOGÍA DE LOS PAISAJES, ECOLOGÍA DE LOS CAMPOS

En 1952, con la publicación de la obra *Caractères originaux de l'histoire rurale française,* Marc Bloch aporta al campo de la historia toda una valiosa información sacada de mapas antiguos, pergaminos y archivos, pero también de la observación del territorio y de su hábitat. Se ocupa de las formas de vida, del número de individuos por casa, de la difusión de los productos, etc., e introduce así un tipo de investigación que alcanza ahora un notable desarrollo. Cuarenta años después, el campo de estudio del espacio rural continúa preocupando a los historiadores, pero se completa y amplía con la prospección, las excavaciones y el análisis arqueológico. La fotografía aérea y la resistividad del suelo se utilizan para descubrir las antiguas divisiones, las zanjas de avenamiento, los cercados donde se guardaban los animales y las plantas de las instalaciones agrícolas en su topografía antigua. Las excavaciones ponen al descubierto la estructura de algunos de esos edificios, permiten ver las sucesivas reconstrucciones y renovaciones, proporcionan utensilios y otros objetos de la vida cotidiana, como huesos de animales domésticos o cazados, granos de polen y de cereales carbonizados. Algunas veces se descubre el cementerio próximo a las casas, del que se obtienen datos sobre la demografía del lugar. Las muestras sacadas de la tierra se datan luego en el laboratorio por el método del carbono 14, el de la termoluminiscencia o el de dendrocronología. Esos jalones, cada vez más preciosos, permiten estudiar desde su origen, es decir, desde hace 7 u 8 000 años, la mayor parte de los aspectos de la sociedad rural, como el pueblo, la agricultura, la ganadería, etc. Por primera vez, historiadores y arqueólogos pueden unir sus esfuerzos para ofrecer una visión de conjunto de la evolución de las sociedades rurales. Gracias a la publicación de varias monografías, se empieza a comprender la amplitud de los diferentes fenómenos, como el impacto de las variaciones del clima, las expansiones y contracciones demográficas, y los cambios de la flora y de la fauna, elementos que caracterizan la ecología de los campos actuales.

Deforestación y principio del paisaje rural

Durante las fases de la última glaciación, la de Würm, los rigores del clima frenaron en los países templados la constitución del bosque, que se formó en el transcurso del VII milenio al volver a calentarse la tierra. Es el medio natural de los cazadores recolectores mesolíticos, y el que acoge a los primeros campesinos neolíticos. Por tanto, el bosque natural no ha existido siempre en nuestro territorio, y se presenta bajo formas diversas que los especialistas en el estudio de los granos de polen (palinólogos) y de los carbones vegetales (antrocólogos) se encargan de reconstruir para nosotros. Las temperaturas suaves y la humedad contribuyen al desarrollo de un tipo de bosque llamado el robledal, compuesto principalmente de grandes robles de hoja caduca, acompañados de otras especies según las regiones. En Bretaña, en Normandía, en la cuenca parisiense y en el este de Francia, se comprueba la mezcla del roble, el tilo, el olmo y el fresno. El robledal se impone también en los países mediterráneos, en algunos sitios como el departamento de Vaucluse, con el avellano, el fresno, el olmo, el arce y el boj. En Aveyron, el roble de hoja caduca va asociado al avellano, al boj y a la encina. En el litoral, en cambio, le hacen la competencia el enebro, el pino carrasco y el pino silvestre, que sustituyen también al roble en los montes por encima de los mil metros. En la Alta Saboya, Stéphanie Thiebault señala la presencia del pino silvestre, el tejo y el fresno. El abeto abunda en las cercanías de los lagos del Jura y de los Alpes.

Hacia el año 5000 antes de C., es patente la intervención del hombre en el sur de Francia. Se comprueba el retroceso del roble, que es sustituido por el boj y la encina, dos especies poco exigentes que invaden las tierras agotadas y abandonadas. En la región de las Causses, el desbroce y la chamicera favorecen una colonización casi exclusiva del boj, unida a una economía mixta, que explotaba los recursos de esa planta, los rebaños de ovejas y los cultivos de huerta. Un poco más al norte, el roble de hoja caduca deja paso al enebro y al avellano.

En la cuenca parisiense, la deforestación provoca el retroceso del olmo, mientras se desarrollan el abedul y el avellano, y aparecen el llanten y el helecho. Al principio, los ejemplos se dan en determinados sitios, y guardan relación con la ganadería y la explotación de la madera, pero los granos de polen de cereales encontrados en las turbas del bosque de Rambouillet o en Bretaña demuestran que en esas regiones se cultivaban ya algunos campos desde el V milenio.

La amplitud y la rapidez de las transformaciones del paisaje natural son todavía difíciles de calcular. Las tierras ligeras más fértiles, loes y limos arcillosos, fueron las que se explotaron antes. Se considera que en el IV milenio las tribus que vivían en el territorio de la actual Francia eran ya sociedades totalmente neolíticas. Parece que en el siglo III el aumento demográfico provocó la explotación de nuevas tierras menos fértiles, pero enriquecidas gracias a técnicas agrarias más avanzadas, como el abono, el arado tirado por bueyes y quizá la rotación de los cultivos. La deforestación alcanzó un máximo en ese período, que corresponde a un óptimo climático. Algunas zonas mediterráneas adquieren entonces su aspecto moderno de garriga, consecuencia de un desequilibrio, irreversible, de una ecología natural en beneficio de la erosión.

La evolución de los paisajes no es lineal. Puede haber momentos en que disminuyen las superficies taladas. Se comprueba con un aumento del polen de árboles en Videlles, en la cuenca parisina, a principios de la edad del bronce, unos 2000 años antes de C., pero en los terrenos que dejan de cultivarse las especies de árboles que rebrotan no son las eliminadas antes, sino otras. En cualquier caso, el paisaje natural se transforma.

Desde el II milenio, el desarrollo de las artes del fuego, la alfarería y, sobre todo, la metalurgia, exige una gran cantidad de combustible. El carbón vegetal no deja de ser el único que se utiliza hasta el siglo XVIII, en que empieza a ser sustituido en parte por el carbón mineral. Hacia el año 1000 antes de C., los bosques habían desaparecido ya de los alrededores de Fort-Harrouard (Eure-et-Loire), sin duda a causa de la importancia que alcanzó allí la explotación del cobre.

La historia del paisaje forestal aparece así en su variedad, y sería un error creer que todos los bosques habían desaparecido en las Galias antes de la llegada de los romanos. Julio César habla de la riqueza de los campos de cereales de las Galias, pero también de los grandes bosques, que tendrían que impresionar a un hombre acostumbrado a los paisajes mediterráneos, mucho más secos. En esa época se introducen varias especies nuevas: el nogal y la viña se extienden por el sur de Francia en los últimos siglos antes de nuestra era; el olivo y el castaño aparecen hacia el siglo VII, y en la Edad Media hay bosques de castaños en Bretaña y en el Macizo Central. La castaña, que ocupa entonces un lugar primordial en la alimentación, es sustituida por la patata en el siglo XVIII. La arboricultura medieval se desarrolla con la multiplicación de los frutales.

Respecto a la época medieval, conviene matizar una idea de conjunto demasiado general que podría llevarnos a hablar de un paisaje cada vez más transformado por el hombre. No hay ninguna duda de que entonces aún quedaban zonas sin roturar. Sabemos que hacia el «Año Mil» algunos señores y órdenes monásticas fueron a colonizar tierras incultas, y que también talaron bosques en regiones que habían permanecido apartadas. Sus iniciativas no siempre fueron un éxito, y algunos lugares tuvieron que abandonarse. La pequeña edad glaciar del siglo XIV, las epidemias y las guerras contribuyeron a reducir la influencia del hombre sobre la naturaleza, pero el erial que retoñaba y el bosque que volvía a nacer se habían modificado para siempre.

Los pueblos más antiguos del sur de Francia

Los cazadores del VII milenio antes de Cristo formaban grupos de una decena de individuos que, según las estaciones, ocupaban campamentos levantados en la llanura o las mesetas, como en La Bastide-d'Engras (Gard) y Gramari, y en Méthamis (Vaucluse); vivían en cabañas construidas al abrigo de las rocas, como Montclus (Gard), o en cuevas espaciosas como la de Gazel (Aude), y la de Fontbrégoua en Salernes (Var). En esa cueva, lo mismo que en la de Félines-Minervois (Hérault), los hombres almacenaban entonces algarrobas, áfacas y lentejas, leguminosas que recogían en «campos naturales». Se ha creído ver en ello una «protoagricultura». Esos hombres criaban también ovejas, de las que los restos óseos más antiguos datan de 6 000 años antes de C., y se han encontrado en el abrigo de Chateauneuf-lès-Martigues (Bocas del Ródano) y en la gruta de Gazel.

La forma de vida rural se impone en el VI milenio antes de C., y se desarrollan algunos pueblos agrícolas. En el de Baratin, en Courthézon (Vaucluse), se han hecho importantes excavaciones. El pueblo ocupaba una superficie de 1 200 m^2. Había unos espacios circulares de cantos, y de cinco metros de diámetro, con agujeros para meter los troncos que sostenían el techo de las cabañas. Cerca de ellos, otros más pequeños, de un metro o metro y medio de diámetro, corresponden a los hogares. Ese pueblo, instalado en un terreno arenoso, era un pueblo de agricultores y pastores.

Se conocen otros pueblos en Soyons (Ardèche) y en Portiragues, donde la presencia de la obsidiana demuestra unas relaciones marítimas con las islas del Mediterráneo, en particular con Lípari. El pueblo de la isla de Corrège, en Leucate (Aude), al borde del mar, era un pueblo de pescadores que a veces eran también cazadores y pastores. Una mayor explotación de los recursos naturales —cereales y leguminosas conservados en silos y tinajas— y de varias clases de ganado acarrea una presión demográfica y cambios en el paisaje. Las cuevas se utilizan todavía algunas veces como refugio o para enterrar a los muertos, por ejemplo en la cueva de Gazel (Aude) o en la de Fontbrégoua, en Salernes (Var).

Cuiry-lès-Chaudardes, uno de los primeros pueblos del norte de Francia

El yacimiento neolítico de Cuiry-lès-Chaudardes, a orillas del Aisne, entre Soissons y Reims, se descubrió en 1972. Ocupa una extensión de 7 hectáreas y comprende los restos de veintinueve casas. El poblado lo componían cuatro o cinco casas habitadas por cincuenta o cien personas en cada generación; fue renovándose durante dos siglos, hacia el 4800 antes de Cristo, con el abandono de las casas viejas y la construcción de otras nuevas, un poco más lejos. Arqueólogos como Buhumil Soudsky, que trabajó allí desde el principio, y luego Jean-Paul Demoule, Anick Coudart y Mike Ilett, han reconocido las afinidades de la cultura de esos primeros pobladores con la del Danubio, especialmente en la ornamentación de la cerámica, que se caracteriza por un motivo de bandas incisas. En el oeste, esas gentes representan un amplio movimiento de colonización agrícola de las tierras, impulsado en el este por las innovaciones neolíticas de Anatolia y de Grecia, y observado en todo el valle del Danubio y la Europa templada hasta Polonia y los Países Bajos. En Europa central, y hasta Alsacia, las tierras que eligen para colonizar son los afloramientos de loes y, más al oeste, las arenas fluviales, todas ellas tierras ligeras y fértiles. Las casas que se construyen en ese amplio espacio geográfico se parecen unas a otras. Las huellas negativas que dejan son bien explícitas. Se trata de hoyos rellenos de tierra oscura, que se distinguen con facilidad en la arena más clara. Esos hoyos se abrían para hincar en ellos cinco hileras paralelas de postes que sostenían las paredes y el techo de las casas de planta trapezoidal. Las casas, que eran grandes, de 10 a 39 metros de largo y 5 ó 7 de ancho, albergaban sin duda a varias familias. Las dos hileras de postes exteriores sostenían las paredes, hechas de encañado y adobe. Las otras tres hileras sostenían el techo de paja; la hilera del medio tiene unos hoyos más grandes, que corresponden a los postes altos del caballete del tejado a dos aguas. Las casas, separadas unas de otras varias decenas de metros, estaban orientadas para protegerse de los vientos dominantes; el lado más pequeño era el batido por la lluvia, mientras que la entrada se hacía en el lado opuesto. Los lados largos estaban bordeados por una zanja grande que recogía el agua de la lluvia que escurría del tejado y los desperdicios domésticos. Esos desperdicios tienen un gran valor para los arqueólogos, porque nos informan sobre las actividades de los primeros campesinos.

Los restos óseos de animales son muy abundantes, en especial los del buey doméstico, pero también se practicaba la caza del ciervo, el castor y el jabalí. De los cereales cultivados el más importante era el trigo, del que se han encontrado granos carbonizados. Hay también fragmentos de piedras para molerlo. Muchos de los utensilios son de piedra, que se tallaba allí mismo, como lo indica el hallazgo de algunos núcleos de sílex desbastados; con los trozos de piedra desprendidos se hacían rascadores para suavizar las pieles, hojas de hoces para segar, barrenas y buriles para trabajar la madera y el hueso, y preparar las flechas. Otro utensilio, una hacha pequeña de piedra dura, con una cara plana y otra abombada, tenía sin duda un cierto valor: se encuentra pocas veces entre los restos y, cuando se encuentra, suele estar rota. Es el instrumento de la deforestación pero, por la clase de piedra, de grano fino y de un color poco común, la azuela, lo mismo que el hacha, es un objeto que da prestigio, que se hace traer de lejos y que se cambia. Entre las piezas de cerámica, se distinguen algunas pequeñas, cuencos y escudillas hechas con cuidado y casi siempre decoradas, y vasijas grandes y más toscas de hasta 35 cm de diámetro.

Las excavaciones realizadas en el valle del Aisne durante

casi veinte años demuestran que el poblado de Cuiry-lès-Chaudardes no es un ejemplo aislado. Las tierras arenosas del valle atrajeron a los primeros agricultores, mientras que las mesetas vecinas cubiertas de bosques parecen haber sido terrenos de caza. Se supone que fue el agotamiento de las tierras cultivadas lo que obligó a la nueva generación a trasladar el poblado cerca de los campos nuevos. La fragmentación de esas pequeñas sociedades y la escasa variedad del material encontrado en las excavaciones han hecho pensar en una estructura igualitaria del grupo. Pero las diferencias en el tamaño de las casas colectivas, en las que vivían varias familias separadas por tabiques, y presididas, por tanto, por algunos jefes de clan más o menos poderosos, así como la aparición en algunas tumbas de ofrendas valiosas, piezas de adorno talladas en valvas de moluscos traídos desde el mar Negro, y azuelas de piedra negra finamente pulimentada, inclinan a pensar que, tras esa apariencia igualitaria, existía una estructura social jerarquizada.

Yves y Robert Schweitzer han excavado en Mulhouse una necrópolis contemporánea del poblado de Cuiry-lès-Chaudardes: el conjunto comprende veintidós sepulturas y dos fosas, en un espacio delimitado por una zanja poco profunda rellenada con piedras. La clase de personas enterradas (faltan casi por completo los niños), los indicios de una organización interna de la necrópolis, y la riqueza de algunas tumbas son datos que indican una sociedad más jerarquizada de lo que a primera vista podría suponerse.

La «ciudad lacustre», una forma original de aprovechar las orillas de los lagos

La historia de la «ciudad lacustre» empieza con la sorpresa de un invierno muy riguroso, el de 1853-1854. La nieve y el hielo quedaron retenidos en las montañas, y eso hizo que las aguas del lago de Zurich bajaran varios metros. Miles de estacas empezaron entonces a salir del agua, y en el légamo podían verse montones de trozos de vasijas, de huesos de animales y toda clase de restos. Ese mismo año, aparecieron otras concentraciones de restos en los lagos suizos de Neuchâtel y de Bienne, y lo mismo ocurrió en Austria, en el sur de Alemania, en el norte de Italia y el este de Francia: lago Leman, lagos de Annency, de Bourget, de Paldru, de Clairvaux y de Chalain. Algunos de esos yacimientos datan del IV y III milenio, y corresponden todavía a la época neolítica; otros son de fines del II milenio, y se han encontrado en ellos objetos de bronce.

La imagen romántica que se impone en seguida es la de la plataforma habitada, construida sobre pilotes en medio del agua. Los palafitos de Benin ofrecen un magnífico modelo de ese tipo de vivienda, que Anne-Marie y Pierre Petrequin han vuelto a estudiar, y en el que se han inspirado para interpretar los restos del pueblo neolítico de Clairvaux-les-Lacs, en el Jura. De 3700 a 2400 años antes de C., fue un lugar frecuentado por pequeños grupos humanos, que vivían tanto de la caza como de la agricultura itinerante en el bosque o de la pesca en el lago. Según los arqueólogos, esos hombres construían casas sobre pilotes cerca de las orillas del lago, a una altura suficiente para que el agua no pudiera inundarlas. Esa adaptación del hábitat a un medio pantanoso y acuático parece que se debió a la necesidad de defenderse. Hacia 3700-3600 antes de C., el primer pueblo contaba con unas doce casas agrupadas en tres hileras y construidas en una isla del extremo norte del lago. Se llegaba a él en piragua. Una cuchilla para segar de sílex, importada de Suiza, hace pensar en el cultivo de los cereales. Pierre Petrequin supone que sembrarían sus campos en los calveros. La cantidad de madera que necesitaban tenía que ser grande, ya que era de lo que hacían los pilotes, las casas, los suelos y una serie de objetos como cuencos, tazones, barreños y cajas, que se han conservado bien en el medio húmedo. Consiguieron aumentar la eficacia del hacha y de la azuela poniendo una pieza de asta de ciervo entre la hoja de piedra y el mango de madera de fresno o de arce, que servía de amortiguador. Gracias a esa pieza, se evitaba que las hachas se rompiesen al dar un golpe muy fuerte, y se ahorraba también una piedra de buena calidad que tenían que importar de lejos, y que necesitaban para impedir el avance de un bosque que lo invadía todo rápidamente. Los otros utensilios de piedra más corrientes, como los raspadores y barrenas, se tallaban en el sílex de la región.

Otros utensilios para taladrar, coser o pulir están hechos en hueso de los animales que cazaban. Los flotadores de corteza y los lastres que hacían con piedras envueltas en cortezas de álamo, formaban parte de las redes de pesca. Las vasijas que se usaban para guisar contienen a veces restos de comida carbonizados. La resina de abedul, alquitrán de corteza, se usaba para tapar una grieta o para pegar un adorno de madera en la panza de una vasija.

El yacimiento de Baigneurs, en el departamento de Isère, se encuentra a orillas del lago de Paladru. Estuvo ocupado primero entre 2750 y 2730 antes de Cristo, cuando se aprovechó un promontorio que había quedado al descubierto al bajar el nivel de las aguas. En un espacio de 1 500 m^2, rodeado de una empalizada, se construyeron en tres años unas seis o siete casas; nueve años más tarde volvieron a construirse, como lo indica el estudio dendrocronológico.

En 2730 el pueblo quedó abandonado y las aguas volvieron a cubrirlo durante cuarenta años. Cincuenta y siete años después de la llegada de los primeros colonos, se construyó otro nuevo semejante al anterior, que desapareció veinte años más tarde. Desde 1972, Aimé Bocquet ha estudiado las condiciones de vida de los habitantes de esos pueblos sucesivos. Las casas se distinguen por la presencia de un hogar central, dispuesto sobre una capa protectora de arcilla; miden de diez a quince metros de largo y tres o cuatro de ancho. Otras construcciones más pequeñas, sin sitio para la lumbre, se supone que eran graneros. La arqueología subacuática ha permitido sacar algunas cosas que no se conservan en los yacimientos terrestres, como numerosos objetos de madera, mangos de puñales de sílex hechos de mimbre, cucharones y un arco de madera de tejo, peines de boj, mangos de hacha de arce, alfileres de acebo, un remo de haya, y fragmentos de estera, de cuerdas, y tejidos de fibras vegetales, además de restos de cereales, legumbres y frutos. En aquella época el bosque, con sus reservas de alimentos y materias primas, era una fuente de recursos esencial para los hombres que vivían al pie de los Alpes. Los dos pueblos de Charavines son un testimonio de esas pequeñas comunidades, bien adaptadas a su ecología. Esos hombres no vivían ya aislados, y las relaciones que mantenían con zonas muy alejadas, con Turena para el sílex del Grand-Pressigny, las orillas del Báltico para el ámbar, el Piamonte para algunas piedras duras y el cobre, con Suiza para otras piedras duras, y con el Languedoc para el cobre, son reveladoras del dinamismo de las sociedades del III milenio.

El yacimiento de Cortaillot-Est, excavado en su totalidad por Béat Arnold entre 1981 y 1984, está junto al lago de Neuchâtel. Es uno de los mejores ejemplos de poblado lacustre de la edad del bronce. El empleo sistemático de la dendrocronología, que estudia los anillos anuales de los árboles, ha hecho posible seguir, año tras año, la evolución de ese pueblo construido en madera entre los años 1010 y 955 antes de C.

Esa precisión, no conseguida hasta ahora en Europa para ese período, se ha aplicado al conjunto de esa pequeña aglomeración de unas dieciséis casas; permite una mejor interpretación del aprovechamiento de la topografía del lugar, la distribución de los vestigios de determinadas actividades y la arquitectura de las construcciones destinadas a distintos usos. La «ciudad lacustre» se presenta allí en forma de un pueblo construido sobre una terraza, en parte rellenada, al borde del agua, y protegida de ella por un talud; el problema del saneamiento de esa zona habitada se resolvió esparciendo piedras por ella. No se ha podido saber qué eran unas masas de arcilla cocida: ¿placas de horno, adobes quemados, suelos? Hay que decir también que ninguna instalación metalúrgica explica el millar de objetos de bronce ni las dos muelas de asperón que se han encontrado allí.

El cálculo demográfico indica una población de entre cien y doscientas personas según las épocas. Se han reconstruido las actividades diarias, y se ha visto que aquellos hombres de la edad del bronce habían vuelto a emplear los utensilios neolíticos. La distribución limitada de los anzuelos señala la zona donde se preparaban y guardaban las cañas; la molienda se hacía en un pequeño espacio lateral. La construcción de las casas, con un piso y desván, indican una arquitectura en madera muy hábil. Los hallazgos hechos en las inmediaciones del pueblo demuestran la importancia de la zona periférica, en las que se encontraban los establos, los talleres de los alfareros y sin duda los de los broncistas. Esa comunidad, que parece muy estructurada y homogénea, no muestra señales externas de estar muy jerarquizadas.

Fort-Harrouard, centro rural y artesanal de la edad del bronce

En el bosque de Dreux, dominando el valle del Eure, se alza el espolón de Fort-Harrouard, que en su parte alta tiene una extensión de 7 hectáreas.

El abate Philippe lo exploró en la primera mitad de este siglo, y un equipo del museo de las Antigüedades Nacionales ha estado estudiándolo desde hace diez años. El objeto de las nuevas excavaciones ha sido completar las observaciones hechas allí con trabajos en el laboratorio, especialmente en el laboratorio de investigaciones de los Museos de Francia; ha podido reconstruirse así la vida que, casi ininterrumpidamente, se desarrolló allí durante más de 4 000 años. Parece que los primeros pobladores descubrieron unas tierras fértiles de loes en la parte este del promontorio, y que cultivaron en ellas huertos, quemando trozos de monte, como lo demuestran los restos de carbón vegetal mezclados con la arena. Los vestigios arqueológicos de ese primer nivel pertenecen a una cultura de cazadores; entre otras cosas, se han encontrado en él pequeñas estatuillas femeninas de tierra cocida. Tallaban también el sílex y hacían objetos de hueso y de asta de ciervo. Es probable que la cerámica se fabricara y cociera allí mismo. A fines del III milenio, en el último período del neolítico, abrieron una zanja grande, y con la tierra que habían sacado de ella construyeron un talud, rematado probablemente por una empalizada que cerraba una parte del campamento. Otros dos lados estaban protegidos por un talud y una explanada que aumentaba la pendiente natural del espolón. Los pobladores de la edad del bronce y de la edad del hierro mantuvieron los límites neolíticos y, sin modificar el sistema defensivo del campamento, apoyaron sus construcciones en los taludes de creta que lo rodeaban. Por lo que se sabe después de haber excavado cerca de una quinta parte de la superficie del campamento, la población de la edad del bronce debía de ser bastante numerosa a fines del II milenio. Podría haber sido de varios cientos de personas, y quizá pasara incluso del millar. Las casas son de planta rectangular y miden tres metros de ancho por cuatro o seis de largo. Algunas sin duda servían de vivienda, y se han encontrado unos hoyos vacíos que contienen una o varias vasijas que se supone estaban destinadas a guardar provisiones. Otras casas son más bien talleres, a juzgar por los vestigios que se conservan del trabajo de los metales, la piedra y la madera, y la fabricación de objetos de barro. De los 600 lugares catalogados hasta ahora, 166 contienen vestigios metalúrgicos: herramientas de los broncistas, como martillos, moldes, crisoles, piedras de afilar, toberas y lingotes de cobre o de plomo; restos de hornos y de coladas, con las piezas mal hechas y las escorias. Hay más de 180 fragmentos de moldes repartidos entre cuarenta talleres. Son los testimonios directos de la producción metalúrgica. Del final de la edad del bronce, hacia el año 1000 antes de C., tenemos una treintena de fragmentos de moldes de pulseras, y otros tantos de alfileres, sesenta fragmentos de moldes de puntas de lanza y de moldes de espada. Teniendo en cuenta la clase de objetos metálicos y la escasa variedad de las herramientas, se puede pensar que los artesanos de Fort-Harrouard se habían especializado en la fabricación de armas y artículos de adorno. El último descubrimiento en 1985 de un montón de moldes de un solo tipo de espada cerca de un horno de refundición parece confirmar esa idea.

Es interesante observar también que las armas encontradas en las excavaciones no representan más que el 13 % de los objetos metálicos, mientras que los moldes para hacerlas representan el 58 % de las matrices descubiertas. De ello hemos deducido que sólo una pequeña parte de las armas fabricadas en Fort-Harrouard se destinaba al uso interno, y que la mayor parte de ellas se enviaba a otros sitios. El mismo tipo de armas está entonces extendido por toda la cuenca parisiense, pero no podemos precisar todavía la difusión que alcanzaron los bronces fabricados en Fort-Harrouard.

La producción de armas ofensivas, como las espadas, sobrepasa con mucho el marco del consumo doméstico que podría cubrir la fabricación de herramientas pequeñas, como punzones, buriles, etc. Esa producción exigía unas relaciones con países lejanos para el aprovisionamiento de materias primas (cobre, plomo, estaño...), reglas de seguridad de los artesanos, y en la elección de clientes. La organización de ese artesanado, que se reflejaba en la forma de vida del campamento, era de naturaleza económica tanto como política. El sistema de los intercambios y el papel de la fortificación del lugar dependían de la estructura social del grupo humano que ocupaba el Fort-Harrouard y sus inmediaciones. Hemos apuntado la hipótesis de que esa sociedad podría ser algo parecido a una pequeña monarquía de tipo micénico, como la que conocemos por las excavaciones y los primeros textos escritos en lineal B en las tabletas de Pilos, en el Peloponeso. Allí se consideraba que los broncistas daban prestigio al rey Néstor, el amigo de Ulises.

Por importante que fuera, la metalurgia no era la única actividad de la población de Fort-Harrouard, que seguía dedicándose a la agricultura. El estudio de ese yacimiento ha necesitado la colaboración de varios especialistas, geólogos, sedimentólogos, palinólogos, carpólogos, osteólogos. Las conclusiones de todos ellos coinciden en que se trata de una explotación extensiva del medio natural. La cantidad de carbón de leña que los artesanos necesitaban para su trabajo aceleró sin duda la deforestación. Hacia el año 1000 antes de C. era un sitio sin árboles, muy distinto por tanto del que vemos ahora, cubierto por el bosque de Dreux.

¿QUÉ ES UN «CAMPO CÉLTICO»?

Se ha dado el nombre de «campo céltico» a cualquier forma antigua y protohistórica de división en parcelas, descubierta principalmente gracias a la fotografía aérea, primero en Inglaterra y en el norte de Europa, y luego en Francia. En esas circunstancias podría pensarse que el término se aplica a varias cosas distintas, pero la mayor parte de las veces el «campo céltico» presenta cierto número de características específicas. Las parcelas tienen una extensión de diez a cincuenta áreas. Están rodeadas de setos, de taludes y de zanjas, ahora rellenadas. Los setos protegen al ganado de los vientos dominantes y a los cereales de la contaminación polínica. Las parcelas están dispuestas siguiendo alguna línea destacada del relieve, al borde de una meseta o de un río, y a lo largo de los caminos. Algunas veces la disposición es más anárquica. En Woodbury, en Gran Bretaña, se ha encontrado un conjunto completo, con sus campos, sus dehesas, cementerios y hábitats de altura. La zona dedicada a pastos estaba limitada por zanjas y tapias de piedra para impedir que escapara el ganado. Esos cercados son frecuentes en las cercanías de las casas de campo galas. Otro buen ejemplo de casa rural modesta, de planta circular, rodeada de siete campos, se ha encontrado en Gwithian, en Cornualles. Un magnífico «campo céltico» con múltiples unidades es el de Vaassen, en Holanda. Es de forma circular y tiene un kilómetro de diámetro; en el centro se encuentran algunas construcciones rurales y domésticas. El conjunto de Vaasen corresponde a un largo período, que va del año 600 antes de C. al 150 de nuestra era. Es un aspecto de la arqueología que no se ha estudiado a fondo en Francia, sin embargo, las observaciones hechas en los Vosgos, en Bretaña, y en Picardía, basadas en fotografías aéreas de Roger Agache, demuestran las posibilidades que ofrece. En Condé-Folie, en el Somme, una granja gala está rodeada de cercados rectangulares y de zanjas que siguen una línea sinuosa; en L'Etoile, en el mismo departamento, los cimientos de piedra de una granja indígena romanizada ocupan el centro de un complicado sistema de zanjas que se juntan en ángulo recto, formando un verdadero reducto. Sería interesante poder estudiar en Francia alguno de esos conjuntos completos como en Vaassen. El interés de esa clase de estudios no es sólo descubrir cómo era el paisaje hace

2 000 años, sino determinar las unidades de la vida rural de aquella época. En la isla de Gotland, al sur de Suecia, se han identificado 92 conjuntos entre la edad del hierro y el final de la época romana. Las parcelas, pequeñas, tienen de 5 a 10 áreas. Françoise Audouze y Olivier Buchsenschutz dicen que los investigadores calculan que un campo de seis áreas se puede trabajar en una jornada, y una familia puede vivir con dos hectáreas. En el caso de la isla de Gotland, esa familia necesitaba trabajar un mes para asegurar un rendimiento que le permitiera vivir durante un año.

La organización romana del territorio

El catastro de Orange

Los textos antiguos atestiguan el cuidado que ponían los romanos en organizar el espacio conforme a dos ejes ortogonales determinados por el *actus* (35,5 m) y sus múltiplos: el más conocido es la centuria, que mide 710 metros. Historiadores y arqueólogos estudian la aplicación de ese principio, tanto en las ciudades como en los campos. Las regiones a las que se ha prestado más atención son las más romanizadas, como el sur de Francia. Un estudio sobre Béziers y su región, publicado en 1970, combina las fuentes históricas, los datos de la arqueología, los que proporciona la toponimia y las investigaciones catastrales por foto-interpretación. A pesar de eso, las lagunas de esa clase de estudios parecían suficientes para desanimar a cualquiera que aspirase a comprender la organización romana del espacio en un marco tan vasto como el de una ciudad y su territorio *(civitas)*.

Un descubrimiento único, seguido de una publicación en 1962, ha cambiado las condiciones de ese estudio. Es el descubrimiento en Orange de 415 fragmentos de mármol que formaban parte de tres planos catastrales, colocados en otro tiempo en un edificio público. Esos archivos epigráficos muestran el plano de las centurias, su sistema de coordenadas, los cursos de agua, los caminos y las clases de tierras. Todo el sistema de la ordenación romana se hace comprensible gracias a ellos. Además, dos de esos catastros han podido localizarse con precisión: no corresponden únicamente a la colonia romana de Orange, sino también a dos regiones situadas a ambos lados del Ródano, una entre Arles y Aviñón y la otra entre Aviñón y Montélimar.

Gracias a haber comprendido el sistema de la ordenación romana, se han explorado con éxito otros sectores, en la confluencia del Doubs y del Saône, en el valle bajo del Sena, en los distritos de Dinan y de Saint-Malo, en la región que rodea la laguna de Berre, etc. Por lo general, el paisaje romano no está ordenado de la misma manera que el actual, pero en el Jura y en el departamento de Maine-et-Loire puede haber casos en que coincidan. Lo importante es comprender la dinámica de la población con sus cambios y sus permanencias. El sistema de la villa, que se desarrolla en los siglos I y II de nuestra era, no excluye otras formas de explotación, como las granjas indígenas aisladas o agrupadas en aldeas. La crisis del siglo III que, según la explicación clásica, se caracteriza por las destrucciones provocadas por los invasores bárbaros, puede analizarse a partir de ahora desde una perspectiva nueva de transformaciones que anuncian el mundo medieval.

La «villa», una originalidad galorromana, revelada por la fotografía aérea

Roger Agache buscaba en cientos de cajitas amarillas las mejores diapositivas que acababa de tomar de la región de Abbeville desde una avioneta. Eran en los años sesenta. El nombre de Saint-Joseph salía una y otra vez en la conversación. En Inglaterra, Agache había visto también desde el aire círculos, rectas, cuadrículas y toda suerte de figuras en la tierra. Según la luz que hubiera, si había llovido o nevado, si los campos estaban labrados o empezaban a retoñar, la mirada atenta descubría entre la cubierta vegetal las mil heridas de la superficie del suelo. Para entenderse, los arqueológos volantes han clasificado esas huellas después de hacer algunas comprobaciones sobre el terreno. Las zanjas rellenas de humus conservan la humedad; en un campo desnudo se ven más oscuras, y en verano, a la caída del sol, los trigos que en esa parte son más altos, indican hasta donde llegan y su disposición. Los taludes que bordean antiguos campos o caminos ya borrados se distinguen por un pequeño relieve o por la especial disposición de las parcelas actuales. A fuerza de paciencia y de repetidas incursiones en el gran álbum del paisaje, Roger Agache ha conseguido descubrir el campo galorromano del valle del Somme, con sus *villae,* sus santuarios rurales y sus aldeas, unidas a la ciudad de Amiens por las vías romanas. Gracias a eso, ha podido hacerse un verdadero mapa de carreteras.

La *villa* es una casa de campo grande, construida según un patrón común a todo el Imperio. El edificio principal tiene a menudo el aspecto de un palacio abierto a dos grandes patios, la *pars urbana* y la *pars agraria,* bordeada por los edificios de la explotación agrícola y las casas de los obreros. En el límite de los dos patios hay una vivienda cómoda pero poco lujosa, que era probablemente la del administrador de la finca. Las *villae* tienen unas dimensiones asombrosas, de 400 a 500 metros de largo. El lujo de la parte principal contribuye a dar una impresión de riqueza y de buenos resultados económicos. El observador moderno comprueba que en la región de Picardía las *villae* están bastante cerca unas de otras y repartidas de forma regular: tres o cuatro en el término de cada uno de los municipios actuales. Algunas de ellas administraban una superficie de 100 hectáreas, y otras de 1 000. Comparados con las *villae,* los *vici* o pueblos eran pocos y pequeños. Se habían formado alrededor de algún santuario rural, que se componía de un templo o *fanum* y, algunas veces, de un teatro y unos baños públicos. Ribemont-sur-Ancre es una mezcla de varias cosas: construido como una *villa* muy grande, de 750 metros, tiene dos hileras de edificios entre los que hay un templo, un teatro y unas termas.

La transformación de los paisajes durante la Alta Edad Media hasta la revolución del año mil

Brebières, un pueblo merovingio

En 1965 Pierre Demolon decidió explorar Brebières (Pas-de-Calais), el primer pueblo merovingio explorado metódicamente en Francia. Era emocionante saber por fin cómo vivían aquellos miles de individuos encontrados al excavar los cementerios, y comprobar el ambiente de inseguridad que reinaba entonces, según las fuentes escritas de la época.

Las partes más antiguas del pueblo están datadas en 525-550. Su fundación hay que relacionarla con la historia de la residencia real de Vitry-en-Artois. En aquella época, era una región fronteriza entre el reino de Sigeberto y el de su hermano Chilperico; los dos, empujados por sus respectivas esposas, Brunilda y Fredegunda, estaban en guerra, y en esos momentos la residencia de Vitry necesitaría poder contar con sitios como Brebières para avituallarse. Así se explicaría la instalación del pueblo en una zona no muy fértil, cerca de un terreno pantanoso y de un bosque grande que podían servir de refugio en caso de peligro. Sin embargo, ese lugar compuesto de cabañas rudimentarias, sostenidas por dos o seis postes, sin cimientos, y con las paredes de adobe, no estuvo nunca protegido por algún tipo de sistema defensivo, lo que indicaría que los trastornos de ese período no tuvieron las trágicas consecuencias que la historia hacía suponer. Podemos observar también que durante un siglo y medio no se incendió ninguna casa, y que el pueblo fue abandonado a fines del siglo VII, pero no de forma brusca. Hacia el año 600 había doce cabañas a lo largo del camino de Brebières a Corbehem, que bordeaba el pantano. La vida allí era sencilla y la agricultura tradicional, dedicada al cultivo de los cereales, como lo indican los silos. Los habitantes criaban bueyes y cerdos para tener carne, y cabras y ovejas para la leche y la lana, que se hilaba allí mismo. En el bosque se cazaban jabalíes y ciervos.

Las cabañas están llenas de restos de la vida diaria, trozos de vasijas de barro, utensilios de hierro, sobre todo cuchillos, y otros de madera, tijeras, mechas, algunos objetos de adorno de bronce, vidrio y hueso. Se han encontrado bastantes peines de hueso, que debían de ser muy necesarios para eliminar los parásitos que sin duda proliferaban en esas cabañas húmedas, sucias y nauseabundas.

El abandono progresivo del pueblo parece que debió de ir unido al de la residencia de Vitry. En Brebières no hay ningún elemento, ni en la arquitectura de las casas ni en el mobiliario, que muestre alguna influencia extranjera, sajona o nórdica, cosa que también es sorprendente.

Villiers-le-Sec, un pueblo en tiempos de Carlomagno

Durante los trabajos para construir un enlace con la autopista al norte de París, en el Val-d'Oise, aparecieron las casas de un pueblo; de lo que era un pueblo en los tiempos de Carlomagno, es decir, una *villa,* con sus habitantes, sus edificios y su mobiliario, un lugar de comunicación dependiente de la abadía de San Dionisio. Las excavaciones de Rémy Guadagnin y sus investigaciones revelan el dinamismo de la población rural de la alta Edad Media en todos sus aspectos, muchos de ellos omitidos por los textos. En esa parte de la Isla de Francia se dedicaban al cultivo de los cereales, de los que tanta necesidad tenían el gran monasterio y sus ferias del Lendit. La villa de Villiers-le-Sec estaba formada por tres «mansos», unidades fiscales y familiares de explotación, creadas en los siglos IX y X en torno al cementerio y en la confluencia de dos caminos, el de París a Amiens, y el de Villaines a Villiers-le-Sec. Cada manso se componía de una casa grande, rodeada de otras construcciones, cabañas, almacenes, talleres y zonas de ensilaje. En la casa vivían una o varias familias, y el establo formaba también parte de ella. Los agujeros de los postes señalan la planta de los edificios; la casa, de forma cuadrangular, tenía una entrada en uno de los lados protegida por un tejadillo. Los muros, de adobe y cañizo, estaban reforzados por gruesos maderos que sostenían un tejado de paja a dos aguas. Las construcciones anexas podrían ser talleres medio enterrados, en los que había un horno o tal vez un telar. Los granos que se han recogido en la casa y en los silos son en su mayor parte de trigo y de centeno; con la mezcla de los dos se hacía la comuña, base de la alimentación de las poblaciones medievales, según los textos. Se consumía también la avena y el mijo, así como varias frutas, manzanas, peras, cerezas silvestres, avellanas y nueces. La viña se cultivaba en la región de París al menos desde el siglo VII, y se hacía vino. Se han encontrado también granos de cebada y, en una *villa* próxima, en Baillet, lúpulo, con los que se fabricaría cerveza. El lino se cultivaba más por su fibra que por el aceite de sus granos. Junto con el cáñamo, era un complemento importante de la actividad textil, en la que se empleaba también la lana. Entre los animales domésticos, además de ovejas y cerdos, se criaban vacas, que proporcionaban la leche, y bueyes, para tirar del arado y los carros. El hierro se trabajaba allí mismo, y se hacían también calzas de cuero y objetos de hueso. Los restos de cerámica son abundantes. El comercio era activo, y se conservan numerosas monedas con el nombre de san Dionisio que datan de los siglos VII al X.

El Châtelard de Chirens, fortaleza feudal, y la «revolución del Año Mil»: una forma de organización comarcal que no prosperó

En el término de Chirens, dominando el lago de Paladru y el poblado lacustre de Charavines, se construyeron tres fortificaciones hechas de tierra y madera. Esa concentración de fortalezas se explica por la importancia estratégica del lugar, situado a una treintena de kilómetros de Grenoble, y en el que se juntan varios valles que, a principios del siglo XI, se encuentran entre dos principados que están formándose entonces, Saboya y el Delfinado. Esos lugares modestos, de los que no se habla en los textos de la época, muchos de ellos desconocidos antes de las recientes prospecciones arqueológicas, nos ayudan a comprender mejor el gran cambio de la sociedad que se conoce como la «revolución del Año Mil». Durante un período de desarrollo demográfico y económico, el imperio carolingio se divide en múltiples poderes locales creados entre 980 y 1060 por algunos linajes de caballeros desde sus castillos de tierra y madera. La sociedad de hombres libres, presidida por el conde y el obispo, delegados del poder real, es sustituida por una sociedad feudal en la que el señor del castillo domina la comarca que le rodea: otorga su protección a los campesinos, pero impone su justicia y sus exigencias fiscales y económicas. La población campesina, hasta entonces dispersa, se agrupa alrededor del castillo. Entre el siglo X y el XI, nace así el pueblo medieval, construido a la sombra del castillo, de la iglesia y del cementerio, que ocupan el centro de las tierras de cultivo.

Chantal Mazard ha excavado una de las tres fortalezas feudales de Chirens, la del Châtelard. Es un sitio bien conservado, y su estudio nos lleva otra vez a la «revolución del Año Mil». Situado a 750 metros de altura, estaba protegido por un foso. El montículo central, rodeado a su vez por una muralla, tenía más de diez metros de altura, con una superficie habitable de 900 m^2. En el centro del patio estaba el edificio que servía de vivienda, de planta cuadrada y unos 15 metros de lado. Las excavaciones han puesto al descubierto los agujeros de los maderos que formaban el armazón de los muros de tierra y cañizo. Un suelo de tablas aislaba a los habitantes del castillo de la humedad que subía de la tierra. La techumbre era sin duda de paja o de cañas. Un fogón que se encontró fuera del edificio central quizás indique el sitio donde se guisaba. Aunque era frecuente que hubiera también una capilla, sus restos se han buscado en vano.

El dueño de la fortaleza era un caballero, como lo demuestran algunas piezas de su equipo militar: cuadrillos de ballesta, puntas de flecha, un trozo de malla para proteger la nuca, fragmentos de arreos, herraduras, hebillas de espuela, tachones de guarnición.

La ocupación del Châtelard no debió de durar más de cincuenta años. Es un buen ejemplo del dinamismo del siglo XI, pero también de los fracasos de los comienzos del XII. Sólo las familias señoriales más poderosas lograrán imponerse, y entonces construirán sus castillos de piedra. Algunos de ellos todavía se mantienen en pie.

Charavines (Isère), un pueblo del Año Mil cubierto por la aguas

Hacia el año 1040, al subir el nivel del lago de Paladru, el pueblo de la Colletière quedó sumergido. Desde 1972, Michel Collardelle y su equipo de submarinistas han estado explorando el fondo del lago, cubierto por una espesa capa de forraje y estiércol, que alcanza 75 centímetros. Los arqueólogos han levantado planos de las estructuras y han señalado los puntos donde se encuentran los objetos abandonados. Han sacado también algunas muestras para hacer los estudios sedimentológicos, las determinaciones botánicas y animales, y las dataciones por el método del carbono 14 y la dendrocronología. Gracias a haber permanecido bajo el agua, se han conservado allí documentos excepcionales que nos informan, con bastante precisión, sobre las condiciones de vida en un pueblo de la Edad Media. Antes del año mil, la zona estaba poblada de árboles; al construirse el pueblo, se roturaron muchas tierras para convertirlas en campos de trigo, de alforfón y de centeno, y plantar algunos huertos.

El pueblo estaba rodeado de una empalizada defensiva, y comprendía al menos tres casas grandes, rectangulares, de 150 a 200 metros cuadrados construidas sobre una base de tablas que daba firmeza al suelo y aislaba a los ocupantes de la humedad. Una sólida armazón de roble y haya sostenía las paredes de adobe y la techumbre de cañas y paja. En el centro de la casa una lumbre grande, encendida en el mismo suelo, servía para dar luz, calentarse y hacer la comidas. Hombres y animales, cerdos, bueyes, ovejas y cabras compartían todos juntos la vivienda. El espacio que quedaba entre las dos pendientes del techo servía de granero para guardar los productos de la cosecha, las frutas y el forraje. Las ollas, jarros para el agua y vasijas grandes para conservar los alimentos eran de barro; las cucharas y algunos platos y escudillas, de madera. No hay duda de que ellos mismos se hacían sus ropas, para las que tejían la lana y el cáñamo. Tenían tijeras para esquilar las ovejas, y agramaderas para majar el cáñamo y separar las fibras. Ruecas, husos, cardas, canillas y lanzaderas de telar representan la panoplia del tejedor. Los recortes de cuero y los raspadores, punzones, leznas, hormas, y martillos de guarnicionero demuestran que al menos una parte del calzado, los cinturones, correas y talabartes encontrados eran de fabricación local.

Arqueología de la civilización rural tradicional

Desde hace cincuenta años, los historiadores del campo tradicional han llevado a cabo un trabajo importante. Han examinado los archivos de los señoríos y nos han entregado unos estudios del campo visto desde lo alto de la torre del castillo o del campanario de la iglesia. La arqueología, por tener otras fuentes de estudio, aborda también otro aspecto de la civilización rural, el del campesino en el marco de su vida cotidiana.

La investigación empieza hacia el siglo XII cuando aparecen los pueblos, las aldeas y los caseríos aislados que forman la estructura del campo tradicional que vemos transformarse desde hace medio siglo. Algunos han desaparecido por distintas razones, principalmente a causa de los graves trastornos del final de la Edad Media, la guerra de los Cien Años, las hambres, la peste negra... Son esos pueblos abandonados o los caseríos desaparecidos los que atraen a los arqueólogos.

Según las regiones, los campesinos han tendido a organizarse y a agruparse algunas veces en sitios fortificados; el pueblo va creciendo en el centro del término municipal, dividido en campos dedicados a distintos cultivos según la clase de terreno. El trigo es el que predomina, mientras que la explotación de las zonas incultas, como la landa y el bosque, retrocede. En zonas de boscaje, con prados separados por setos o tapias, la población continúa viviendo dispersa. La construcción de conjuntos de edificios da al paisaje el aspecto que presenta todavía ahora, con sus características locales: casas altas de paredes de piedra y cubierta de teja acanalada en Provenza; casas borgoñonas de mampostería, amplias, con su sala, bodega y desván; construcciones normandas de adobe, con un entramado de madera, y protegidas por una gruesa capa de bálago.

A partir de los años sesenta, en Francia se ha despertado el interés por los pueblos medievales abandonados. La historia de los hombres se ha detenido en esos sitios para dar paso a la lenta evolución geológica de la erosión. Entre 1964 y 1972, Jean-Marie Pesez ha hecho varios estudios en el pueblo abandonado de Dracy, en Borgoña. Es posible que existiera ya en el siglo XII, pero la primera vez que se le menciona es en un documento de 1285, donde se dice que el pueblo tiene «quince fuegos». Las excavaciones han puesto al descubierto las ruinas de veinticinco casas de principios del siglo XIV. Se sabe que la población aumentó, se construyeron edificios nuevos y se dividieron algunas casas. Luego se interrumpió la vida en aquel sitio, y el pueblo quedó abandonado. En una de las casas se encontraron nueve monedas, todas anteriores a 1360, fecha probable de la catástrofe. ¿Qué fue lo que pasó? Sabemos que en esos mismos años algunas bandas armadas de la guerra de los Cien Años recorrían la región y se habían establecido en Chagny. Aquellos bandidos fueron sin duda los que quemaron nueve de las casas del pueblo. Entre tanto, las epidemias causaban estragos; en 1348, la peste negra llegó a Borgoña, donde produjo gran mortandad, y hasta el siglo XV continuó asolando el país, más o menos, cada diez años. Darcy, al contrario de los otros pueblos de la región, sin duda no pudo rehacerse. Los objetos y utensilios de la vida cotidiana quedaron abandonados entre los escombros. Se han conservado algunas materias orgánicas carbonizadas en el incendio de las casas, granos de trigo, fragmentos de madera y de tejidos. Varias llaves, un candil, dos barreños, jarros y ollas, podaderas, un cuchillo, un rastrillo para separar las fibras del cáñamo, y un dedal de coser evocan la vida tranquila interrumpida bruscamente.

Gabrielle Demians d'Archimbault ha dirigido los estudios que se han hecho en otro pueblo abandonado, Rougiers, en el departamento de Var. Estuvo ocupado entre el siglo XII y el XV, y los resultados de las investigaciones arqueológicas nos trasladan a la vida cotidiana de la Edad Media en Provenza. Entramos en la casa y descubrimos el fogón, el candil de hierro colgado de la pared de piedra; en los sitios por donde más se pasa el suelo está pisoteado y sembrado de restos. Las ollas que se usan para hacer la comida y para llevar el agua son de fabricación local. Algunos tazones y copas proceden de Valencia, de Cataluña, de Liguria o de Pisa. Dos insignias de peregrino de plomo y una medalla de marfil con motivos marianos son tres testimonios de contactos religiosos con el exterior. Algunas cosas estaban tiradas en el patio, y otras entre montones de basuras. Los aperos y útiles domésticos comprendían hoces, podaderas, picos, tijeras, tenazas, una campana y un cuchillo. Una espuela y una vaina y un pomo de espada eran los recuerdos guerreros de ese lugar fortificado. Y los del vestido y adorno de sus habitantes unas pinzas para depilarse, una sortija, un broche, un colgante y varias hebillas. Las crisis del final de la Edad Media también parecen haber sido fatales para ese pueblo colgado de un peñasco.

En la comarca de Auxois, cerca del castillo y del pueblo amurallado, estaba la alquería de Mont-Saint-Jean, una granja modelo del siglo XIV. Tenía una extensión de 4 000 m^2, y las instalaciones necesarias para la explotación de una gran propiedad rural creada por el señor de Mont-Saint-Jean en el centro de cinco términos municipales. De los cuatro edificios que había en la granja no quedan más que los cimientos, descubiertos al hacer las excavaciones. Los muros de las casas eran de piedra, y el tejado de losas pequeñas de caliza. En la vivienda había una habitación común y un establo. Los aperos de labranza y los carros se guardaban en un cobertizo de 230 m^2. Las dimensiones del aprisco, 300 m^2, indican la importancia que tenía en la granja la cría de la oveja. La lana era muy apreciada por los tejedores de Borgoña, y también se exportaba a Italia. El edificio destinado a granero era el más grande; ocupa 550 m^2 y tenía tres naves. Los carros cargados entraban por el portón a la nave central, donde se descargaban; el grano se almacenaba en las naves laterales. En medio del patio había un horno de pan. La granja de Mont-Saint-Jean aparece mencionada por primera vez en 1348, en los archivos del señorío. Su actividad se interrumpió a fines del siglo XIV. ¿Qué fue lo que ocurrió? Sin duda la explotación fue víctima de la crisis agraria del final de la Edad Media.

El fin del mundo rural tradicional y los nuevos paisajes contemporáneos

La arqueología es testigo de la destrucción reciente del paisaje rural tradicional. Varios aspectos de esas rápidas transformaciones son espectaculares. En las regiones de llanuras y de colinas, con la concentración parcelaria de estas últimas décadas, se ha hecho una nueva distribución de las tierras y se ha remodelado la ocupación del suelo; para agrandar las parcelas se han hecho desaparecer dos terceras partes de los setos, de las pantallas de árboles, y de los ribazos cultivados que podían verse en Francia a principios de siglo; con ello se ha modificado la ecología local, y en muchos casos se ha perturbado. Con motivo de esas nivelaciones de terrenos, los arqueólogos han hecho algunas observaciones en los ribazos seccionados: en Picardía han demostrado la conveniencia de retener las tierras por medio de líneas de plantaciones que siguen las curvas de nivel y que albergan una fauna pequeña que se alimenta de insectos nocivos para la agricultura. Esa costumbre del ribazo se remonta a la antigüedad y algunas veces a la protohistoria. Los ingenieros agrónomos han comprendido que la destrucción del paisaje tradicional había sido excesiva y algunos están volviendo a plantar setos y a acondicionar nuevos ribazos.

La concentración parcelaria va unida a una nueva tecnología agraria con sus máquinas, sus fertilizantes y sus especies mejoradas. En el aspecto social, va unida al desarrollo de las grandes propiedades en perjuicio de las tierras tradicionales de poca extensión. El campo se vacía, porque sus habitantes se marchan a la ciudad; ya no hay quien se ocupe de mantener en pie las viejas construcciones. La ciudad invade el campo con los tentáculos de su extrarradio, con sus autopistas y otras vías de comunicación rápida, con su forma de vida, sus modas, su televisión y su cultura.

El mundo rural tradicional alcanza su apogeo en la segunda mitad del siglo XIX. Se labran y cultivan los terrenos baldíos y los bosques, como lo indica el catastro que cubre entonces toda Francia. Ese plan, puesto en marcha por Napoleón I, duró cincuenta años. La superficie cubierta por el bosque quedó reducida a menos de un 15 % del territorio. Varias plantas nuevas, aparecidas en el siglo XVII, patatas, zanahorias, la colza y el maíz, alternan con los cereales. Pero el terreno cultivado empieza a escasear y deja de ser suficiente para una población campesina en pleno crecimiento demográfico, y sometida a las exigencias de unos cultivos especializados, casi industriales. La situación se hace insostenible para muchos, y favorece el éxodo rural, acelerado por hambres como la de 1846-1847, por excesos de producción, y luego por las movilizaciones generales durante los sucesivos conflictos mundiales. La industrialización de las ciudades atrae a la nueva mano de obra que ha quedado disponible.

Las consecuencias que el cultivo extensivo de los campos tienen sobre el paisaje son varias: la especialización y la organización de los cultivos ponen fin en el Languedoc al policultivo dominado por los cereales y dejan paso al viñedo. La Beauce se convierte en un interminable campo de cereales. Algunas zonas pantanosas, poco productivas, se desecan; se construyen nuevas presas en los ríos; algunos fondos de valle se convierten en lagos y lugares de descanso. Al mismo tiempo se repueblan espacios poco fértiles; antes de 1914, en las Landas, en Sologne y en la Champaña pobre, más de dos millones de hectáreas se habían plantado de pinos, de los que se obtiene madera, resina, papel. La misma superficie se ha repoblado desde 1947: los abetos cubren las colinas en la Lorena y vuelven a encontrar su sitio en unos bosques de los que habían sido eliminados. El resultado es que en el curso de dos siglos en Francia la superficie forestal se ha doblado, y ocupa ahora la cuarta parte del territorio. Una situación que nos lleva otra vez a inicio de la Edad Media, al inicio de la edad del bronce, al inicio del neolítico. Los bosques y el monte bajo actuales plantean nuevos problemas de mantenimiento, porque el hombre moderno ya no necesita la leña de los montes para calentarse o alimentar el horno, y esos montes descuidados arden en verano.

Las zonas de montaña, mantenidas con obstinación durante siglos por los campesinos y los vaqueros, están en muchos casos abandonadas, porque la economía rural de montaña es ante todo tradicional y poco rentable según las normas modernas. Los hombres habían creado un admirable equilibrio entre las zonas de trashumancia, desde el valle a los pastos de altura. La hierba y la madera, la selección del ganado, adaptado a la vida al aire libre y en el establo, los distintos tipos de casas escalonados en las laderas, son los factores de la vida tradicional de los montañeses. El éxodo de los habitantes, la progresiva desaparición de los rebaños y el abandono de los caseríos provocan el crecimiento anárquico de la vegetación «natural» y, sobre todo, erosiones catastróficas, porque las tierras de los prados no están ya retenidas por sistemas de terrazas, ni siquiera rudimentarias, como las sendas que abren los animales al pasar por los mismos sitios, y son arrastradas por los torrentes. Las instalaciones para la práctica de deportes de invierno permiten mantener en la montaña a una parte de la población, pero aceleran con frecuencia el desequilibrio ecológico. Las excavaciones arqueológicas hacen remontar al neolítico la tradición ganadera de los pastos de verano que desaparece ahora. En Suiza, se puede seguir la evolución de la casa de madera construida en «Blockbau» desde el IV milenio hasta nuestros días.

4. CORAZONES SUCESIVOS DE LAS CIUDADES, CORAZONES DE LA HISTORIA

París, Marsella, Lyon, Estrasburgo, Burdeos, Autun, Saint-Denis, Poitiers, casi todas las ciudades de Francia, y podemos decir que casi todas las ciudades de la vieja Europa, desde Upsala a Roma, y de Londres a Kiev, han acumulado capas y capas de ruinas rellenas de restos de vida cotidiana. Los trabajos para abrir los túneles de los metros o para construir aparcamientos subterráneos han metido al hombre del siglo XX en los mundos imbricados de la historia urbana. Se exhuman las cabezas enterradas de los reyes de Judá de la catedral de Nuestra Señora de París; debajo del Patio Cuadrado del Louvre aparecen los fosos de la torre del homenaje de Felipe Augusto; en Lyon, a unas decenas de metros bajo tierra, se atraviesan los barrios ricos de la ciudad galorromana, y se sigue la alineación de las piedras labradas que bordean los muelles del puerto de la Marsella antigua. La sucesión material de los muros, los suelos y las zanjas rellenadas en una altura de varios metros impresiona por ser la concentración en un mismo sitio, convertido en centro urbano, de la actividad de cincuenta a cien generaciones.

En Burdeos, los habitantes del barrio acuden a la pasarela construida sobre la plaza Camille-Jullian, en la que se están haciendo unas excavaciones dirigidas por Louis Maurin, para enterarse de los últimos descubrimientos: un tonel de un tamaño superior a lo normal que en la Edad Media formaba parte de una letrina; los restos de un juego de dados de hueso; los postes, bastante bien conservados en la capa freática, que sostenían las construcciones galorromanas del bajo Imperio. Estamos en el interior del *castrum* antiguo, rodeado de una muralla construida a fines del siglo III de nuestra era. El agua y la humedad de ese sector próximo al puerto han conservado en condiciones bastante buenas algunos modestos vestigios, piezas de cerámica casi siempre rotas, utensilios y adornos de hierro, de bronce o de hueso, fragmentos de madera de esa zona de extensión antigua todavía mal conocida. Cada uno de los niveles que van apareciendo, con sus calles y fachadas, restos de habitaciones, pozos y letrinas, representa una fase del pasado acumulado allí. Nos damos cuenta de que bajo nuestros pies se esconden varios metros de la vida de nuestros predecesores y quizás algunos de nuestros recuerdos. Justo debajo del macadán, puede verse el pavimento y algunos raíles del tranvía, luego el nivel de las casas que se derribaron en 1935 para hacer la plaza, a la que se llamó de Camille-Jullian en homenaje a ese arqueólogo, que fue profesor en Burdeos, y que en 1901 inauguró en el Colegio de Francia la enseñanza de las antigüedades nacionales. Antes de ese barrio popular que ahora se transformaba había habido allí otro barrio de burgueses formado alrededor de la iglesia de Saint-Siméon y de su cementerio. La evolución del centro medieval de Burdeos ha podido seguirse hasta una época temprana de los siglos VI-VII. Esos restos cubrían a su vez, sin discontinuidad aparente, los de la ciudad galorromana de Burdigala. Todos los datos y muestras obtenidos gracias a las excavaciones de 1990 se están estudiando y analizando ahora.

El balance de esas investigaciones se dará a conocer más tarde, cuando cada uno de los especialistas haya entregado sus conclusiones. La arqueología urbana, que se desarrolla en Francia desde hace veinte años, ha obtenido ya unos resultados muy interesantes de los que damos aquí algunos ejemplos. Lo primero que se observa es que las ciudades, que ahora encontramos tan parecidas, tienen orígenes muy diversos, y, por tanto, características específicas profundas que influyen por fuerza en el comportamiento de sus habitantes actuales, que se adaptan a un marco de vida urbano, reflejo de las diferentes vocaciones históricas de cada barrio.

EL «OPPIDUM», CIUDAD GALA

En la *Guerra de las Galias* Julio César emplea la palabra «oppidum» para referirse a ciudades fortificadas. Las superficies que cubren esas aglomeraciones son inmensas, entre 20 y 200 hectáreas. César llama a sus murallas *murus gallicus,* tomando como ejemplo las de *Avaricum* (Bourges). Esas murallas eran impresionantes, de unos cuatro metros de altura, y estaban formadas por masas de piedra reforzadas con tablones sujetos unos a otros por grandes clavijas de hierro forjado. Esa estructura tan complicada era más estética que eficaz. Conocemos unos sesenta *oppidum.* Restablecen la tradición de los lugares fortificados en una altura, conocidos desde el neolítico medio, centros de ceremonias y de ferias, refugios y pueblos de artesanos, asentamientos aristocráticos guerreros a principios de la edad del bronce, y dependientes de príncipes en la edad del hierro. En los dos últimos siglos antes de Cristo, el *oppidum,* por lo general más grande que los lugares fortificados que le precedieron, y no siempre limitado a una altura, sino construido sobre varias colinas y valles pequeños e incluso en la llanura, como el de Manching, en el sur de Alemania, representa una realidad bien específica.

Julio César distingue el *oppidum* de las otras dos formas de ocupación del suelo, el caserío aislado y el pueblo, que es una aglomeración de llanura abierta, sin sistema defensivo, que se desarrolla desde fines del siglo III antes de C., y que puede alcanzar una superficie considerable, como en el caso del de Lacoste, en la Gironde. En ese lugar se encuentran restos de trabajos en metal y piezas de cerámica mezclados con una importante cantidad de productos importados del Mediterráneo (ánforas y cerámica campaniforme) y con numerosas monedas.

El fenómeno del *oppidum* ¿podría tener su origen en pueblos importantes como ése? No parece que lo tenga porque, aunque sean contemporáneos, son muy diferentes por su tamaño y por el sistema defensivo del *oppidum.* ¿Se formaron los *oppida* por aculturación del fenómeno urbano mediterráneo, a causa de una presión cada vez más fuerte de Roma (125 antes de C., principio de la conquista de la Francia meridional) y de una amplia difusión hacia el norte de las ideas llegadas con las ánforas y los vasos itálicos? Tampoco parece que esos hechos hayan sido la causa de la aparición de los *oppida.* Examinemos algunos ejemplos conocidos por las recientes excavaciones, para comprender mejor su originalidad.

El *oppidum* de Condé-sur-Suippe, en Variscourt, ocupa las terrazas aluviales bajas del Aisne. Una muralla, ahora en gran parte derrumbada, cercaba un espacio de 200 hectáreas. Una gran labor de limpieza, realizada en 1987 por Patrice Pion, reveló la densidad de ocupación en 2,5 hectáreas, y la forma en que estaba organizada. Una calle bordeada de grandes hoyos rectangulares estaba orientada en dirección este-oeste, y había varias callejuelas perpendiculares o paralelas a ella. Pudo comprobarse la existencia de grandes casas rectangulares por los agujeros de los postes y las zanjas de los cimientos. Los restos de graneros, de hornos de pan y de pozos, así como el material encontrado en los vertederos hacen pensar en una población campesina. Algunos fragmentos de ánforas itálicas son testimonio de relaciones con el sur; las monedas galas confirman que esas grandes aglomeraciones eran fuertes y tenían un organización económica y política. Todo ello es anterior a la conquista de César, es decir, a la primera mitad del siglo I antes de Cristo.

El *oppidum* de Villeneuve-Saint-Germain, cerca de Soissons, estaba dentro de un meandro del Aisne, cerrado por una muralla. Ocupa 70 hectáreas. Los trabajos realizados allí por Jean Debord entre 1973 y 1984 permiten ver la forma en que estaban dispuestas las construcciones en unas 10 hectáreas. El espacio está dividido en varios sectores, siguiendo un plan ordenado, a partir de la muralla y de cuatro zanjas cuyos ejes se unen formando una cruz en el centro. Antes de llegar al punto donde debían cruzarse, las zanjas se cortan. A cada lado de ellas, se ve una doble hilera de hoyos de postes que sin duda sostenían una techumbre. En el sector sudeste, cercas y empalizadas, colocadas unas junto a otras, limitaban el espacio en el que había una vivienda y varias dependencias, graneros, silos, bodegas y pozos. Los talleres de los artesanos estaban cerca de las zanjas, en la parte del centro. Varios moldes de tejos y algunas monedas defectuosas han permitido identificar el sitio donde se acuñaban. En el taller del broncista aparecieron varios moldes y unos alicates de hierro, y en lo que debía de ser la herrería, una fíbula todavía no terminada. Una gran cantidad de cuentas de vidrio, encontradas en el mismo sitio, y mezcladas con otras mal hechas, hace pensar que se fabricaban allí, y los huesos de rabos y patas de perro y de distintos animales salvajes se supone que son los restos de unas tenerías. La concentración de rodajas de plomo en el sitio donde se interrumpen las zanjas es más difícil de interpretar. Unos edificios grandes y próximos a la muralla parecen haber estado dedicados a usos agrícolas, porque todos los objetos que aparecieron, cuchillos, dos rejas de arado y recipientes grandes, como los dolios romanos, están relacionados con la labranza. El *oppidum* de Villeneuve-Saint-Germain representa una concentración importante de población sedentaria, dedicada a distintos oficios, como parece indicar su división en varios sectores. No se ha encontrado ningún edificio público ni religioso en la zona excavada por los arqueólogos, pero la existencia de una ceca y de una balanza para pesar las monedas supone la presencia de una autoridad política. A juzgar por los restos encontrados, la ocupación de ese *oppidum* duró poco tiempo, del año 50 al 15 antes de C., hasta poco después de la conquista romana y la derrota de los *suessiones.* Ese pueblo vivía entonces en otro *oppidum* próximo y más defensivo, el de Pommiers, que sin duda se vieron obligados a abandonar para instalarse en el *oppidum* de llanura de Villeneuve-Saint-Germain, más accesible y fácil de dominar, antes del traslado de la población a la ciudad nueva edificada por los romanos, *Augusta Suessionum,* la futura Soissons.

Entre los grandes *oppida,* el de Bibracte, en el Mont-Beuvray, ocupa un lugar especial. Julio César lo menciona, porque tuvo que ver con la guerra de las Galias: en el año 58 antes de C., en sus cercanías los helvecios sufrieron una derrota; en el 52, Vercingetórix fue elegido allí jefe de las Galias, y durante el invierno del 52-51, César estuvo viviendo en él después de la batalla de Alesia. Joseph Bulliot y Joseph Déchelette empezaron a excavarlo a fines del siglo pasado y principios de éste. De todos los de Francia, es el que permite comprender mejor el fenómeno urbano de los *oppida.* Las excavaciones se reanudaron en 1984, y están coordinadas por Jean-Paul Guillaumet y un consejo presidido por Christian Goudineau. Los descubrimientos han confirmado el carácter excepcional de ese *oppidum,* situado en el extremo sur del Morvan, entre Autun y Château-Chinon. Con una superficie de 135 hectáreas, estaba rodeado por una muralla de 5,25 km, y dominaba desde sus 820 m de altura el antiguo territorio de los eduos.

Las investigaciones nuevas han tenido por objeto la fortificación y una de las puertas, llamada «la porte du Rebout». Se sabía que la muralla era un *murus gallicus,* es decir, una muralla de piedra con armazón transversal de maderos. La sorpresa ha sido que, además de la muralla, han podido distinguirse siete niveles de ocupación en los que hay cinco murallas; la datación de esas capas estratigráficas indica que el lugar fortificado de Bibracte existía desde mediados del siglo II antes de nuestra era, casi un siglo antes de la época de la guerra de las Galias, y mucho antes de lo que se pensaba. Se ha comprobado también que los talleres, en este caso uno dedicado al trabajo del cobre, estaban delante de la muralla, fuera del *oppidum.*

La segunda sorpresa ha sido el descubrimiento de la pila

de una fuente monumental por un equipo de arqueólogos españoles dirigido por Martín Almagro Gorbea. La pila es de piedra labrada, y está hecha según una técnica desconocida hasta entonces en Mont-Beuvray, pero parecida a las técnicas griegas que se empleaban en la Narbonense. Estaba en una plaza grande, empedrada, cerca del barrio residencial del Parc aux Chevaux, con sus casas romanas agrupadas en manzanas de 50 metros de lado, sus calles y aceras... En una zona próxima hay un barrio distinto, de artesanos, llamado de la Côme-Chaudron, que no tiene más que construcciones de estilo indígena, y el objetivo de las excavaciones era establecer la relación que existía entre uno y otro barrio. Las conclusiones no son aún definitivas, pero el pilón de la fuente nos ayuda ya por sí solo a comprender mejor las relaciones entre los indígenas de Bibracte y el mundo romano. La estructura del pilón está formada por dos arcos de círculo laterales. Las medidas interiores son de 10,48 m y de 3,65 m. La altura de las hiladas de piedra es de un metro. La pila está unida a un sistema de canalización. Esa fuente monumental es una construcción urbana del último cuarto del siglo I antes de C., un momento crucial en la formación de la civilización galorromana. Su emplazamiento en una plaza pública, cerca del centro del *oppidum*, le confiere un papel sin duda primordial. Se sabe que los galos rendían culto a los manantiales, y antes de que Roma introdujera la arquitectura en piedra, eran numerosas las construcciones de madera consagradas a ese fin. El pilón de Bibracte debe de ser uno de los primeros monumentos construidos en piedra, un testimonio del encuentro de una religión indígena y una arquitectura romana que se desarrolla dentro de ese contexto.

Las excavaciones realizadas en la Terrasse, a menos de trescientos metros de los lugares de culto de los tiempos históricos, han puesto al descubierto un espacio cuadrangular, protegido por tres zanjas y una empalizada, y por un talud natural, pero sin duda modificado para levantar una cuarta muralla que bordea el camino que lleva a la Terrasse. Es seguro que esos vestigios corresponden al *Viereckschanze*, recinto fortificado de carácter político y religioso, típico de los celtas de Europa central y de las Galias. Parece que el interior del recinto se limpió con todo cuidado, porque los restos arqueológicos son escasos dentro de él y abunda, en cambio, en la parte exterior.

Respecto al trabajo de los artesanos, se ha comprobado que se hacían labores de esmalte y, gracias a Alain Duval y a

Michel Pernot, que se trabajaba también el bronce. La fabricación de las fíbulas de bronce ha podido seguirse en todas sus etapas. Se han obtenido algunos ejemplares en arqueología experimental.

En opinión de Jean-Paul Guillaumet, los notables de Bibracte eran nobles eduos, con gran poder político, dueños de extensas propiedades y de minas, y encargados de los peajes. Al menos desde los tiempos de la guerra de las Galias, vivían en el barrio residencial, en grandes casas construidas al estilo romano, con atrio, peristilo, jardines y baños, lo cual significa que la romanización de la forma de vida había empezado en Bibracte antes de la derrota de los galos en Alesia. La romanización y la prosperidad del *oppidum* parecen ser dos pruebas del acierto de la aristocracia gala al dedicarse a los negocios más que a la guerra. La etapa siguiente será la fundación de las ciudades galorromanas de tipo clásico.

Junto a esos lugares característicos, encontramos aglomeraciones menos típicas en las que se advierte cierta tendencia a la urbanización. Un magnífico trabajo es el que se ha hecho de 1978 a 1989 en el centro de Martigues (Bocas del Ródano). La superficie excavada es de una hectárea. Han aparecido ruinas de casas en dos niveles distintos. En el primero, que es el más antiguo, se ven las ruinas de un pueblo fundado a principios del siglo V antes de C. y frecuentado durante tres siglos. Se compone de una serie de manzanas de viviendas, sencillas o dobles, separadas por unos caminos de paso estrechos. La segunda aglomeración, mucho más grande que la primera, es del siglo II antes de C., y está compuesta de una serie de manzanas dobles construidas a ambos lados de unas calles largas orientadas de este a oeste. Los restos se han conservado bien en ese medio húmedo. La necesidad de abandonar las casas a causa de los incendios, bastante frecuentes, o de otros desastres repentinos, ha hecho que quedaran en su sitio los utensilios y objetos de la vida diaria fosilizados. Así pueden estudiarse ahora los materiales y las técnicas de construcción en las paredes de adobe desmoronadas, las maderas y la tierra que se empleaba para hacer las casas. Se han encontrado en ellas vasijas, dolios y ánforas para guardar productos, cuencos, tazas y cántaros de cerámica indígena o importados de Marsella. Algunos objetos pequeños están relacionados con el arte de tejer y la fabricación de vasijas de barro. El adobe se empleaba mucho para las paredes de los silos y para toda una serie de instalaciones, una de ellas un horno de 1,50 m de altura, formado por varias piezas, y dedicado probablemente al uso doméstico.

La organización de ese lugar revela un dinamismo de cierta amplitud, más próximo sin duda al del *oppidum* que al de las ciudades griegas. La buena conservación de los restos nos proporciona la prueba de la innegable originalidad de esa aglomeración, con sus materiales característicos, sus manzanas de casas parecidas unas a otras, sin el menor indicio de palacio o templo, y con su actividad económica.

El origen mediterráneo de la ciudad clásica

Ni las concentraciones de población ni la construcción de las murallas que rodean los campamentos neolíticos bastan para definir la ciudad en el sentido clásico. Los centros artesanales que se desarrollan en épocas protohistóricas no constituyen tampoco núcleos urbanos. Ya hemos visto que el concepto de *oppidum* es algo especial, y no puede ser el modelo único y directo de nuestras ciudades modernas. Éstas pueden haber nacido de la ciudad grecorromana, tal como la concebían ya 600 años antes de C. los focenses que se instalaron en Massalia o Marsella. Los marselleses, a su vez, fundaron luego varias colonias urbanas.

La leyenda de la fundación griega de Marsella se confirmó en 1913 con los descubrimientos hechos en la zona del palacio de la Bolsa, cerca del Puerto Viejo y del puerto antiguo. Los trabajos iniciados en 1967 para urbanizar esa zona de dos hectáreas dieron ocasión, al principio inesperadamente y luego de forma premeditada, para explorar el pasado de la ciudad focense. En el extremo del puerto antiguo, limitado por un muelle construido con grandes bloques de piedra cortados a escuadra, apareció la fachada fortificada de la ciudad, con una puerta flanqueada por dos torres cuadradas. Algunas partes se remontan al siglo IV antes de C. Delante del muro, los arqueólogos han descubierto una explanada en la que se celebraban las ceremonias funerarias: después de quemar los cadáveres, sus cenizas se guardaban en urnas o vasos de plomo o de bronce. Un pozo de piedra labrada estuvo en uso desde el siglo V antes de C.; un sistema de alcantarillas llevaba las aguas residuales al puerto. Cerca del muelle se han descubierto los cimientos de un depósito con pilares interiores dispuestos alrededor de un pilón de piedra cuadrado que recogía el agua dulce para el aprovisionamiento de los barcos. Varias tinajas estaban almacenadas en ese gran depósito de los siglos I y II de nuestra era. El primer puerto de Marsella fue el que tuvo la ciudad hasta el siglo IV de nuestra era, época en que se amplió. En la parte sur se han encontrado los restos de un barco de esa época.

En Marsella están presentes varias de las características esenciales de la ciudad en el sentido clásico: construcciones permanentes de piedra labrada, instalaciones de la vida colectiva, puerto, muralla, alcantarillado y centro económico desarrollado.

Los focenses no fueron los únicos que se instalaron en Provenza y en el Languedoc. Los etruscos estaban desde el siglo VII en Sainte-Blaise, y un siglo más tarde en Lattes, cerca de Montpellier. El poder económico y político de Marsella explica sin duda la fundación de colonias marsellesas como Agde y Antibes a principios del siglo VI, y Arles, Espeyran, Béziers y Pech Maho en la segunda mitad de ese siglo.

La ciudad fortificada de Olbia «la Afortunada», en el departamento de Var, se fundó en el año 330 antes de C. Su urbanismo geométrico de colonia griega de Marsella, ceñido por una muralla cuadrada de 165 m de lado, va apareciendo a medida que avanzan los trabajos de Jacques Coupry y de su equipo. Dos calles grandes se cruzan a la altura de una plaza central enlosada y provista de un pozo colectivo. Los cuatro barrios así delimitados tienen cada uno diez manzanas de casas iguales, separadas por callejuelas. Las casas destinadas a vivienda tienen un zócalo de piedra, paredes de adobe, y tejado a dos aguas. Desde el siglo II antes de C. la ciudad podía acoger a un batallón de doscientos colonos militares con sus familias. Es probable que estuviera bajo la protección de Artemisa, diosa a la que estaba dedicado el templo construido al final de una de las calles anchas, cerca de la muralla. La divinidad protectora o tutelar es también una característica de la ciudad clásica.

Glanum, «oppidum latinum», nos ofrece un ejemplo en el que se mezclan la tradición indígena y la tradición mediterránea. Los restos más antiguos encontrados en Glanum, cerca de Saint-Rémy-de-Provence, datan de principios del siglo I antes de C., pero son pocos y dispersos. La ocupación se hace más densa a partir de los siglos VII-VI antes de C. Más tarde, cerca de la fuente se levanta un santuario dedicado a la diosa madre y a Glan, divinidad local del pueblo de los salienos que mantiene relaciones con Marsella. Eso explica el carácter galo-griego del primer centro monumental de la ciudad, que alcanza su apogeo a fines del siglo II antes de C., con un *bouleuterion*, o sala de juntas del ayuntamiento, un *pritaneo*, o casa de los «senadores», un pozo con *dromos*, o corredor de entrada, y un templo de estilo toscano. Llamadas por Marsella, las legiones romanas lo destruyeron en 125-124 antes de C. En el lugar que ocupaba el centro monumental se construyó un barrio de viviendas. Hacia el año 45 antes de C., Glanum adquiere el estatuto de «oppidum latinum», por el cual sus naturales obtienen el derecho latino, y los más afortunados de ellos el derecho romano, que les asegura la ciudadanía completa cuando ocupan un cargo en la magistratura del municipio. Ese régimen jurídico acelera el proceso de romanización del *oppidum*, y se edifica un nuevo centro monumental galorromano. Un primer foro sustituye a la antigua ágora, que había desaparecido ya bajo las casas. La nueva plaza pública refleja la ambición del proyecto romano: está cubierta de losas de piedra y rodeada de pórticos, una basílica y un santuario dedicado al culto imperial. El antiguo culto a la fuente no desaparece, y en sus proximidades se levantan nuevos templos. Por lo tanto, el santuario indígena parece haber sobrevivido al cambio político. A fines del reinado de Augusto se agranda el foro, lo que permitió construir una gran basílica rodeada de un *deambulatorium* donde, a cubierto del sol y de la lluvia, podían tratarse los asuntos públicos y privados de los naturales de Glanum. Entonces se añadieron también otros edificios administrativos, la *curia*, donde se reunían los decuriones, el tribunal, el archivo, la cárcel... Glanum nos ofrece un buen ejemplo de la progresiva asimilación por Roma de las instituciones y las formas de vida locales. Parece que la prosperidad de Glanum duró hasta el 270 de nuestra era, fecha de su destrucción y abandono casi completo. Desde 1989 las ruinas de Glanum pueden visitarse. En el local de la recepción hay una serie de maquetas que ayudan a comprender mejor la evolución característica de la ciudad antigua en Provenza.

La ciudad galorromana

Narbona pasa por ser la colonia más antigua de Roma, fuera del territorio de Italia. Fundada en el año 118 antes de C., la ciudad romana de Narbo ocupaba un lugar estratégico de primer orden, en la confluencia del mundo aquitano, ibérico y mediterráneo. Capital de región, *Naro* (forma prerromana de *Narbo*) parece haber sido una ciudad próspera desde el siglo VI antes de C. Ocupaba el promontorio fortificado de Montlaurès que domina el valle. La nueva colonia se instaló a cuatro kilómetros del *oppidum*, sobre una colina al borde del río, cerca del desembarcadero y del centro comercial indígena. La colonia de Roma, confirmada por César en el año 45 antes de C., se extendió de forma espectacular durante el alto Imperio, época de la construcción del centro monumental, del que sólo se conservan algunos vestigios. En el siglo I, la ciudad ocupaba un centenar de hectáreas. Los descubrimientos fortuitos hechos desde el siglo XVI permiten situar el Capitolio, templo del siglo II, en el eje de un foro a lo largo del cual se encontraba un gran depósito subterráneo y, un poco más al este, el anfiteatro. Por las excavaciones del Clos de la Lombarde, que se iniciaron en 1974, conocemos las mansiones ricas de los dos primeros siglos. La Casa de los pórticos se edificó según un plan típico de Campania, con dos cuerpos de edificio, uno alrededor del peristilo y otro alrededor del atrio. Las pinturas murales del siglo II se han salvado: un impresionante panel de 3,20 m de alto por 3,70 m de ancho enlaza con la moda de las grandes composiciones arquitecturales del siglo anterior. En el centro, un genio que sostiene la pátera y el cuerno de la abundancia, aparece acompañado por una Victoria alada. A la derecha se ve a un guerrero; un busto de Apolo se encuentra en la parte superior de una magnífica arquitectura simulada. Ese descubrimiento demuestra la existencia en Narbona de prestigiosos personajes que pregonan su romanidad urbana. Sobre las ruinas de la casa abandonada en el siglo III se levantó una iglesia paleocristiana. Por su planta, y por la presencia de una cripta bajo el presbiterio, ese santuario puede compararse con las iglesias de Siria de los siglos IV y V. La colonia romana de Narbona adquirió así las características urbanas.

Lyon, capital de las Galias, representa bien lo que es la ciudad galorromana. Las investigaciones arqueológicas realizadas de 1979 a 1987 por Bernard Mandy y Eric Delaval, con motivo de los trabajos programados para poner a salvo el yacimiento «du Verbe Incarné», en la meseta que domina la orilla derecha del Saône, muestran lo que fue la ciudad romana. La zona excavada, de unas cuatro hectáreas, ocupa el centro de lo que fue la capital de las Galias, cerca del teatro y del Odeón, y a menos de mil metros de lo que se conoce como el *forum*. Dos zanjas que se han encontrado se relacionan con una ocupación gala preurbana. Los primeros vestigios de una ciudad corresponden a los edificios construidos entre 43 y 15 antes de C., desde la fundación de la colonia romana. Entre el año 15 antes de C. y el 15 de nuestra era, el urbanismo se hace más coherente, al convertirse Lugdunum en capital de las Galias. Varias manzanas de casas, de 35 por 70 metros, están separadas por calles de cuatro metros de anchura y bordeadas de pórticos. Las manzanas, divididas en parcelas de 300 a 500 m^2, tienen casas con cimientos de piedra y paredes de adobe. Las plantas bajas están ocupadas por tiendas de comerciantes o de artesanos, mientras que las habitaciones quedan relegadas a la parte de atrás. Entre el año 15 y el 50 de nuestra era se impone un urbanismo ambicioso con la construcción de un templo rodeado de un pórtico en tres de sus lados. Con los miles de fragmentos recogidos ha podido hacerse una maqueta de ese monumento, que medía 120 por 90 metros. Se supone que era un templo dedicado al culto imperial. Hacia mediados del siglo I se dotó a la ciudad de un sistema de colectores y de una red de abastecimiento de agua; se empedraron numerosas calles, y dos de ellas se ensancharon y adornaron con pórticos en las proximidades del templo. Hasta el año 300 la zona se va modificando con las reconstrucciones, motivadas principalmente por los incendios, que se hacen cada vez más frecuentes al aumentar el empleo de la madera. Esas ocasiones se aprovechan para poner hipocaustos, habitaciones que se caldeaban por debajo del suelo, y para cambiar la decoración de pisos y paredes. En los primeros años del siglo IV esa zona decae, y poco después queda abandonada.

La descripción de ese sector de Lugdunum nos permite ver, entre otros, un aspecto —quizás el más importante— de la ciudad: la estrecha unión en las construcciones oficiales de lo político y lo religioso, magnificada por el templo del culto imperial.

Arles, ciudad residencial, es también una ciudad oficial. Está situada en la orilla izquierda del Ródano, sobre un cerro rodeado de terrenos pantanosos. Es el primer sitio de tierra firme donde pueden atracar los barcos que remontan el río, y su puente sobre el Ródano es también el primero que se encuentra viniendo del Mediterráneo. El lugar estuvo ocupado desde el siglo VI antes de C., pero fue en el año 46 antes de nuestra era cuando Julio César fundó una «colonia romana» en Arles, y la dotó de un vasto territorio arrebatado a los marselleses. En aquel tiempo estaba rodeada por una muralla. En el siglo II de nuestra era el espacio fortificado no es ya suficiente, y la ciudad se extiende fuera de él por el sur y por el oeste mientras que en la orilla derecha del río se construyen muelles y grandes mansiones en la zona de Trinquetaille. El prestigio de Arles alcanza su punto más alto al convertirse en residencia imperial en los siglos IV y V. Ese pasado glorioso todavía está presente en la ciudad actual, ya que son cada vez más los monumentos antiguos que van saliendo a la luz: el teatro y el anfiteatro, en los que se apoyan las murallas de la alta Edad Media, una parte del foro, los restos de grandes termas y de grandes cisternas. Desde 1975, mientras se hacían algunos trabajos urbanos, han podido salvarse varios conjuntos antiguos importantes: el parking subterráneo del Jardin d'Hiver está construido sobre pilares para que el público pueda ver en un nivel inferior, sin tener que moverlos del lugar donde se encontraban, los mosaicos que cubrían el suelo de una casa del siglo I, y varias tumbas y sarcófagos. En el sitio llamado la Esplanade, otras excavaciones urgentes hicieron aparecer un mosaico que representa a Leda y el cisne. Desde 1978, Jean-Marie Rouquette está desenterrando los restos del circo romano, con sus gradas y el doble muro de la *spina* central. El museo de arqueología se ha instalado en ese enorme edificio. Cerca del circo, unos trabajos de explanación hicieron aparecer en 1972 un monumento de planta redonda, de 42,5 por 38 metros, que puede ser un mausoleo del siglo IV. Varios fragmentos ricamente esculpidos pertenecen a otro edificio cercano no identificado. De la misma época son tres sarcófagos historiados de mármol blanco, descubiertos en 1974 en Trinquetaille, al abrir una zanja a lo largo de la carretera de las Saintes-Maries. La inscripción de uno de ellos nos dice que la difunta, *Maria Romania Celsa*, de treinta y ocho años, dos meses y once días de edad, era esposa «clarísima» de *Flavius Januarinus*, antiguo cónsul. Era cristiana, como lo indican las escenas esculpidas en torno a la figura orante, que representan los milagros de Cristo.

La ciudad romana de Amiens, capital de región, se desarrolló a favor de la estrategia militar. *Samarobriva*, ciudad romana, fue fundada en los últimos años antes de nuestra era al borde del río Somme. A mediados del siglo I después de Cristo no era todavía más que una aldea de 30 a 40 hectáreas. Parece que la campaña militar contra Gran Bretaña llevó consigo una gran actividad económica, origen del desarrollo espectacular de la ciudad. En unas decenas de años, su extensión se triplicó, y aparecieron algunos arrabales en el fondo del valle y junto al camino de Boulogne-sur-Mer. En la propia ciudad, un conjunto monumental, que se extendía a lo largo de 400 metros, era el eje de la vida pública: un gran foro, con su templo dedicado al culto imperial y su basílica con los tribunales, se prolongaba al este con un mercado grande y al oeste con un anfiteatro en el que cabían de doce a quince mil espectadores. Al lado había unos baños públicos. El resto de la ciudad estaba dividido por calles anchas, con casas y tiendas a cada lado de ellas. Las excavaciones de Jean-Claude Massy y Didier Bayard han mostrado que las construcciones particulares se hacían de piedra en la parte baja, y el resto era de entramado. A fines del siglo II la ciudad contaba al menos 15 000 habitantes. Las colinas cercanas estaban cubiertas de cementerios.

Hemos visto que, gracias a las prospecciones aéreas, sabemos que los alrededores de Amiens estaban muy poblados. El equilibrio que se estableció entonces entre el núcleo urbano y el mundo rural es realmente notable. Un magnífico ejemplo de descentralización de los poderes económicos, sociales y religiosos.

Lutetia, la antigua París, continuó siendo durante mucho tiempo una ciudad indígena antes de convertirse en capital. ¿Qué es lo que sabemos del origen de la ciudad de París? El nombre de París viene del latín *Parisius*, que designa al habitante de la región de Lutetia. Los *parisii* eran uno de los pueblos de la Galia céltica. *Lutetia, Lutèce* en francés, aparece mencionada por primera vez por Julio César en sus *Comentarios de la guerra de las Galias*, donde en cinco pasajes sucesivos hace alusión a la capital de los *parisii*. Más tarde, dos autores griegos, Estrabón y Ptolomeo, dan una forma diferente: *Loukotokia* el uno y *Leukotekia* el otro. Estas dos últimas denominaciones parecen corresponder a la forma más antigua del siglo III antes de C. que, al contraerse y suavizarse, daría *Lutetia*. El significado de esa palabra se nos escapa también.

La presencia de los *parisii* está demostrada desde el siglo II antes de C. gracias a las admirables monedas galas, en especial los cuartos de estáter de oro, con motivos célticos estilizados. En cuanto a la situación de Lutecia, Estrabón dice que ocupa una isla (la de la Cité) y una colina (la de Santa Genoveva).

Parece que fue el primer gran conflicto internacional, la guerra de las Galias, lo que puso de manifiesto la importancia estratégica de Lutecia. Julio César no se equivocó al hacer su breve campaña, minuciosamente preparada, del 53-52 antes de C.

Quien tenía a Lutecia vigilaba a un mismo tiempo las costas del Océano y las orillas del Rhin, las llanuras de Anjou y los bosques del Morvan. Al ocupar la cuenca parisiense, se rompía o dificultaba toda confederación de las ciudades de Bélgica, de Normandía y de la región central del Loira. Por eso, antes de partir para Gergovia, César envió contra Lutecia al más antiguo y más capaz de sus lugartenientes.[1]

Los restos arqueológicos de la época gala son escasos, algunos fondos de cabaña circular de cinco metros de diámetro en la isla de la Cité, y otros en el sitio donde está el Grand Louvre. Los restos de la época romana son urbanos y monumentales. En 1961 Paul-Marie Duval hizo ya un resumen de lo que sabemos sobre la antigua París por los numerosos vestigios galorromanos que se han descubierto al hacer obras en la ciudad. Desde hace treinta años se han hecho nuevos descubrimientos, especialmente en las termas de Cluny, en un aparcamiento subterráneo de la calle de Lutèce, en la isla de la Cité y también en los cimientos de algunos inmuebles de la calle de Abbé-de-l'Epée, en la calle de Ulm, en los jardines del Luxemburgo. Los documentos e informaciones recogidos en los últimos años no han hecho cambiar la idea fundamental expuesta por Jean-Marie Duval. Lutecia se transforma en los dos primeros siglos de la paz romana y se convierte en una hermosa ciudad abierta, construida en la orilla izquierda del Sena, en el lugar que ocupa el barrio «latino», de acuerdo con los principios mediterráneos. Cerca del foro, situado entre el actual Panteón y los jardines del Luxemburgo, estaban las termas del foro, un poco más allá las termas del este, un teatro pequeño y la impresionante masa de las termas del norte (termas de Cluny). Se llevan fuera de la ciudad el anfiteatro (calle Monge) y quizás un circo. Las necrópolis estaban también fuera, junto a los principales caminos.

Aunque Lutecia presentara entonces el aspecto de una gran ciudad, no tenía un régimen jurídico colonial ni había adoptado un nombre como *Caesaromagus* (Beauvais) o *Augustobona* (Troyes), que incluían el del emperador. Lutecia continuó siendo un centro indígena con su iconografía religiosa, en la que se reconoce la importancia de la *Sequana*, el río Sena. Lutecia cambiará pronto su nombre por el nombre que en lengua gala designa al pueblo de los *parisii* del que es

1. Camille Jullian, *Vercingétorix*, 1901, pp. 219-220.

la capital. En aquella época, poco después del 250 de nuestra era, París es una ciudad fortificada que ha reducido sus límites ante las amenazas de los bárbaros. En la isla de la Cité se han encontrado las piedras que volvieron a usarse para construir a toda prisa la muralla que la rodeaba totalmente. El París del bajo Imperio ya no es una ciudad pagana, sino cristiana.

Sólo en el siglo VII París se convierte en capital del reino de los francos; Clodoveo manda que le entierren no lejos de la actual iglesia de Santa Genoveva, cuando la ciudad recobra el esplendor que había conocido en la época imperial del siglo II, y de la que había conservado los grandes ejes del cardo y el decumanus, es decir, el trazado principal de sus calles actuales.

La ciudad cristiana

San Martín fue el origen del desarrollo urbano de Tours, un caso particular e interesante de una ciudad cuya expansión decisiva se sitúa entre el siglo IV y el XI, período que suele considerarse como el menos favorable para la vida urbana. Desde 1973 se han hecho allí excavaciones arqueológicas continuas cuyos resultados resume Henri Galinier. Una primera ciudad, abierta, se desarrolla a partir de la época de Augusto, durante los dos primeros siglos de nuestra era: *Caesarodunum.* Luego pierde importancia y deja pocos recuerdos. A principios de siglo IV se instala un campamento romano o *castrum* en la parte oriental, y a su alrededor se forma un *suburbium*. En su franja oeste había sido enterrado san Martín en el año 397. Sobre su tumba se edificó luego un monasterio, que fue un importante centro de peregrinaciones desde el siglo VI. Así se formaron en la época carolingia dos centros de población distintos: al este la *civitas*, o ciudad de Tours, y al oeste la abadía de Saint-Martin, verdadera ciudad santa que en el siglo X quedó rodeada por una muralla y tomó el nombre de Châteauneuf-Saint-Martin. El espacio que separaba las dos poblaciones, de algo más de 500 metros, estaba ocupado por campos de cultivo. La unificación no llegó hasta 1356, fecha en que se construyó una muralla que rodeaba los dos núcleos. La ciudad se desarrolló espectacularmente durante la guerra de los Cien Años al convertirse por algún tiempo en capital del reino. A principios del siglo XVI empezó a levantarse una nueva muralla mucho más grande, pero la decadencia económica de la ciudad retrasó su construcción hasta el siglo XVII. Esas murallas han constituido los límites de Tours hasta mediados del siglo XIX.

Fécamp nació también de la unión de un monasterio y un palacio. Así como hay buenos testimonios de la presencia gala en el *oppidum* de Canada, que tiene veinte hectáreas y domina la región baja limitada por el canal de la Mancha, el poblado galorromano, localizado en las laderas meridionales del valle de Fécamp, parece un lugar modesto que dependía esencialmente del mar. Se han encontrado también dos cementerios, y en uno de ellos una sepultura de mujer de tipo «lète», que data de fines del siglo IV o de principios del V. Sabemos por los textos que hacia el año 658 el conde Waning, relacionado con el palacio de Neustria, fundó en Fécamp un monasterio de monjas en uno de sus dominios. Los restos de cinco edificios de piedra y madera, descubiertos en 1973 en esa zona, parece que podrían ser los de ese monasterio destruido por las incursiones escandinavas en el último cuarto del siglo IX, cosa que confirman las excavaciones. En el año 911, la comarca pasó a poder de los duques de ascendencia nórdica que, desde fines del siglo X hicieron de Fécamp una de las principales ciudades del ducado de Normandía. El palacio y el monasterio reconstruido se desarrollaron conjuntamente. A principios de este siglo se descubrió una parte de la colegiata, edificada por orden de Ricardo I, y dedicada en el año 990 a la Santísima Trinidad. Ricardo II fundó una nueva abadía a principios del siglo XI. El conjunto del palacio y del centro religioso estaba rodeado por una muralla de la que se han excavado cuarenta y cinco metros. La ciudad se extendía fuera de los muros. En el siglo XII el recinto se reforzó con torres cuadradas, y a fines de ese mismo siglo, los duques construyeron una gran torre del homenaje, que tenía 46 metros de largo y 24 de ancho, y estaba adosada a la muralla, que se completó con nuevas fortificaciones. Las excavaciones han dejado al descubierto la planta de ese conjunto de castillo e iglesia. Fue destruido en el siglo XVI, pero la base de los muros se ha conservado bien.

Otra fortificación más pequeña se levantó a fines del siglo XVI alrededor de la capilla de Notre-Dame-du-Salut, en una altura de la vertiente norte del valle, frente al mar. La lenta reconstrucción de las fases que tuvo el desarrollo de la ciudad de Fécamp, que debemos a Annie Renoux, nos ofrece un buen ejemplo de la acción conjunta de los poderes religiosos y civiles en el nacimiento de un determinado tipo de ciudad.

La Charité-sur-Loire (Nièvre) es una creación religiosa del siglo XI. Nacida al amparo de un monasterio cluniacense fundado entre 1056 y 1059, que fue uno de los principales centros religiosos, políticos y económicos del Occidente medieval, su expansión quedó detenida desde el siglo XVIII hasta hace poco tiempo. Ahora es una ciudad turística, y todas las obras que se hacen en ella tienen por objeto destacar en la mayor medida posible los restos que guarda de su pasado. En 1975, por ejemplo, el proyecto para construir un centro social detrás del presbiterio de la iglesia, sirvió de ocasión para hacer unas excavaciones que han puesto al descubierto las ruinas del monasterio primitivo. La primera ocupación del lugar se remonta a la edad del hierro; más tarde, entre los siglos II y IV, se señalan los restos de un poblado rural galorromano. De momento, esas ocupaciones parecen ser episódicas y sin relación entre sí. Sólo los restos de una iglesia de época carolingia que se encontraron al hacer las excavaciones podrían indicar que la ciudad había vivido una etapa de su desarrollo anterior a la llegada de los monjes. El programa de Cluny era muy ambicioso, pues comprendía la construcción de la iglesia grande, de la capilla, el claustro, edificios para vivienda de los monjes y otros usos, terrazas y un cementerio. La iglesia prioral de Notre-Dame repetía el plan y la disposición de Cluny. Durante el siglo XI se formó un núcleo urbano al amparo del priorato. En el siglo XII, el programa de construcciones cuadruplica la superficie del recinto monástico. La prioral se desarrolla de acuerdo con un plano nuevo, y se protege con una muralla la ciudad laica. La actividad en el puerto del río Loira era constante. Se agrandaron los cementerios. El auge de la ciudad, que acogía a numerosos peregrinos, continuó hasta el siglo XV. De esa época se conocen el mercado y los puestos que había en él, los sótanos, la bodega de los monjes, el lagar, el molino y varias viviendas. Con las dificultades de la casa madre, Cluny, y el incendio que en 1559 destruyó la parte oeste de la iglesia, el centro monástico de La Charité-sur-Loire fue perdiendo fuerza, sin que las modificaciones y obras de los siglos XVIII y XIX transformaran radicalmente el lugar que ocupaba. Gracias a eso, el emplazamiento medieval se conserva en gran parte intacto. A falta de archivos antiguos, sólo la arqueología puede descubrir otra vez el esplendor que tuvo en otro tiempo, base esencial del desarrollo de la vida moderna.

Aviñón, ciudad antigua, vio cómo su destino se transformaba en la Edad Media por obra de los papas. La ciudad ocupa un promontorio rocoso que domina el Ródano, no lejos de su confluencia con el Durance. Es un lugar de paso, que atraviesa el río gracias al famoso puente, que data al menos del Bajo Imperio: se apoya en la peña de los Doms y en la isla de la Barthelasse.

La ocupación fue intensa desde el neolítico, y el hábitat protohistórico ha dejado también numerosas huellas arqueológicas. Aviñón figura en la lista que nos dejó Plinio de las ciudades que tenían el estatuto de *oppidum latinum* y, en la época del Alto Imperio contó con importantes monumentos. Todo lo que queda de ellos son los cimientos porque, cuando en 1309 el papa Clemente V decidió instalarse en Aviñón, transformó el urbanismo de la ciudad para adaptarlo a los fastos de la corte papal. Las excavaciones del Petit Palais han demostrado que en esa época se demolió el barrio entero para construir allí el palacio de los papas. En los trabajos realizados cerca del palacio, J. Thiriot encontró restos de casas de los siglos XII y XIII en un espacio de unos 1 000 m^2. Algunas paredes tienen todavía una altura de 2,50 m. En 1976 apareció en el mismo sector un vertedero con abundante material de los siglos XIV y XV. Diez años antes otro vertedero había proporcionado un conjunto bastante completo de piezas de cerámica y vidrio de la época de los papas. Ahora puede seguirse sin gran dificultad el trazado de la muralla del siglo XIII, y sobre todo el de las impresionantes murallas del siglo XIV que ciñen un espacio de 151 hectáreas. Esas dimensiones están a la altura del impulso dado a la ciudad por los papas.

Del castillo a la ciudad medieval

El nacimiento de un castillo en Douai ha podido estudiarse gracias a los trabajos realizados entre 1976 y 1981 por Pierre Demolon en el sitio que ocupaba la ciudad vieja. Ha identificado las distintas fases por las que pasó el sector de la plaza de Saint-Amé. Durante todo el período merovingio está ocupado por campesinos, que construyen algunas casas muy pobres, con madera, barro y paja, en una pequeña altura de cuatro o cinco metros, rodeada por dos ríos, el Scarpe y uno de sus afluentes. En el siglo IX, la aglomeración, limitada por un talud, crece bastante deprisa y ocupa 1,5 hectáreas; al mismo tiempo, la disposición de las casas muestra una cierta regularidad, y cambia la clase de plantas y de animales que se consumen, reflejo de nuevos hábitos alimentarios. Fue allí donde se instaló en 945 el conde de Flandes, Arnulfo I, conocido por fuentes escritas. Su residencia estaba rodeada por un foso, y se componía de un edificio grande de 5 a 11 metros, y varios graneros de 3 a 6 metros. El rey de Francia, Lotario I, conquistó la ciudad en 966, y construyó en ella una pequeña fortaleza rematada por una torre de madera. El conde de Flandes, Arnulfo II, que había vuelto a Douai, agrandó la fortaleza y la transformó en un edificio de seis metros de lado. En el siglo XI el castillo tenía una torre de piedra de 18 metros, un salón de fiestas, y cocinas; el arquitecto Philippe d'Alsace había construido en Gante otra residencia como ésa de los condes de Flandes.

Las vicisitudes del castillo de Caen no parecen haber sido una excepción. Desde la fecha en que se construyó, 1060, la muralla del castillo de Caen rodeaba una superficie de 5 ha, ocupada por construcciones civiles, militares y religiosas. En las excavaciones de 1956-1966 se descubrieron los restos del primer palacio, el de Guillermo el Bastardo. Dos edificios que todavía pueden verse ahora, la torre del homenaje y una sala datan de principios del siglo XII. Después de la conquista de Felipe Augusto, se distinguía entre el «castillo pequeño», con la torre del homenaje protegida por una muralla, sus torres defensivas y el foso, y el «castillo grande», que servía de refugio a los habitantes de los contornos cuando se veían amenazados por movimientos de tropas en la guerra de los Cien Años, la Fronda o las guerras de religión. En el siglo XVII, el castillo era también cuartel y prisión. Jamás pudo ser tomado por asalto; había que asediarlo y esperar a que sus ocupantes se rindieran por hambre. La Convención comprendió el peligro que representaba, y en 1793 decretó que había que arrasar el castillo y, sobre todo, su torre, «símbolo de la tiranía». No fue posible arrasarlo. La muralla y el foso del recinto grande tuvieron otro destino, porque habían ido desapareciendo bajo las construcciones de las casas del siglo XIX. Fueron los bombardeos de 1944 los que los hicieron reaparecer. El plan de urbanismo que se decidió después de la guerra y el trabajo de los arqueólogos se combinaron para presentar el conjunto restaurado en el centro de la ciudad actual, que continúa dominando.

La ciudad de Saint-Malo debe su prosperidad al puerto. Su origen se sitúa en el promontorio de la ciudad de Alet y en la ensenada Solidor. En el siglo I antes de C. un poblado galo controlaba desde allí la navegación por el Rance. Poco después de la ocupación romana la población de Alet se trasladó a Corseul, nueva capital de la *civitas*, mientras que la actividad marítima se desarrollaba en la ensenada Solidor, con un tráfico cada vez mayor en el canal de la Mancha. En el siglo III Alet se repobló y se fortificó. Un siglo más tarde, convertida otra vez en capital, estaba en condiciones de dominar y defender mejor la costa desde la bahía de Saint-Brieuc hasta la desembocadura del Couesnon. Parece que fueron las inmigraciones bretonas a esa parte de Bretaña las que dieron un nuevo impulso a la ciudad. En el siglo VIII, durante las luchas entre bretones y francos, Alet sufrió la codicia de unos y otros, y en los siglos IX y X la de los normandos que saqueaban las costas. A pesar de las destrucciones, el tráfico marítimo aumentó, y se buscaron nuevos varaderos en las cercanías de Alet. La zona situada al este de la isla de Saint-Malo, hasta entonces pantanosa, se llenó de agua al producirse una subida del nivel del mar, y facilitó la extensión del puerto. En realidad, el poder económico había pasado ya a Saint-Malo antes de que se trasladara allí la sede episcopal, a mediados del siglo XII. En 1255 el levantamiento de los habitantes de Alet contra la jurisdicción de la ciudad nueva terminó con un fracaso, y con la destrucción de las murallas, la catedral del siglo X y otros edificios públicos. Más tarde, a partir del siglo XVI, las necesidades de la construcción naval y el desarrollo económico de Saint-Malo hicieron que se extendieran sus zonas comerciales, que acabaron englobando la antigua ciudad de Alet. En la excavación submarina de la ensenada Solidor, realizada entre 1978 y 1980, se han encontrado miles de fragmentos de vasijas procedentes del cargamento de los barcos que frecuentaban el puerto de Saint-Malo. Gracias a eso, han podido identificarse muestras de cerámica de los grandes talleres europeos de los siglos XIV al XVIII: copa «Wanfried an der Werra» de Alemania, cerámica vidriada roja y verde de Holanda, inglesa, de la llamada «North Devon Slipware», tinajas de España, platos italianos de Albisola, loza azul de La Rochelle, loza con camafeo azul de Croisic, piezas de gres de Normandía y muchas de Saintonge. La variedad y la abundancia de esos restos corresponden a la importancia del tráfico portuario, relacionado a su vez con la expansión urbana de Saint-Malo.

La ciudad de Metz también posee un pasado urbano muy rico que plantea terribles problemas a los urbanistas y a los arqueólogos. Hasta hace poco tiempo, se han destruido muchos vestigios galorromanos, algunas veces espectaculares. En otros casos, las obras urbanas han permitido salvar esos vestigios. Una parte de las termas del Carmelo, con una piscina circular y baños revestidos de mármol blanco, se descubrió en 1932 cerca del museo, que se amplió entonces para no tener que mover esos restos. En medio de ellos, el conservador del museo presentó varios documentos sobre el tema del agua en la época galorromana. En otro lugar, la «basílica» de Saint-Pierre-sur-Nonnains, basílica civil en la época galorromana (siglo III), y después iglesia abacial de un monasterio fundado a principios del siglo VII, se ha convertido en un verdadero museo gracias a sus múltiples transformaciones y añadidos arquitectónicos. Cerca de ella se descubrió un pequeño edificio antiguo, que tenía un hipocausto para calentarlo y una cuba de cinco metros de diámetro. El conjunto se ha convertido en un museo al aire libre, enriquecido con una serie de sarcófagos de la misma época. Gérard Collot ha tenido la iniciativa de completar esa retrospectiva de la arquitectura de Metz, salvando los restos de la época medieval mientras se hacían los trabajos de renovación del centro de la ciudad. Algunos elementos han podido conservarse en su sitio, otros se montaron de nuevo en el museo, que se amplió para incluir dentro de él un sorprendente edificio, el granero de Chèvremont, construido en 1457. Ese enorme granero, una de las piezas principales del patrimonio arquitectónico de Metz, tiene cuatro pisos, señalados por pequeñas aberturas coronadas de almenas. Su disposición interior se conserva intacta. Se le ha comparado con los graneros de Italia y en particular de Siena. Alrededor del patio de Chèvremont se han reunido las fachadas características de la región, que se habían derribado al hacer las obras. En el centro está el palacio que se hizo construir Philippe le Gronnais a fines del siglo XIII en la calle Lasalle, enfrente de la iglesia de Saint-Martin. El edificio contiguo es la reconstrucción de otra vivienda más modesta, pero típica del siglo XIV. El pórtico de los Antonins (hacia 1360), traído del hospital de la Commanderie de Saint-Antoine, se ha reconstruido también. Los bustos originales de la llamada Casa de las Cabezas, de 1529, se han instalado en una sala del museo, y han sido sustituidos por copias en la fachada de la casa, que se ha conservado. La decoración del techo del palacio de Voué, pintada hacia 1225 sobre planchas de roble, se ha montado de nuevo en las salas del museo.

El ejemplo de Metz muestra una conjunción de varios esfuerzos para salvar in extremis de la destrucción, y por distintos métodos, los principales testimonios arquitectónicos del patrimonio histórico de la ciudad.

CIUDADES REALES

La historia de un lugar famoso, como el Louvre, cobra nueva vida con las excavaciones del Grand Louvre, iniciadas en 1983, y casi terminadas en 1990. Esas excavaciones representan el trabajo de arqueología urbana más importante que se ha hecho en Francia. Los trabajos emprendidos fueron dos. El primero, en la Cour Carrée, para descubrir los cimientos del castillo construido en el siglo XII por Felipe Augusto y acondicionado por Carlos V. El foso interior, rellenado, contenía gran cantidad de piezas de cerámica y restos de comida que habían ido acumulándose durante varias decenas de años, entre la última limpieza y el momento en que se tapó en 1528. Algunos depósitos más antiguos, del siglo XIII, estaban en otros fosos más profundos. Se han encontrado en ellos vasijas de barro, vidrios y muchos huesos de animales. Los fosos exteriores no se cubrieron hasta el siglo XVII, y también con montones de desechos de la vida diaria que ahora son arqueológicos. El hallazgo más inesperado fue el que se hizo en el fondo del pozo de la torre: varios objetos reales hechos añicos habían sido arrojados allí antes de 1528. Los fragmentos del casco dorado de ceremonia de Carlos VI han podido identificarse gracias a la descripción de un texto de 1411. Su examen en el laboratorio de Jarville ha permitido hacer una reconstrucción completa de ese emblema real, con su corona de flores de lis adornada con placas esmaltadas. Otras piezas, como una tira de cuero de un tahalí y una vaina de espada llevan también los símbolos del rey. Una contera de cobre dorado, que lleva una L grabada, pertenecía sin duda a Luis, el delfín. ¿Por qué razón se rompieron y tiraron a un pozo esos objetos sagrados? Los directores de la excavación, Michel Fleury y Venceslas Kruta, creen que se había cometido un robo, que lo que era valioso, como la hoja de oro, se arrancó a toda prisa, y que lo demás se hizo pedazos y se encondió en el fondo del pozo. He aquí cómo un suceso nos descubre, gracias a la arqueología, uno de los grandes símbolos de la realeza.

La aparición de los cimientos, que son de magnífica piedra de sillería, nos pone ante otro testimonio del poder real. Esos restos del primer castillo del Louvre se exhiben en una cripta del museo. El público puede así comprender mejor la importancia histórica de los nobles edificios que albergan las colecciones.

Para hacer la pirámide del arquitecto Pei ha habido que cavar en otro sector del palacio del Louvre. Se trata de un espacio de tres hectáreas que comprende el patio de Napoleón y el del Carrousel. Durante varios años, los especialistas han dirigido las excavaciones de forma ejemplar; numerosos visitantes, tanto adultos como escolares, han seguido la evolución de los descubrimientos. Esa zona tiene más interés que otras porque está menos documentada por la historia. Durante mucho tiempo continuó siendo una zona rural, fuera de las murallas. Estuvo ocupada primero por campamentos neolíticos; más tarde hubo allí algunas granjas galas, y se han descubierto restos de construcciones de la alta Edad Media. En el siglo XII, el castillo de Felipe Augusto tuvo una gran actividad en la zona. En el XIV se formó allí un barrio urbano que conoció un importante desarrollo en el siglo XVI; cerca del palacio, el patio de las cocinas está lleno de construcciones pequeñas; casas populares, luego nobles y burguesas, se apiñaban a ambos lados de la calle Fromenteau. La calle Saint-Thomas conducía a la iglesia del mismo nombre. La muralla de Carlos V marcaba el límite entre la ciudad y el suburbio. Al otro lado de la muralla se han encontrado los restos de unos tejares. Los arqueólogos han identificado entre ellos un horno de los tiempos de Bernard Palissy, el gran ceramista al que Catalina de Médicis encargó una fuente de grutescos para el jardín de las Tullerías, que no llegó a terminarse. Varios fragmentos esmaltados, con adornos de lagartos, serpientes y ranas, y otros que llevan el escudo de la reina y el medallón de Anne de Montmorency, que se encontraron en el horno, parecen corresponder a ese proyecto. A fines del siglo XVI el arquitecto Philippe de l'Orme empezó su gran obra del palacio de las Tullerías, del que se conservan los cimientos del ala sur. En el siglo XVII se edificaron grandes palacios particulares, como el de Rambouillet y el de Chevreuse-Longueville, en terrenos que estaban dedicados a huertas. Cuando Luis XIV trasladó la corte a Versalles, la zona se convirtió en un barrio popular y de mala fama.

A fines del siglo XIX el programa urbanístico de Napoleón III hizo desaparecer las casas del barrio para que destacase más el palacio rodeado de jardines.

Las excavaciones han hecho resurgir toda la historia arquitectónica del sector. Nos han proporcionado también una buena cantidad de información sobre la vida cotidiana y su entorno ecológico, sobre la organización económica y social de esa zona, característica de la evolución de París. Los miles de trozos de vasijas, de huesos de animales, de muestras sacados de las zanjas, los fosos, las bodegas, los vertederos y las letrinas constituyen una fuente de documentación que está estudiándose en estos momentos.

Pero volvamos al descubrimiento del horno atribuido a Bernard Palissy que ilustra un aspecto importante de la vida urbana del Renacimiento, la aparición de una cultura enciclopédica y humanista que favorece la creación de las universidades. La leyenda cuenta que cuando Bernard Palissy estaba a punto de descubrir el secreto del esmalte, se dio cuenta de que no tenía leña para el horno; por «instinto» y «locura», echó mano de los puntales del jardín, de las mesas, las sillas y las maderas del suelo de su casa para provocar el efecto térmico que produce el esmalte. Lo consiguió, y del horno salieron los famosos platos esmaltados decorados con serpientes, lagartos y ranas.

Bernard Palissy había nacido hacia 1510 en Lacapelle-Biron (o en Saintes), cerca de Agen. Empezó a aprender el oficio de vidriero y apeador antes de dedicarse al «arte de la tierra», es decir, el de la cerámica. Fue a partir de 1539 cuando se esforzó en «buscar los esmaltes, como un hombre que tantea en tinieblas».[2]

Bernard Palissy era un humanista del Renacimiento, como Leonardo da Vinci, Benvenuto Cellini y Agrícola; apasionado de las ciencias de la naturaleza y de la filosofía, aplicaba sus conocimientos a las artes con mentalidad de inventor. Los títulos de sus obras son bien explícitos: *Discours admirable de la nature, des eaux et des fontaines,* tanto naturales como artificiales, y *Discours admirable de l'art de terre, de son utilité, des émaux et du feu.* Estaba convencido, mucho antes que Lavoisier, de que en la naturaleza nada se pierde, de que todo está en perpetua metamorfosis por la acción de las «sales», «congelativos» o «generativos». Esos elementos cuajan o «congelan», en más o menos tiempo, la materia que se convierte en rocas, conchas, metales, y también en vegetales, animales y hombres. El fuego precipita esas lentas evoluciones. Por tanto, el ceramista-esmaltador —Bernard Palis-

2. Bernard Palissy, *Œuvres complètes,* París, Ed. Blanchard, 1961.

sy— que cuece el barro para convertirlo en algo tan duro como la piedra, y que obtiene los esmaltes translúcidos y brillantes como el cristal, reproduce de forma más breve la obra creadora de la Naturaleza. La genial invención de las «rústicas figulinas», jarrones y fuentes de loza esmaltada, decorados con animales en relieve, es la prueba patente de la pertinencia de la concepción filosófica del mundo. Los contemporáneos de Bernard Palissy no se equivocaron al otorgarle la celebridad. Catalina de Médicis le encargó una «gruta esmaltada», una fuente para el jardín de las Tullerías y el Palacio nuevo.

Bernard Palissy estaba en París en 1567. Se instaló en las Tullerías, en un taller que había sido un tejar. Las excavaciones han sacado a la luz lo que parece ser ese taller, con su horno de esmaltador, en una parte donde se ha conservado también una docena de hornos del tejar. El horno de Bernard Palissy se componía de una cámara principal de cocción y de dos hornos más pequeños, uno para la fabricación de los esmaltes y el otro para un calentamiento intensivo de algunas piezas. Un dispositivo, igual al de los vidrieros de Saintonge, mejoraba el tiro del horno: en la parte inferior, la combustión de la leña se hacía dentro de un túnel que facilitaba el tiro y la evacuación de las cenizas; desembocaba en la cámara de cocción a la que llevaba el calor, y en la que las piezas no estaban nunca en contacto con las llamas para evitar que se quemasen. El taller comprendía también cobertizos, almacenes, vertederos, depósitos y una letrina. Más de 6 000 fragmentos nos informan sobre el trabajo de Bernard Palissy. Entre el material para la cocción había varios cofrecitos, cajas que protegían los objetos de las cenizas y las escurriduras de esmalte, baratijas, soportes en forma de estrella, relojes y pequeños recipientes que servían para probar la calidad de un esmalte. Moldes de escayola, de barro cocido, vajillas, piezas mal hechas, placas y baldosas decorativas que imitaban el mármol, medallones esmaltados con la imagen de las testas coronadas de la época, Enrique II, Catalina de Médicis, María Estuardo, Carlos V y Felipe II, que nos permiten imaginar un poco mejor lo que debía de ser la gruta encargada. Al contrario de lo que se hacía entonces en Italia y en Alemania, Bernard Palissy no utilizaba más que elementos naturales, como piedras y conchas. No recurría tampoco a la escultura. La «gruta esmaltada» era un conjunto de motivos moldeados, entre los que había muchas frutas y legumbres, peces, ranas, tortugas, cangrejos, serpientes y lagartos sobre un fondo de rocas incrustadas de conchas. Partidario de lo natural, Bernard Palissy preparaba sus moldes sobre seres reales: sacó el molde de un cuerpo de mujer, y echaba el yeso sobre animales recién muertos. Entre ellos había una foca de más de un metro. ¡La gruta tenía que ser una obra maestra!

Pero Bernard Palissy era un calvinista convencido. Acusado de ser un «hugonote», que pretendía poner el medallón de Anne de Montmorency, otro «hugonote», entre los medallones de los grandes de la época, tuvo que interrumpir su obra. Encarcelado en la Bastilla, continuó sus estudios sobre la leyes de la hidrostática, sobre el arco iris, sobre los fósiles, sobre la formación del hielo y la dilatación de los líquidos. Murió en la Bastilla hacia 1590, a la edad de ochenta años.

La arqueología revive la imagen de ese personaje legendario; vuelve a encontrar las huellas concretas y dramáticas de un destino excepcional.

Otra ciudad real, Saint-Denis, ha vuelto a encontrar también un pasado que había olvidado casi completamente. Las excavaciones de Saint-Denis, una ciudad que se formó en la época merovingia alrededor de la abadía, depositaria de las tumbas de los reyes de Francia, es un buen ejemplo de una colectividad que toma a su cargo la exploración de su historia arqueológica. Desde 1973, con motivo de unas grandes obras de renovación, se han explorado 13 hectáreas del centro de la ciudad, las dos terceras partes de la villa monástica. Nicole y Olivier Meyer han seguido los trabajos desde sus comienzos; estudian los restos a medida que van apareciendo; sacan muestras y objetos, los analizan, los consolidan, los restauran, los exponen y los comentan. Porque los hombres de la prehistoria y de la Antigüedad ya habían ido a instalarse de forma intermitente en la llanura de Saint-Denis: bajo la calle del Petit-Pichet apareció una sepultura neolítica de un hombre acurrucado y tendido de lado; tiene unos 5 000 años, y no corresponde a una aglomeración importante. La ciudad no se formó hasta la época merovingia. La basílica de San Dionisio fue primero, hacia 475, basílica de Santa Genoveva. El abad Fulrado la amplió entre 768 y 775. Desde los siglos VII-VIII, tres nuevas iglesias, Saint-Barthélemy, Saint-Pierre y Saint-Paul, construidas una después de otra, separaban la iglesia de la abadía, que estaba rodeada de un cementerio, de las zonas de viviendas. Un acueducto subterráneo de 700 metros de largo llevaba el agua, quizá desde el manantial de Saint-Rémy, y alimentaba al menos otras tres fuentes de las hospederías de la ciudad que acogían a los peregrinos. Ese sistema se sustituyó luego por un río canalizado que entraba en los fosos de la murallas carolingias. La ciudad se fue formando entonces, con sus calles, sus plazas y sus casas, primero de madera, luego de piedra. Desde ese momento, los restos son cada vez más abundantes, y se amontonan en espesas capas de terreno difíciles de identificar. En un solo sector, situado al norte de la basílica, los arqueólogos han encontrado, desde el nivel del suelo actual, bodegas modernas y medievales, letrinas, pozos, silos, uno de los muros de la iglesia de Saint-Paul, y parte de su cementerio, hornos merovingios y un taller antiguo en el que se hacían alfileres. Los objetos pequeños de la vida cotidiana (veinte mil piezas) se añaden a los miles de trozos de vasijas y desechos de comida: son botones, dados y cuentas de rosario de hueso, y otros muchos objetos salidos de los talleres de los zapateros, curtidores, herreros y alfareros.

Los restos de materia orgánica se han conservado bien, piezas de arquitectura hechas de madera, peines, cucharas, escudillas, unas calzas de cuero y un gorro tejido con fibra de biso. Se han recogido también algunos objetos raros o frágiles, cosas de vidrio, un aguamanil y un plato de estaño. Los miles de trozos de cacharos constituyen una referencia sobre la evolución de la cerámica entre el siglo VI y el XVI. Todos esos documentos nos informan sobre aspectos de la historia de los que se encuentran pocas noticias en los archivos y las crónicas. Ilustran otra cara de la vida medieval.

Arqueología y urbanismo contemporáneo

Desde que Stendhal y Goethe descubrieron el encanto de las ruinas romanas a principios del siglo XIX, y desde que Prosper Mérimée, primer inspector de monumentos antiguos de Francia, emprendió la incansable tarea de salvarlos y protegerlos, se ha planteado el problema de la integración de los restos arqueológicos en las ciudades. Es un problema cuya solución se ha estudiado con especial detenimiento en Roma, pero ahora pueden encontrarse también buenos ejemplos en numerosas ciudades, y vamos a elegir el caso de Reims.

Los primeros trabajos para descubrir la zona antigua de Roma fueron los del arco de Septimio Severo, en 1803. En 1812 se derribaron las casas modernas para hacer aparecer la basílica Ulpia. Pero el suelo antiguo está a un nivel más bajo que el actual. ¿Cómo presentar armoniosamente las construcciones de las distintas épocas? ¿Qué nueva función puede atribuirse a los monumentos viejos? ¿Cuál es la imagen que queda de la Roma eterna después de veinte siglos? ¿Son las ruinas el mejor testimonio del pasado? ¿No habría que reconstruir las partes desmoronadas para presentar algo más que una cosa que no se sabe lo que es? La magnificencia de la Roma de Augusto es algo más que un mito. Su evocación histórica y cultural se ha convertido en una necesidad para todos. Entre 1887 y 1914, la Comisión Real llevó a cabo un notable trabajo de concepción y aplicación de un programa para resaltar el valor de la zona arqueológica central de Roma. El Estado compró los terrenos, y se derribaron las casas modernas para no dejar a la vista más que las construcciones antiguas, que se han combinado con grandes jardines y avenidas plantadas de árboles que rodean el inmenso parque. Por tanto, lo que se ha decidido ha sido aislar esa amplia zona reservada a la evocación del pasado e integrarla en la ciudad por medio de unas buenas vías de comunicación.

Hay otros vestigios antiguos que están integrados desde siempre en la ciudad moderna, como la basílica de Santa María la Mayor o la basílica de San Juan de Letrán. Para otros monumentos, como el ara de Augusto, se han buscado soluciones específicas. En 1984 la Superintendencia arqueológica de Roma ha redactado un nuevo estudio para armonizar con la mayor exactitud posible las innumerables riquezas de la arquitectura de la época antigua, del Renacimiento y moderna. Los esfuerzos se dirigen también a salvar los materiales antiguos corroídos, como en el caso de la columna de Trajano o los que han sufrido alteraciones, como el Coliseo. En nuestros días, el aspecto y el carácter de Roma están marcados por esa política de arqueología urbana que se sigue desde hace dos siglos.

El caso de Reims es a un mismo tiempo distinto y significativo. La ciudad antigua ocupa la sexta parte de la superficie de la expansión urbana actual. Es sobre todo galorromana, y está enterrada, porque las casas medievales e históricas desaparecieron en gran parte en 1918, al final de la guerra, durante la destrucción del centro de la ciudad. La identidad de Reims se modificó a consecuencia de ello: manzanas enteras de casas que se alzan alrededor de algunos inestimables «monumentos faro», como la catedral, están compuestas de edificios con fachadas típicas de los años 1925-1930. Debido a esa ruptura histórica, la ciudad de Reims, que ha perdido lo esencial de su tradición arquitectónica, vuelve a descubrir su urbanismo galorromano original con los dos grandes ejes del decumanus y del cardo, que habían quedado dislocados en la Edad Media. Una asociación, fundada en 1975, «Reims-Histoire-Archéologie», reúne a historiadores, conservadores, arqueólogos y arquitectos. Se ocupan de resaltar el valor de todo descubrimiento y todo vestigio monumental que sirva para ilustrar la historia de la ciudad. Sobre el tema de los ejes principales se han presentado cincuenta y dos proposiciones. El eje norte-sur, el cardo, une dos plazas, grandes encrucijadas de las que salen las carreteras que llevan a otras ciudades vecinas, como unía hace dos mil años las dos puertas de la ciudad. Ese eje pasa también por el presbiterio de la catedral de Notre-Dame y por el de la iglesia abacial de Saint-Rémi, porque el eje medieval estaba desplazado para desembocar en esos dos grandes edificios. El eje este-oeste, el decumanus, completamente descubierto, atraviesa Reims a lo largo de cinco kilómetros. Se encuentra con el cardo a la altura de la plaza Real, edificada en el siglo XVIII. En el sitio que ocupaban en la Edad Media las puertas de la ciudad, unas plazas regulan ahora la circulación.

No hay duda de que cada vez somos más sensibles al marco de la vida urbana y a su calidad. Hemos pasado por la triste experiencia de los barrios nuevos sin alma. La arqueología contribuye a dar a la ciudad una dimensión indispensable, con la orientación de sus grandes ejes, con el carácter de sus puntos de reunión, anfiteatro antiguo o catedral, con sus murallas o su falta de límites precisos, con su historia y sus héroes, más o menos olvidados, pero presentes.

5. HACIA UNA ARQUEOLOGÍA DE LAS SOCIEDADES

Al hablar de las cazas nobles hemos comentado el comportamiento de los cazadores esquimales y siberianos, que ofrecen plegarias y dones a cambio del sacrificio del animal que van a matar. Marcel Mauss ha analizado esos intercambios en un estudio que se ha hecho famoso, *Essai sur le don,* publicado en 1924. El autor parte de la interpretación de un texto maorí sobre el *hau* polinesio, «espíritu de las cosas y en particular... el del bosque y de los animales que viven en él»...[1] Mauss plantea primero el problema del efecto social que tiene ese comportamiento de los hombres:

> ¿Cuál es la regla de derecho e interés que, en las sociedades de tipo atrasado o arcaico, hace que el presente recibido sea obligatoriamente devuelto? ¿Qué fuerza es la que hay en la cosa que se da que hace que quien la recibe la devuelva?

Marcel Mauss considera que el don es el contrato social que usan los primitivos, que es un hecho social absoluto en una sociedad donde lo económico, lo social, lo político y lo religioso se mezclan para dar un sentido a toda actividad. En vez de acudir a cualquier reacción «instintiva» o «natural», Marcel Mauss opina que el regalo procede de la razón. Bajo ese punto de vista, y seguimos aquí el análisis de Marshall Sahlins en su obra, *Âge de pierre, âge d'abondance,*[2] la sociedad primitiva es una forma moderna y específica de adaptación social. Según él, se distingue por una forma de producción doméstica, caracterizada por «una fuerza de trabajo restringida, diferenciada esencialmente en razón del sexo, una tecnología sencilla y unos objetivos de producción limi-

1. Marcel Mauss, *Essai sur le don: Forme et raison de l'échange dans les sociétés archaïques,* París, P. U. F., 1966, p. 158.
2. Gallimard, París, 1972.

tados.» La moderación de los beneficios es una regla que no puede transgredirse bajo pena de una maldición. Una vez más nos preguntamos qué es lo que la arqueología puede aportar al debate. ¿Tiene la posibilidad de completar un análisis que concierne a los pueblos contemporáneos o subcontemporáneos? La *New Archaeology* se ha precipitado al anunciar su ambición de ser una arqueología de los modelos sociales. Algunos aspectos se prestan a ese tipo de investigación, y hay uno que nos parece muy importante, el de la guerra considerada como desorden y crisis del contrato social. Para Marcel Mauss y otros muchos etnólogos y sociólogos, el estado arcaico de la sociedad (y no de los individuos) es caótico y bestial; se caracteriza por la violencia. Y la teoría del don es el dominio racional de ese estado. Pero la arqueología parece poner en duda ese punto de vista, y plantea en términos nuevos el origen de la guerra como fenómeno social específico, aparecido no hace mucho tiempo. En escritos recientes sobre arqueología se han abordado otros problemas de sociedad. Algunos de inspiración marxista resaltan el papel de la producción en el comportamiento de los hombres, como en el análisis clásico de la «neolitización». Otros piensan que los hombres están limitados por convenciones sociales como en la sociedad feudal. Otros se inclinan por las opciones culturales, dictadas por una especie de libre albedrío colectivo que parece animar a los artistas-cazadores magdalenienses. Los funcionalistas insisten en la capacidad de adaptación de los hombres a su entorno, de la que podrían encontrarse ejemplos en las primeras sociedades de homínidos.

Las primeras sociedades, ¿primitivas o diferentes?

Todavía no sabemos quiénes eran los que prepararon los cantos rodados más antiguos de Europa. ¿Qué sabemos de su organización social? La instalación de los primeros campamentos al aire libre o en una cueva data de hace un millón de años. Unos consumidores de elefantes, de rinocerontes y de hipopótamos se instalaron hace unos 900 000 años en Soleihac (Haute-Loire), en una pequeña isla de un lago muy viejo, desaparecido desde hace mucho tiempo. Ese sitio rodeado de agua, separado de la orilla por un vado poco profundo (medio metro) era un lugar protegido. Aquellos hombres alinearon en el suelo arenoso piedras y huesos de grandes animales, que quizá sostenían unas pantallas de ramas que los protegían de los vientos del oeste.

Más o menos al mismo tiempo, los hombres empezaron a buscar las cuevas. En la del Vallonet, en Roquebrune-Cap-Martin, muestran igualmente una organización del espacio frecuentado, unida a una actividad coherente del grupo. Los útiles, huesos y piedras talladas se dejaron en una sala pequeña, a cinco metros de la entrada. Los huesos de los animales consumidos (macacos, osos, hienas, leones, hipopótamos, bóvidos, etc.) estaban tirados junto a las paredes de la cueva. No hay duda de que aquellos hombres acosaban a esos animales peligrosos, y parece que elegían individuos viejos, más fáciles de cazar. Recogían y llevaban a la cueva las astas que los ciervos perdían de forma natural. Desconocían el uso del fuego.

En esos dos ejemplos, por ahora de los más antiguos que pueden citarse en Francia, se comprueba la elección del sitio para instalarse un grupo de varios miembros, una decena o quizá más; el sitio estaba protegido contra los vientos fríos y sin duda contra los animales peligrosos. Aquellos hombres, cazadores o carroñeros, consumían hasta los más feroces. En uno y otro caso, la fabricación de utensilios con materiales que se buscaban, para atacar, descuartizar y explotar los animales seleccionados, exige un mínimo de actividades especializadas y coordenadas. La explotación del medio natural —y lo mismo pasaría con la recogida de frutos— obedecía a ciertas reglas. El principio de éstas ha existido sin duda siempre para las sociedades humanas, y su puesta en práctica exige unas organizaciones bastante complejas, a pesar del pequeño número de miembros de que se componía cada uno de los grupos.

Cazadores organizados en Terra Amata y en el Lazaret

Dos yacimientos han dado en Niza dos tipos de cabañas muy antiguos. En Terra Amata se han encontrado las huellas de unas chozas temporales, sostenidas por troncos y estacas, y rodeadas de bloques de piedra y de ramas, construidas hace 400 000 años junto a la costa, a fines de la primavera o principios del verano. Henry de Lumney, que ha dirigido las excavaciones, puede afirmar que fue así después de examinar los granos de polen que contenían los coprolitos humanos (excrementos fósiles) descubiertos cerca de las chozas. Esas chozas eran verdaderas habitaciones, dispuestas de acuerdo con determinadas reglas: son de planta oval, y miden entre 7 y 15 m de largo por 4 ó 6 de ancho. Algunas veces el suelo está empedrado con cantos. En las capas antiguas, hay restos de carbón vegetal esparcidos por la zona habitada, pero no verdaderos hogares, que sólo aparecen en las últimas chozas levantadas sobre una duna fósil. El suelo de las cabañas está cubierto de restos de comida y utensilios. Entre los huesos de animales se han identificado los de elefante antiguo, jabalí, ciervo, bóvidos y conejos. Esas pequeñas comunidades, más o menos numerosas, organizaban su aprovisionamiento de carne, las instalaciones de sus campamentos, la fabricación de útiles de piedra y, hace unos 380 000 años, sus «veladas» alrededor de la lumbre, colocada en el centro de la cabaña. ¿Podía haber allí varias chozas al mismo tiempo y varios grupos humanos separados? Esas comunidades ¿eran comunidades familiares o comunidades de cazadores? ¿Estaban unidas a un campamento base, cosa que parece probable? ¿Qué relación había entre los individuos y entre los grupos?

La cabaña del Lazaret representa un tipo de instalación dentro de una cueva. Data de hace 130 000 años. Se ha comprobado la existencia de una cabaña grande apoyada en la pared de roca. Los límites de la zona habitada, que mide 11 por 3,50 metros, están marcados por montones de guijas. Los apeos de siete postes corresponden a los montantes de las paredes hechas de pieles tendidas. Un hogar grande estaba fuera de la cabaña, pero algunos carbones esparcidos por el suelo hacen pensar que quizá hubiera otros más pequeños que no han dejado señales de fuego. Según Henry de Lumney, dormían en camas de algas marinas sobre las que ponían pieles de lobo, lince, zorro o pantera. Cazaban animales grandes, caballos, toros, rinocerontes, elefantes, probablemente los viejos o más jóvenes que eran más fáciles de matar. La marmota y el conejo están representados también. ¿Cuántos individuos vivían en la cabaña de Lazaret? ¿Un grupo equivalente a los de Terra Amata? ¿Una decena de individuos o dos o tres decenas tal vez?

¿Retrasados o diferentes, hace 150 000 años?

Jean-Philippe Rigaud ha excavado en Dordogne la cueva de Vaufrey de 1969 a 1981, y ha coordinado los trabajos de veinte especialistas. Su conclusión es la siguiente:

...El comportamiento de los ocupantes de la cueva de Vaufrey parece obedecer ante todo a razones de conveniencia, probablemente porque en los alrededores de aquel sitio podían aprovisionarse con relativa facilidad. La falta de una verdadera organización del espacio está bastante de acuerdo con una frecuentación esporádica de la cueva; de todas maneras, contrasta claramente con el acondicionamiento más complejo del espacio habitado que se ve en algunos sitios del sudeste de Francia, como Terra Amata o las cuevas del Mas des Caves, de Lazaret y de la Baume Bonne... Si ese contraste existe, podría achacarse a una diferencia de orden cultural. Sin embargo preferimos ver en él la consecuencia de una utilización diferente de los lugares, oponiendo, por ejemplo, una parada breve a una estancia más larga. Pero, ¿se puede afirmar que existe esa diferencia de comportamiento?[3]

El estudio, realizado por Lewis Bindford, de los restos óseos de animales recogidos en el nivel VIII es concluyente: la cueva servía de guarida a los carnívoros; se ha localizado la madriguera, y también una zona de defecación al sur; al norte, otra parte en forma de media luna, era donde descansaban y donde roían los huesos. Esos carnívoros eran cánidos salvajes del género *Cuon,* y los animales devorados por ellos son pequeños y pesan como mucho cuarenta kilos: gamuzas y corzos de aquella época, y algunos cervatos. Los huesos de caballos y de bóvidos son más raros. El hombre, por tanto, fue a disputar la cueva a los animales y se apoderó de los restos abandonados en la madriguera o encontrados cerca de la cueva; la hipótesis del hombre carroñero queda confirmada por todas las informaciones de que disponemos en cuanto a la frecuencia de las partes anatómicas de los animales consumidos, la forma de las marcas en los huesos roídos y la diferencia en la distribución de los restos de animales de distintas edades. Además, los casos, bastante raros, de la fragmentación de los huesos largos indican que el tuétano no siempre se extraía; si la carne era abundante, quizás aquellos hombres no tenían una necesidad absoluta de comerlo. El estudio de los restos de peces, hecho por Olivier Le Gall, revela el mismo descuido en la organización de las actividades humanas; el autor no ha podido encontrar el más pequeño indicio de que pescaran, y se inclina a creer que los

3. Jean-Philippe Rigaud, *La Grotte Vaufrey,* mém. Société préhistorique française, 1988, p. 614.

cogían en las charcas o pozas pequeñas que se formaban con las crecidas o cuando el río iba muy bajo.

Dentro de la cueva, los restos de comida no están repartidos alrededor de un hogar como hubiera podido esperarse. Se han observado señales de fuego, pero diseminadas. ¿Para qué servía el fuego? En el nivel VIII no se ha descubierto ninguna estructura de hogar ni de protección alguna. No hay ningún signo material de cohesión del grupo.

Si nos quedásemos ahí, tendríamos un balance mediocre del estado de desarrollo de esa sociedad. Como dice Jean-Philippe Rigaud, también podemos imaginar que la cueva de Vaufrey no representa más que una parada muy corta de un grupo pequeño que conocemos mal, pero que era capaz de fabricar buenos utensilios con trozos de diferentes tipos de sílex que, según Jean-Michel Geneste, provienen de fuentes locales y lejanas, separadas por distancias de 80 km a lo largo del valle del río Dordoña. Del examen de las huellas dejadas por el uso en el sílex, puede deducirse que esos utensilios servían para trabajar la madera y no la carne, la piel y el hueso. ¿Estaremos ante un grupo que no era cazador? Parece que sí, puesto que se reconoce que era carroñero. Habría que aceptar ese comportamiento no como peyorativo, si lo comparamos con el de los cazadores, sino como complementario en relación a un comportamiento que no conocemos pero que podría ir unido a la explotación de la madera. De la misma manera, la inexistencia de un hogar construido no significa que ese grupo no dominara el fuego; las señales de fuego quizá lo demuestren. Es posible que los hombres de la gruta de Vaufrey no sintieran la necesidad de construir un hogar en aquel sitio.

El caso de la cueva de Vaufrey demuestra hasta qué punto hay que ser prudente al interpretar los análisis pluridisciplinarios. La conclusión que se saca es una sorpresa respecto a lo que creemos saber de los homínidos cazadores: resulta que esos no eran cazadores, pero tenían los mismos utensilios musterienses que los otros que llamamos «cazadores». Falta saber si esa pequeña unidad social de tres o cuatro personas vivía aislada y por su cuenta o si dependía de una unidad más importante. El hecho de que se admita que el campamento de la cueva de Vaufrey se había ocupado durante muy poco tiempo y que los homínidos utilizaban el sílex local y regional llevaría a inclinarse por la segunda hipótesis: los «retrasados» de esa cueva nos harían descubrir, por tanto, aspectos diversos de una sociedad en la que quizás hubo ciertas actividades especializadas. De momento no podemos pasar de ahí. Hay que esperar a que aparezcan nuevos estudios del mismo género y comparar los resultados.

La sociedad del paleolítico superior, ¿es antepasada de la sociedad de los esquimales?

La organización social del espacio habitado en la época del paleolítico superior

¿Hasta qué punto podemos comparar las sociedades del paleolítico superior de la Europa templada durante la última glaciación con las sociedades contemporáneas o precontemporáneas de Siberia oriental y de Alaska? La forma de los útiles de piedra, de hueso y de marfil sirve de base a las comparaciones que ha hecho André Leroi-Gourhan a propósito de Pincevent. El examen de los huesos de animales más o menos fracturados y machacados, y su distribución en los yacimientos ha servido también a Lewis Bindford para comparar los dos tipos de sociedad, desde el punto de vista de los hábitos alimentarios, económicos y sociales. ¿Qué conclusiones pueden sacarse de esos estudios?

El estudio del espacio habitado ayuda a comprender la estructura de la sociedad, pero el de las cabañas y tiendas del paleolítico superior hace sólo unos treinta años que se ha desarrollado en Francia. Las excavaciones en cuevas y abrigos, muy numerosas, que debían establecer la cronología de la sucesión de las capas arqueológicas y las estructuras de acondicionamiento de esos sitios, no se han hecho siempre con la minuciosidad que era de desear. Denis Peyrony observó en el Fourneau du Diable, en Dordoña, un amplio espacio cuadrangular adosado a una pared de roca; estaba delimitado por una tapia que quizá sostenía un techo de ramas. Hacia 1955 André Leroi-Gourham descubría en un nivel de principios del paleolítico de la cueva del Reno, en Arcy-sur-Cure, huellas de chozas circulares empedradas de tres metros de diámetro; una de ellas tenía un hogar central; defensas de mamut, clavadas alrededor de la choza, formaban el armazón que sostenía las pieles de la cubierta, como se supone lo hacían en las habitaciones de esa misma época de Kostienki, en el valle del Don, y de Meziritch, en Ucrania.

Por el estudio de los hábitats y campamentos instalados en la llanura y al borde de las mesetas conocemos la organización de la sociedad de los cazadores prehistóricos, pero el número de yacimientos es todavía demasiado pequeño para generalizar las primeras conclusiones.

Entre 1977 y 1985 Jean Combier y su equipo estuvieron trabajando en Villerest, cerca de Roanne, en el valle alto del Loira. En un rellano rocoso, a 30 m de altura sobre el río, hubo un campamento habitado durante bastante tiempo, una especie de aldea. En una superficie de 300 m^2 se han descubierto señales claras de al menos seis cabañas. Son de planta elíptica y tienen de cuatro a cinco metros de diámetro; el suelo está cavado en forma de cubeta, y revestido de una capa de ocre rojo mezclado con trocitos de carbón vegetal que saltaban de la lumbre que había en el centro. El contorno de las chozas está marcado por un amontonamiento de piedras o un reborde de tierra. Algunos agujeros rellenos de piedras mantenían en pie los postes a los que se sujetaban las pieles que sin duda servían de techo. En cada choza había cinco o seis personas. Los escasos restos que se han encontrado indican que, además de descansar y dormir, también trabajaban dentro de ellas. Las lascas desprendidas de los cantos al tallarlos han aparecido en todas las chozas, y son una prueba de los lazos que había entre ellas y de la contemporaneidad de sus habitantes, que vivieron hace unos 22 000 años.

Por ahora, el yacimiento de Villerest es único en Europa occidental. Hay que ir a las llanuras del este, a Checoslovaquia, Polonia, Ucrania y a la región del lago Baikal para encontrar viviendas parecidas, aunque con algunas características locales, como la utilización de grandes huesos de mamut para formar el armazón del techo o como las cabañas semienterradas para conservar mejor el calor. En los demás aspectos, los arqueólogos están asombrados de la unidad de la civilización del frío paleolítico, extendida a lo largo de varios miles de kilómetros. «Pasmosa», como dice Jean Jelinek, es también la semejanza entre el hábitat de los hombres de la piedra tallada y el de los pueblos actuales de las regiones periglaciales.

Los hombres del paleolítico superior construyeron también otra forma de habitación ligera y temporal; son las tiendas de los campamentos de cazadores de renos de la cuenca parisiense o las de los últimos cazadores de caballos de Solutré (Saône-et-Loire). Esos campamentos tienen unos 12 000 años. El más conocido de ellos es el de Pincevent, que André Leroi-Gourhan y Michel Brézillon han estudiado con sus alumnos entre 1964 y 1984. El campamento, situado a orillas del Sena, se inundaba con frecuencia; los depósitos de limos fluviales han conservado bien las estructuras del hábitat, sin cambiar de sitio los restos más ligeros. El «modelo de Pincevent» comprende varios espacios específicos relacionados entre sí por las actividades de los cazadores magdalenienses. En el centro estaba el hogar, limitado por un círculo de piedras, que otras veces se amontonaban en medio de la lumbre para almacenar el calor. Alrededor del hogar los arqueólogos han identificado una zona dedicada a varias actividades: de espaldas al fuego, un hombre está sentado en una piedra grande; talla el sílex y las lascas se esparcen por el suelo; saca algunas láminas buenas y las retoca para hacer con ellas cuchillos y raspadores; luego trabaja las pieles secas de reno y después se dispone a coserlas. Otros hombres cortan en trozos las astas de reno, y los pulen para hacer azagayas que aseguran en la punta de un asta de madera; otros preparan la comida, carne y caldo de huesos machacados que hacen en recipientes de madera o de piel, y que calientan echando en ellos piedras candentes. También ponían al fuego el ocre y lo pulverizaban pero, ¿qué hacían con él? ¿Pinturas para el cuerpo o tintes para sus ropas de piel? Cerca de esa zona se encontró un vertedero formado por varios montones de desechos de la talla del sílex, el hueso y el asta de reno. Un espacio vacío que había detrás del hogar podría ser el sitio donde dormían aquellos hombres, protegidos por una simple tienda hecha de varas atadas por la parte de arriba y cubiertas de pieles de reno cosidas.

Desde 1972 Yvette Taborin, Nicole Pigeot y Monique Olive han excavado otro campamento magdaleniense en Étiolles. Una cierta especialidad que se aprecia en él se debe a la riqueza natural de ese sitio en riñones de un sílex excelente. Parece que los cazadores iban a Étiolles a buscar utensilios de buena calidad. Unas cabañas grandes rodeadas de losas de piedra dispuestas en círculo de 5 a 6 metros de diámetro, presentan una zona de actividad en torno de un hogar central; los desechos se tiran al otro lado del círculo de piedras, es decir, fuera de la cabaña. Hay otras que no tienen hogar, pero sí las mismas huellas del trabajo que se hacía en ellas. Los trozos de sílex tallados y los desechos sacados de ellos nos permiten apreciar el trabajo y la habilidad del artesano, y la proporción, bastante baja, de hojas que se convertían en utensilios, punzones, barrenas, rascadores, buriles, hojas con canto y con punta o para descuartizar la caza. El examen de la distinta calidad de la talla incluso ha hecho pensar en una jerarquía de maestro a alumno, con el maestro sentado junto al fuego delante de sus discípulos, menos hábiles, y sentados un poco más lejos.

El yacimiento de Marsangy (Yonne), descubierto en 1972 y estudiado por Béatrice Schmieder, parece haber estado dedicado al mismo trabajo que Pincevent, mientras que en Verberie (Oise) Françoise Audouze ha podido demostrar que la actividad de los hombres comprendía también el descuartizamiento de los renos muertos durante la migración de otoño.

En 1983 Lewis Bindford propuso otro modelo de Pincevent, basándose en las observaciones etnográficas que había hecho entre los esquimales Nuniamut. Distingue entre ellos cuatro formas de ocupación del suelo: el hogar al aire libre sin tienda, que cree reconocer en Pincevent, la zona donde se corta la carne, el campamento vivienda y el de caza. El punto débil del modelo propuesto por André Leroi-Gourhan es que la presencia de la tienda se basa en un argumento negativo, el de la zona vacía que, para Lewis Bindford, corresponde a la parte de atrás, la situada a la espalda de unos cuantos hombres sentados alrededor del fuego. En 1987 Françoise Audouze ha comparado el enfoque arqueológico y el etnográfico, y ha demostrado el interés que tienen uno y otro.

Sin entrar en detalles sobre la discusión, podemos observar primero que el modelo de Pincevent, definido en 1972 siguiendo la diposición asimétrica de los vestigios, ha sido reconocido varias veces tanto en Verberie como en Marsangy. El modelo de Pincevent, que presenta puntos comunes con el modelo nuniamut en cuanto a la disposición de la zona de actividad en torno al hogar y a las zonas de desechos, ha quedado definido después de las críticas de Lewis Bindford y de acuerdo con las observaciones hechas en Verberie: un hogar con un cerco completo de actividades polivalentes y de desechos de varias clàses permite imaginar un hogar al aire, fuera de la tienda, más alejado de ella de lo que se suponía. En ese sitio la existencia de la tienda parece comprobada en la zona del hogar D1; algunos utensilios y montones de desechos están reunidos en un lado, lo mismo que en algunas tiendas de los nuniamut. Tendríamos así tiendas con hogares o sin ellos y hogares fuera de las tiendas. Lewis Bindford establece también la distinción, común a los esquimales y a los magdalenienses (Pincevent, Verberie), entre un hogar doméstico, para guisar, colocado en una cavidad profunda, y otro plano o casi plano en los espacios dedicados al trabajo. La zona en que se corta la carne de que habla Bindford se ha identificado con gran precisión en Verberie, donde tres renos fueron descuartizados uno después de otro en unas zonas vacías, pero que quedaron rodeadas de huesos de las partes que no se aprovechaban, las patas y el espinazo de los animales. Los cuchillos de sílex utilizados para descuartizarlos se habían dejado cerca de allí. El estudio comparativo entre el modelo paleolítico de la cuenca parisiense y el modelo de los esquimales nuniamut es, por tanto, positivo, y justifica la «pasmosa» semejanza de que habla Jan Jelinek. Sin embargo, el estudio crítico del uno y del otro hace aparecer interesantes diferencias: el hogar exterior en el que hace la comida una sola persona, generalmente una mujer, el sitio donde se come, distinto de la zona donde se guisa, una separación muy clara entre la lumbre que hay dentro de la tienda y la que se enciende fuera, son característicos de los nuniamut. El hogar magdaleniense donde se guisa lo frecuenta más de una persona, y la comida se hace allí; está instalado a la salida de un espacio abrigado o cubierto. Los miembros del grupo magdaleniense no son sólo cazadores, y algunos se dedican a determinados trabajos; entre los que tallan el sílex, el más hábil, con más experiencia, y sin duda el más viejo, se sienta en una piedra grande colocada junto al fuego; la mayor o menor habilidad para tallar el sílex ¿no tiene implicaciones sociales?

La especialidad en el trabajo de la talla del sílex se manifiesta en Étiolles, donde el modelo de ocupación del suelo es distinto del de Pincevent y del de los nuniamut. Comprende viviendas circulares a veces organizadas en torno a un hogar central, y limitadas por un cerco de piedras grandes que se supone sostenían las pieles de la tienda. Es posible que la originalidad del modelo de Étiolles se deba a que no era un campamento de cazadores, sino más bien una serie de talleres especializados en trabajar una piedra de excelente calidad. Desde un punto de vista funcional, es muy importante distinguir lo que en el hábitat de los cazadores de renos magdalenienses se diferencia muy poco del hábitat de los cazadores de renos nuniamut. Es igualmente esencial comprender las diferencias que separan los dos tipos de sociedad. Aunque el reno sea común a los dos, parece que el lugar que ocupaba el sílex y su explotación introducía en la sociedad magdaleniense un sistema de especialización reconocido por una amplia comunidad, con todo lo que eso supone de relaciones y de intercambios. La autonomía de los grupos de una sociedad de ese tipo es menos evidente de lo que parece.

El origen de las desigualdades sociales entre los cazadores-recolectores

Debemos a Alain Testart un excelente estudio sobre las sociedades de los cazadores-recolectores, editado en 1982 por la Sociedad de Etnografía de París. Según el autor, esas sociedades no son homogéneas ni son todas nómadas como se había dicho hasta ahora. Según su capacidad técnica y psicológica para almacenar los granos recogidos o las carnes preparadas, esas sociedades podían haber sido más o menos sedentarias. Unos hombres o grupos limitados de hombres que administran las reservas de alimentos, ya sean nómadas o más bien sedentarios, adquieren una superioridad sobre los otros. Las desigualdades sociales dependen de la capacidad para conservar productos alimenticios o materias primas de valor. Esa es la teoría. La demostración etnográfica es convincente, pero ¿qué hay del origen de las desigualdades? Parece indudable que el neolítico no hizo más que acentuar una evolución ya existente, en contra de lo que se pensaba después de lo dicho por Gordon Childe, quien definía la «revolución neolítica» como el paso de una sociedad de depredador nómada a una sociedad de productor sedentario. En los años setenta Jacques Cauvin fue uno de los primeros en demostrar, después de sus excavaciones de Mureybet, en Siria, que algunos grupos humanos empezaron a hacerse sedentarios antes de adoptar una economía agro-pastoral, aunque lo que se pensaba fuese lo contrario. En Europa occidental también se han encontrado indicios de una ocupación prolongada de algunos sitios en el paleolítico superior y quizás incluso antes. Esa vida sedentaria se desarrolla y organiza al final de la época glaciar, durante el mesolítico, en un medio nuevo, el del bosque templado, con cierto número de innovaciones que a partir del VI milenio vuelven a encontrarse en las sociedades neolíticas.

En el abrigo de Dourgne (Aude), a los cazadores de íbices les sustituyen con bastante rapidez los criadores de cabras y ovejas. No sabemos si unos y otros pertenecían al mismo tronco ni tampoco si las primeras ovejas del sur de Francia eran animales salvajes domesticados o procedían del Próximo Oriente, donde se sabe que existían desde hacía tiempo.

Podrían haberlas traído en barcos que hacían navegación de cabotaje. Así fue como los hombres llegaron por primera vez a las islas del Mediteráneo, a Chipre, Creta, Malta, a Cerdeña, Córcega y las Baleares. Los animales domesticados representaban para esos hombres una importante reserva de carne y de productos como la leche y la lana.

En la cueva del Abeurador, en Flines-Minervois (Hérault), Jean Vaquer encontró numerosos frutos y granos carbonizados. El carácter específico de los utensilios de piedra tallada, y la presencia de guano esparcido hacen pensar que los hombres de la época mesolítica fueron a esa cueva unos 6 800 años antes de C. para cultivar plantas y recolectar luego los frutos. Son uvas silvestres, muelas, garbanzos, lentejas, guisantes y granos de trigo de varias clases. Se ha hablado de protoagricultura refiriéndose a ellos. La especialización de esa actividad sin duda va unida a métodos para conservar los frutos, como la torrefacción, y al empleo de fosos granero para guardarlos. Dos mil años más tarde, las tinajas de barro permitirán conservar mejor esos productos vegetales.

En Noyen-sur-Seine (Seine-et-Marne), Claude y Daniel Mordant descubrieron en 1983 un yacimiento mesolítico del VII-VI milenio, en un meandro fósil del Sena. Gracias a la humedad del lugar se han conservado restos de materia orgánica, y en particular las muestras de cestería más antiguas que se han encontrado en Francia. Son un cesto y una nasa para pescar. El arte de la cestería se utilizaba así como nuevo sistema de pesca y para guardar mejor frutos y granos. Es significativo que aparezca en una sociedad de cazadores que empiezan a domesticar el lobo, y luego el buey y el jabalí.

Esos tres ejemplos son una prueba de que ya antes del neolítico los hombres habían inventado varias maneras de almacenar los excedentes. La existencia de desigualdades sociales fundadas en esa riqueza queda, por tanto, demostrada. Es probable que hubiera otras desigualdades debidas al linaje o a determinadas actividades, pero de momento no tenemos ninguna prueba de ellas.

La variedad de las sociedades neolíticas y protohistóricas

Las sociedades de cazadores paleolíticos y mesolíticos suelen oponerse a las sociedades rurales neolíticas y protohistóricas. Los criterios que se siguen son la autonomía y la interrelación, la movilidad y la vida sedentaria, la depredación y la producción. Hemos rechazado ya esa visión demasiado simple de las sociedades de la prehistoria, y demostrado que los cazadores paleolíticos tenían contactos con sus vecinos, que su forma de vida se inscribía dentro de los límites de territorios precisos, con centros más o menos permanentes y campamentos temporales, y que la producción podía alcanzar un cierto grado de especialización. Esos caracteres son los mismos en las sociedades mesolíticas. La instalación en zonas favorables para la caza del ciervo o la pesca del esturión, y las adaptaciones particulares, como el «invento» del perro de caza, de la nasa, de sistemas para conservar el pescado ahumándolo, o de piraguas que podían navegar por el mar, tienen influencias sociales en unos grupos sin duda bastante dispersos, pero bien estructurados, y unidos entre sí por contactos más frecuentes de lo que ahora puede parecer. La presencia del perro y de la oveja en las sepulturas de Téviec (Morbihan), que datan del VI milenio, plantea el problema de la asimilación progresiva de algunos grupos mesolíticos por los primeros agricultores. También en el sur de Francia los indicios de proto-agricultura que hay desde el VII milenio hacen pensar en una fase de transición que permite a las sociedades locales adoptar la nueva forma de vida sin una ruptura profunda con todo lo anterior. En cambio, en el este de Francia y en la cuenca parisiense, lo mismo que en la mayor parte de las regiones de Europa occidental, algunos autores comprueban un rápido avance de la civilización neolítica como si la hubieran propagado algunas sociedades de colonos que andaban buscando tierras fértiles. Las relaciones con los grupos locales serían entonces inevitables. Además de tener formas de vida diferentes, ¿eran antinómicas sus estructuras sociales? Lo que sabemos del yacimiento de Star Carr, en Inglaterra, o del de Mullerup, en Dinamarca, indica unas sociedades muy organizadas establecidas en lugares precisos, y dedicadas a determinadas actividades: caza y pesca estacional, contactos con grupos de distribuidores de materias primas medio preparadas, etc. Pero, ¿qué sabemos de las primeras sociedades campesinas?

Pastores y agricultores del neolítico antiguo en el Languedoc

Al estudiar el abrigo de Jean-Cros, en el departamento de Aude, se ha podido ver la complejidad de las sociedades del neolítico antiguo en las que, dentro de una misma comunidad, puede haber grupos que se dedican a actividades complementarias, unos son agricultores sedentarios y otros pastores trashumantes.

Según Jean Guilaine, el abrigo de Jean-Cros estuvo ocupado por los segundos. Una decena de personas como máximo vivió allí en el V milenio durante algunas épocas del año. No cultivaban la tierra; recogían caracoles, frutos y bayas silvestres, y cazaban algunos animales, ciervos, corzos y jabalíes. Su rebaño se componía de cabras y ovejas. La talla del sílex es prueba de una tradición arcaica de fabricar pequeñas armaduras geométricas de flechas, pero hay también algunos elementos nuevos, como puntas ojivales y pedunculadas. Los escasos fragmentos de vasijas de barro demuestran también que aquellas gentes estaban en relación con grupos que sabían fabricarlas, aunque las usaran poco y no las hicieran allí. Esa impresión de una forma de vida todavía muy depredadora en un abrigo temporal, pero con algunos elementos de sociedad productora, puede explicarse de dos maneras. O bien ese grupo era autónomo y acababa de obtener de otros grupos vecinos algunas vasijas y armas de caza de un estilo nuevo, o bien formaba parte de una sociedad ya neolítica más numerosa y organizada. Ellos serían los pastores que pasaban el verano en el monte. La falta de todo resto de objetos de adorno o de cualquier indicio de trabajo de alfarería hace pensar que la mujer estaba excluida de ese abrigo, como lo está más tarde de los refugios de pastores que pasan el verano aislados en los Pirineos. Se supone, por tanto, que el abrigo de Jean-Cros dependía de un centro sedentario instalado en la llanura y dedicado a cultivar la tierra.

Ese centro no se ha encontrado, pero el de Leucate, en la misma región y situado cerca del mar, nos da una idea de lo que eran esas aglomeraciones. La caza y la pesca continuaban siendo muy importantes (lo mismo que en Jean-Cros), pero la ganadería y una agricultura incipiente eran los recursos básicos de ese grupo. ¿Vivían en un pueblo? Hasta ahora no ha podido comprobarse, porque el sitio quedó cubierto por el agua al subir el nivel del mar. ¿Cuántas personas vivían en Leucate? Sin duda varios cientos de ellas, pero tampoco puede darse una cifra. Lo importante es saber que desde el V milenio había grupos que llevaban formas de vida en apariencia distintas, pero en realidad complementarias, en el marco de una sociedad más numerosa y organizada de lo que se suponía.

La sociedad de los yacimientos lacustres neolíticos

Pierre Pétrequin habla de la sociedad neolítica de los lagos del Jura y de los Alpes, y expone la hipótesis, muy verosímil, de la división del trabajo según el sexo. ¿No vemos que las ofrendas funerarias asocian ciertos objetos de adorno con la mujer y ciertos utensilios y armas con el hombre? El hombre es el que talla y pule la piedra; el que corta los árboles, rotura los campos y los ara; el que caza con el arco y el chuzo; el que vacía el tronco para hacer una piragua y prepara las redes para la pesca. La mujer machaca los granos de trigo para convertirlos en harina y hacer con ella tortas; las cuece en un horno y vigila el guiso que ha puesto en la olla. Hila la lana. Cada actividad cotidiana implica una serie de relaciones sociales escogidas y organizadas. Al aprender a aprovechar los recursos del entorno, las técnicas y los comportamientos, el individuo se integra en el destino del grupo social. En un capítulo anterior ya hemos visto la importancia social de las formas de trabajar, las maneras de comer, de la música y los juegos. La apariencia del individuo, con su «disfraz», sus adornos, collares, pulseras y broches, sus atributos, cayado de pastor, puñal de notable, arco y flechas de cazador, distinguen la posición del interesado en el «organigrama» de la sociedad de acuerdo con su edad y categoría. La rivalidad entre los individuos y la necesidad de trabajar más para tener algún sobrante, que se cambia por productos alimenticios o materias primas indispensables, introducen las desigualdades que dan vida y fuerza a toda sociedad.

El poblado de Chalain, en el Jura, construido hacia 2974 antes de C. (fecha dendrocronológica), tenía de cincuenta a setenta habitantes repartidos en una decena de casas iguales, colocadas a ambos lados de una calle. Cada casa fabricaba sus propios utensilios de piedra, de hueso, de madera o de barro. El único trabajo que hacían sólo una o dos personas del poblado era tallar unas puntas de flecha de sílex que los cazadores llevaban en su aljaba. En dos de las casas se ha conservado el recuerdo de los animales cazados, el alce en una, y el oso en la otra, en la que se han encontrado unos colgantes hechos con los colmillos de ese animal.

Son los productos que se cambian, algunas veces a gran distancia, los que revelan la energía desplegada por todo el grupo o por uno de sus miembros para reforzar la cohesión social y establecer relaciones con otros grupos. Desde el V milenio, se difundieron desde los Balcanes, por toda la cuenca del Danubio, hasta Borgoña y Champaña, cuentas, pulseras y colgantes hechos de concha de espóndilo, un molusco del mar Egeo. Por la misma época, las láminas de obsidiana traídas desde sus islas de origen, Lípari, Palmarola y Cerdeña, se extendían por el sur de Francia. Algunas piedras raras y semipreciosas de color verde, como la jadeíta y la variscita, se usaban para hacer hachas pulimentadas votivas, con la primera, y con la otra, cuentas. Esas hachas se llevaban algunas veces colgadas al cuello. La jadeíta se encuentra en los Alpes y, durante el IV milenio se difundió sin duda hasta Bretaña. Unas conchitas blancas del Mediterráneo se llevaban hasta más de 300 km. Algunas procedentes del Atlántico y del canal de la Mancha se han encontrado en Alsacia. En el III milenio los arqueólogos han descubierto en los hábitats lacustres varios puñales tallados en láminas de sílex rojizo del Grand-Pressigny, en Turena. Es un arma que aparece en sepulturas individuales, algunas veces con otros objetos prestigiosos, como el vaso campaniforme, y con los primeros objetos de metal, cuentas y puñales de cobre, y pequeños adornos de oro.

En muchos pueblos neolíticos la jerarquía social es difícil de apreciar, y eso ha hecho decir que la sociedad neolítica era igualitaria, pero hay señales que indican la existencia de distintas categorías entre los miembros de una misma sociedad. Los ejemplos que damos a continuación confirman que en la misma época podía haber diferencias importantes entre las comunidades.

La sociedad de los constructores de megalitos

Las grandes construcciones colectivas, lugares fortificados con fosos y murallas, tumbas y santuarios megalíticos de la época neolítica y de principios de la edad del bronce, exigen la colaboración de un gran número de personas. Durante mucho tiempo, los arqueólogos han creído que no existía más que un tipo de sociedad que fuera capaz de esos grandes trabajos. Estaban impresionados por la cantidad de esqueletos humanos reunidos en las cámaras funerarias, y llegaron a la conclusión de que la sociedad era colectivista e igualitaria. Una idea más exacta de la cronología de los depósitos funerarios, que puede extenderse a varios siglos, con o sin interrupción, y un conocimiento más profundo del contexto de esos monumentos nos han permitido proponer tres modelos diferentes de organización de la sociedad.

El modelo que puede parecer más sencillo se compone de un hábitat rural disperso, una población de algunas decenas de individuos, como máximo un centenar, enterrados todos en una pequeña tumba megalítica construida en el centro de un territorio limitado. Ese sistema es el que se siguió a fines del IV milenio en la isla de Arran, en Escocia, en la isla de Rousay, en las Orcadas, y en la región de Ingelstorp y de Hagestad, en el sur de Suecia. Es sin duda el que se usó también por la misma época en las Causses meridionales y en los contrafuertes de los Pirineos vascos y catalanes.

El segundo modelo es el de una población campesina y artesana dispersa, pero más numerosa, que puede reunir a varios centenares de hombres cuando se hacen trabajos colectivos importantes, como centros rodeados de murallas a los que acude la población en algunas ocasiones, tumbas monumentales que contienen los restos de un deteminado grupo, tal vez los de los miembros de la familia dirigente, que costean los trabajos, y que pronto pasan a ser considerados como los «antepasados» del clan. La cohesión social se mantiene con algunas construcciones anexas. La naturaleza de las ofrendas es una prueba de alianzas con los vecinos. Ese tipo de sociedad aparece desde fines del V milenio en Bretaña y en el centro oeste de Francia, y se desarrolla sobre toda la fachada atlántica durante el IV milenio, desde el sur de España hasta Irlanda. Los más famosos sepulcros megalíticos de corredor, Antequera, en España, Gavrinis, en Francia, y Newgrange, en Irlanda, se concibieron en ese contexto de sociedad, que hemos podido estudiar en su límite territorial en Bougon (Deux-Sèvres).

El tercer modelo es el que ha propuesto Colin Renfrew para el conjunto de Stonehenge, en el sur de Inglaterra. Se caracteriza por la presencia de un príncipe que gobierna una federación de territorios, administrados a su vez por unas familias o príncipes subalternos. El príncipe domina una numerosa población campesina y artesana. El hábitat es a un mismo tiempo disperso y centralizado. Grandes centros de culto, como los círculos concéntricos de piedras que se alzan en Stonehenge, quizás estaban gobernados por un poder religioso. Esa sociedad, nacida a fines del neolítico, en el III milenio, florece a principios de la edad del bronce, en la primera mitad del II milenio.

Sociedades en crisis: los fantasmas de la guerra. ¿Hay un origen de la guerra?

¿Qué es la guerra? ¿Apareció en una época tardía, en el III milenio, como se ha dicho tantas veces? ¿Hubo entonces un largo período de tiempo en el que el horror de la guerra era desconocido? ¿Es la guerra del fuego una invención romántica? La idea del «buen salvaje» de Jean-Jacques Rousseau ¿puede aplicarse a la humanidad prehistórica?

Las observaciones hechas en varios lugares durante los últimos veinte años nos dan idea de la amplitud y la importancia del debate. ¿Qué observaciones son ésas y qué conclusiones podemos sacar de ellas?

La guerra es una organización colectiva, un despliegue de columnas y filas de hombres, una estrategia y unas tácticas; supone el ataque a unas fortificaciones defensivas, y el empleo de armas militares con el fin de vencer a un grupo enemigo. La violencia individual y las cacerías colectivas de la época paleolítica no son guerras: los dos hombres pintados en la cueva de Cougnac y en la de Pech-Merle tienen el cuerpo atravesado por unas largas azagayas; están solos, y en su caso se puede hablar de muerte o sacrificio. Las azagayas de piedra o de hueso se reservan generalmente para la caza. Varias pinturas rupestres lo demuestran, y el bisonte de Niaux, en Ariège, acribillado de lanzas, es un buen ejemplo. Aunque es muy probable que desde el paleolítico antiguo se organizaran ya cacerías colectivas, no están representadas más que hacia el VI milenio, a principios del neolítico, en las paredes de roca de los abrigos del Levante español, como en Ulldecona, cerca de Tarragona, o en La Arana, cerca de Valencia. Los hombres llevan un arma nueva y temible, el arco, extraño instrumento que lo mismo sirve para matar que para producir sonidos, mover un taladro que perfora la piedra o encender fuego. En la cueva de Los Caballos, cerca de Valltorta, los arqueros han rodeado a un rebaño de ciervos y ciervas, pero cerca de allí, en la Cueva del Civil, están colocados en línea para cortar el paso a la manada de ciervos. La escena pintada en Cingle de la Mola Remigia es más inquietante; allí son diez, están en línea, unos junto a otros, con el arco levantado sobre sus cabezas; delante de ellos hay una figura antropomorfa acribillada de flechas: se supone que es una escena de ejecución. En esa misma zona, en Morella la Vella y en la garganta de Gasulla, dos escenas de arqueros enfrentados son dos de las primeras representaciones de la guerra que se conocen.

¿Qué es lo que pasa? ¿Estamos seguros de nuestra interpretación? ¿Cuál es el contexto arqueológico de esas pinturas?

En 1966, la necrópolis de Jebel Sahaba, más arriba de la presa de Assuán, en el valle alto del Nilo, proporcionó a Fred Wendorf los primeros indicios de conflictos armados. Datan de 10 000 años antes de C., y corresponden a grupos de unos treinta individuos pertenecientes a una o dos generaciones. Las tumbas, que son sesenta, no contienen ofrendas, y en 24 de ellas los cuerpos están traspasados por puntas de sílex, lanzas o jabalinas. Algunas están todavía clavadas en los huesos, y otras dentro de la caja torácica o el paladar. El arqueólogo interpreta esa elevada proporción de muertos por armas —casi la mitad de la población— como el resultado de un conflicto guerrero. ¿Una crisis económica es la única razón imaginable? En cualquier caso, tuvo unas consecuencias sociales indudables, pues el grupo salió muy disminuido de ese conflicto.

También en el año 1966, Jean Courtin dirigió unas excavaciones de salvamento en el osario calcolítico de Roaix, en Vaucluse. En la capa superior de esa cueva artificial o hipogeo fueron enterrados unos cien cuerpos, sin duda de una sola vez, hacia 2090 antes de C. Los depositaron unos encima de otros, con los brazos cruzados sobre el pecho, y muchas veces con las piernas encogidas. Los huesos de los esqueletos se conservan en su sitio, lo que confirma que fueron enterrados al mismo tiempo. La rapidez con que tuvo que hacerse la inhumación explica también la escasez de ofrendas: algunos vasos pequeños y una decena de cuentas de conchas. En cambio, siete de las veinte puntas de flecha que se han encontrado están clavadas en los huesos o dentro de la caja torácica. Produjeron la muerte de esos hombres, mujeres y niños, que representan a los distintos componentes de una población entera, y mucho antes de la edad media normal, que era de treinta y cinco años pues, según el cálculo del antropólogo Jean Courtin, la media ahí es de doce años. Jean Courtin no duda en hablar de una «capa de guerra».

El contexto arqueológico indica que se encuentran señales de guerra desde el final del paleolítico (Jebel Sahaba), en el epipaleolítico y en el neolítico (pinturas del Levante español y vértebra con una flecha clavada de Téviec), pero que son cada vez más numerosas al final de ese período y en el calcolítico. En el III milenio incluso forman parte de la vida diaria en la Europa occidental. Las muertes violentas no son raras en las sepulturas colectivas, hipogeos del Marne, panteones megalíticos y grutas de las Causses y de Provenza. En Châtellier du Vieil Auzé, en la Vendée, los cuerpos de tres sepulturas dobles tienen el tórax traspasado por flechas y el cráneo hundido. El acto de guerra es aquí una hipótesis, pero la agresión colectiva, aunque pueda tener un carácter religioso, indica la facilidad con que se mata.

Las armas pasan a ser específicas de la guerra. Las puntas de flecha que se encuentran en mazos, únicos restos de las aljabas del hipogeo de los Mournouards, en el Marne, o de una de las sepulturas individuales de Remedello, en el norte de Italia, ya no son sólo armas de caza. El número de esas armas de sílex aumenta de forma espectacular, a pesar de que entonces sólo el 10 o el 15 por ciento de los animales que se consumen procede de la caza. Se impone el puñal de sílex: esa hoja terminada en punta no sirve únicamente para segar; clavada en las vértebras de un hombre, como lo está en los hipogeos del Marne, puede matarle. La industria de los puñales de sílex rojizo del Grand-Pressigny ¿estaría relacionada con una economía de guerra? El puñal de cobre es también un arma eficaz: uno de ellos, roto, está profundamente clavado en la vértebra lumbar de un esqueleto de la cueva del Pas de Joulée, en Trèves (Gard). La especial relación entre metal y guerra es patente desde el principio de la metalurgia: el puñal de cobre se convierte en el objeto de prestigio por excelencia que se encuentra en las tumbas y en algunas estatuas-menhires, las del Petit-Chasseur de Sion, en el Valais suizo, por ejemplo. El puñal y la alabarda son temas que se repiten obsesivamente en el arte rupestre del Mont-Bego, en los Alpes Marítimos. El puñal aparece clavado en la cabeza del «brujo».

La construcción de lugares fortificados parece ser un buen testimonio de la presión que ejerce la guerra sobre la sociedad, una sociedad que a partir de entonces tiene que organizar su defensa. Pero ¿a qué se llama «lugar fortificado»? Ya en la Europa occidental los hombres rodearon algunos de sus poblados con una empalizada, y muchas veces un foso y un dique de tierra, 4 000 años antes de Cristo. Los famosos pueblos neolíticos de la cultura de la cerámica con decoración de líneas, como Colonia-Lindental, en Alemania, y Sittard, en Holanda, estaban rodeados de empalizadas.

Otros recintos parecen destinados a los animales domésticos, y algo más tarde, en el IV milenio, el «campamento» de Noyen, excavado por Claude y Daniel Mordant, se instaló en un meandro del Sena para aprovechar una protección natural. Tiene también una amplia franja en arco de círculo, formada por varias series de zanjas interrumpidas, en las que iban clavados los grandes troncos que sostenían las empalizadas. La función de esos sitios con entradas múltiples no está clara. A pesar de que una construcción así representa un trabajo colectivo considerable, no parece que su carácter defensivo sea de los más eficaces ni que excluya otros fines; en un sistema de hábitat relativamente disperso, cuando se celebraban ferias o mercados el campamento podría acoger a una parte de la población que vivía fuera de ese centro. Es también probable que tuviera una intención religiosa, como parecen indicar los distintos y complicados ritos funerarios que rodean las sepulturas descubiertas en las zanjas rellenadas. La misma impresión se desprende de la excavación y el estudio de los campamentos de Saintonge, que datan del final del neolítico: las zanjas abiertas en la caliza estaban coronadas por una muralla. En una zanja rellenada de una de las entradas del campamento de Chez-Reine, en Sémussac, hemos encontrado una excesiva concentración de puntas de flecha. Hacía falta defender ese sitio destinado a varios usos.

En la Europa occidental, las primeras señales de guerra hacen pensar más bien en multitud de pequeños conflictos locales que, según los casos, se parecen más a ataques de guerrillas o a simples actos de piratería. Pero, con los grandes imperios, a partir del IV milenio, en Egipto y en Mesopotamia, había hecho su aparición otro tipo de guerra: se trata de grandes expediciones, organizadas con verdaderos ejércitos, para conquistar nuevos territorios, coger esclavos y saquear ciudades y pueblos.

La guerra se desarrolla con las sociedades de producción; cuanto más especializada y compleja es su organización, más precario es el equilibrio de la paz.

La saturación de la capacidad demográfica de una sociedad, la necesidad de impedir o alcanzar la hegemonía es lo que desencadena las guerras. Vamos a suponer que es así. Hay una parte de verdad en esas explicaciones simples. Pero el fenómeno de la guerra no es sólo una manifestación exterior de las sociedades complejas que cuentan con efectivos numerosos.

La clase de los guerreros tiene un poder esencial en algunas tribus de la Amazonia o de Borneo. La economía de esas pequeñas sociedades es básicamente depredadora, y adoptan la guerra como una forma de regulación interna y de relación externa con otras tribus guerreras o pacíficas. ¿Qué representa esa elección de la organización guerrera que puede atenuarse o reaparecer con el tiempo? Hay que reconocer que en el caso de esas tribus la guerra aparece también como un fenómeno humano observado en tiempos recientes. Su análisis es todavía muy incompleto, a pesar de los trabajos de numerosos especialistas, que han dado nombre a una nueva ciencia del estudio de las guerras, la polemología.

Un texto de Marshall Sahlins destaca la importancia de las convenciones culturales en la práctica de la guerra:

> Esta guerra de todos contra todos no es sólo la tendencia a utilizar la fuerza, sino el *derecho* a utilizarla; no sólo ciertas disposiciones, sino también ciertas relaciones de poder; no simplemente el afán de dominar, sino una organización de la autoridad; no sólo el instinto de competir, sino la legitimidad del enfrentamiento.[4]

Empezamos a comprender que hay que disociar el fenómeno de la guerra de la idea, generalmente admitida, de que la guerra es una violencia instintiva que va unida al estado de primitivismo, como si la naturaleza fuera de por sí violenta, cuando la conclusión a la que llegamos sobre el fenómeno de la guerra es lo contrario de ese lugar común.

Las aristocracias guerreras de la protohistoria

La edad de los metales se caracteriza por la aparición de armas de guerra específicas de metal y por la introducción del caballo, montado por unos caballeros armados que dominan progresivamente la jerarquía social.

El arco, arma de caza y de guerra, parece muy frecuente en algunas regiones, cuando la caza ha dejado ya de tener la importancia económica que había tenido antes. Las puntas de flecha de sílex, y luego de bronce, pueden ser especialmente abundantes. A principios de la edad del hierro, los famosos arqueros-caballeros escitas estaban especializados en el manejo del arco, arma temible de la Antigüedad.

4. Marshall Sahlins, *Âge de pierre, âge d'abondance,* Gallimard, 1972, p. 224.

Otra arma importante, considerada con frecuencia en el neolítico como atributo del poder masculino, es el hacha. El hacha de combate, de piedra semipreciosa pulimentada, presenta un agujero para enastarla y un corte más grande. Está presente en la tumbas calcolíticas de los príncipes, como las de Varna, en Bulgaria, desde el V milenio. Es uno de los primeros objetos fundidos, primero en cobre y luego en bronce. Su representación figura en los pilares del santuario de Stonehenge.

El hacha de guerra, de bronce o de hierro, aparece en las sítulas historiadas itálicas y alpinas.

El puñal parece competir con el hacha como símbolo del poder masculino; está también representado en Stonehenge y es frecuente en las estatuas-menhires del Valais suizo y del Languedoc. En las pinturas rupestres del Mont-Bego (Alpes Marítimos) aparece cerca de las representaciones de alabardas, características de fines del III milenio.

A partir de 1 500 años de C., las armas de guerra se distinguen por formas específicas relacionadas con una mayor eficacia en el combate, pero también con un evidente afán de prestigio social. Junto a los puñales clásicos, hay otras formas que se alargan y se convierten en espadas; junto a las puntas de flecha aparecen las puntas de lanza; las armas defensivas, cascos, corazas, grebas y escudos son grandes piezas de bronce batido que brillaban y tenían que impresionar a los que las veían. En la *Ilíada* Homero describe las armas de Aquiles y muestra el prestigio del jefe equipado con sus armas. La guerra de Troya es contemporánea del final de la edad del bronce. Conocemos varios cascos de esa época más o menos historiados, algunas veces con adornos que recuerdan la forma de los ojos o la nariz, como ocurre con los cascos de Pâris y de Viksö, en Suecia. Las corazas solían ser de cuero (de ahí su nombre), sobre el que se sujetaban unas placas de bronce. Los realces de la coraza de Marmesse (Haute-Marne) quizá sean una imitación de esas placas. Los escudos eran también de cuero, y otras veces de madera o de chapa de bronce. No se ha encontrado ninguno en Francia, pero se conservan buenos ejemplares en Grecia, en Irlanda y en Escandinavia. Las grebas son más raras; algunas proceden de Grecia.

Una interesante serie de estelas grabadas que se han encontrado en la península Ibérica e incluso en el sur de Francia nos muestra la panoplia del jefe guerrero con todas las armas que acabamos de describir. Suele añadirse a ellas la representación de un carro de cuatro ruedas, que era un carro procesional como los que se encuentran en las tumbas etruscas y celtas del siglo VI antes de C. Los arreos de los caballos llevan frenos y camas de frenos, así como toda una serie de jaeces y hasta cascabeles. Los caballos y los carros aparecen como los atributos del poder de esos nuevos jefes guerreros, que sin duda representan la aristocracia de una sociedad de tipo feudal. Son los señores de esos grandes centros fortificados contruidos en una altura: taludes de tierra coronados por una empalizada y murallas que bordean un foso aseguran la protección de un espacio consagrado al culto y vivienda de una parte del pueblo y de los artesanos. Sin embargo es difícil calcular la importancia de la actividad guerrera en la vida cotidiana de la edad del bronce. En el lugar fortificado de Fort-Harrouard, los broncistas fabricaban cerca de un 60 % de armas, que se enviaban luego fuera de allí. Los primeros textos griegos que conocemos, escritos en lineal B, datan también de fines del II milenio antes de nuestra era, y nos informan de que el rey Pilos tenía trescientos broncistas que trabajaban para él, y estaban dedicados esencialmente a fabricar armas destinadas tanto a su defensa como a su prestigio. Aunque sin tener nuevas pruebas no se puede extender ese ejemplo al conjunto de Europa occidental, parece indicar la importancia que se daba a las armas de metal en la sociedad de la edad del bronce. Varios siglos más tarde, Vercingetórix reunirá a su alrededor a la aristocracia gala; esos hombres eran caballeros, señores de *oppidum.* No representan más que una pequeña parte de la población, principalmente campesina y artesana, como lo confirman los textos antiguos y las excavaciones.

LA «PAX ROMANA» OPULENTA Y VIGILADA

La sociedad gala se transforma después de la derrota de Vercingetórix y de la romanización de las Galias. La famosa «paz romana» favoreció el florecimiento de notables, que se enriquecieron con los negocios o gracias a la generosidad del emperador. El descubrimiento del tesoro de Eauze nos da una idea de la vida opulenta de esos ciudadanos romanos, protegidos por un sistema militar totalmente integrado en la sociedad.

El tesoro de Eauze apareció el 18 de octubre de 1985 en un hoyo de 50 cm de diámetro y 28 cm de profundidad, mientras se hacían unas obras cerca de la estación de la ciudad. Se compone de 28 000 monedas, con un peso total de 120 kg, un buen número de joyas de oro y piedras preciosas, alfileres de asta, dos cuchillos con mango de marfil esculpido, una llave de bronce de un cofre, tres lingotes y siete cucharas de plata. Las monedas son denarios antonianos de liga de cobre y plata, y de cobre argentado; seis monedas, de las que tres están montadas como colgantes, son de oro; entre las cuarenta y cinco piezas grandes y medianas, hay un notable medallón del emperador Marco Aurelio. Esas monedas nos muestran los retratos de los emperadores, de su esposa o de su madre, por un período comprendido entre el reinado de Cómodo (180-192) y el de Galieno (253-268) y Póstumo (260-268). Podemos seguir la evolución de la moda del peinado femenino, con los moños, las trenzas y los rizos, y la de la moda masculina de llevar barba. Esas monedas se acuñaron en las cecas de Colonia, de Roma, de Milán, de Kostolac, Yugoslavia, y en Antioquía, Siria, ciudades del Imperio Romano en las que residían el emperador y su ejército. Es difícil calcular el valor de ese capital en monedas pero, si consideramos que un denario equivale a 1,07 francos oro, los 28 000 denarios representan unos tres millones de francos actuales. El propietario del tesoro era sin duda un alto personaje de la corte imperial, dado el origen imperial de las monedas. El estilo de las joyas, que recuerda el de otros hallazgos hechos en el nordeste de la Galia, parece confirmar que vivía en Colonia. Las joyas estaban guardadas en un cofre de mujer del que no se conserva más que la llave. Son ocho collares, tres pulseras, cinco pares de pendientes, cuatro sortijas, y dos anillos de oro, con perlas finas y distintas piedras (esmeraldas, zafiros, granates, azabache, ónice, etc.), seis entalles y un camafeo sin montar están primorosamente labrados. El lujo del tesoro explica también los mangos de marfil de los cuchillos: uno de ellos lleva esculpida la boca de un león, y el otro a Baco y su pantera. No era raro entonces atesorar monedas, joyas y plata. Se han encontrado otros ejemplos en Talmont-Saint-Hilaire, en la Vendée, en Lyon, en Beaurains, en el Pas-de-Calais... El tesoro de Eauze es excepcional por su variedad y su riqueza. ¿Por qué se dejó abandonado en ese sitio y en esa época?

Las emisiones de monedas más recientes indican que el tesoro debió de esconderse no antes del 261 después de C., durante un período de revueltas relacionadas con la guerra civil que provocó la usurpación de Póstumo en la Galia. Las primeras bandas germánicas ejercían presión sobre la frontera del Rhin. Se supone, por tanto, que un alto funcionario que frecuentaba la corte imperial, se encontraba en Colonia, tuvo miedo y fue a buscar refugio en el sudoeste de Francia con su fortuna y la de su mujer. Al llegar al término de su viaje, enterró el tesoro para esconderlo. Luego, por alguna circunstancia, quizá trágica, no pudo recuperarlo. Esa hipótesis plantea el problema de la relación del hecho arqueológico observado con los acontecimientos de que da testimonio la historia. Pero lo más importante para nosotros es que el tesoro de Eauze representa un ejemplo de lo que podemos llamar «el capitalismo romano». Los largos viajes a través del Imperio los hacían los mercaderes, los jefes del ejército y los altos funcionarios. Algunas veces los dos últimos cargos se desempeñaban uno después de otro. El interés científico por comprender mejor lo que ha representado el ejército romano, instrumento de uno de los imperialismos más notables de la historia, ha cobrado nueva vida con la exploración arqueológica de los campamentos militares. El de Aulnay-de-Saintonge (Charente-Maritime) se descubrió en 1976, al hacer una prospección aérea en un verano excepcionalmente seco. En el siglo pasado ya se habían descubierto allí unas estelas funerarias de soldados de las legiones II y XIV, pero la nitidez con que se distinguía la planta del campamento romano fue una revelación. Por sus dimensiones (292 m por 217,5 m) y la superficie que cubre (6,35 ha) puede situarse entre los campamentos de tamaño medio de la época imperial. El sistema defensivo comprende un doble foso y un muro con una empalizada, reforzado por torres en los ángulos. En cada uno de los lados hay cuatro puertas, abiertas en los extremos de las dos grandes vías ortogonales del campamento.

Al norte de la vía principal estaba el cuartel general con la capilla de los estandartes. Fue allí donde se encontró el altar del campamento, un bloque de caliza de 1,12 m de altura. Una copa grande que había sobre el altar recibía las libaciones; en la cara principal se destaca en relieve una corona de hojas de laurel, la de la Victoria. En la parte noroeste estaba el almacén, y al sur las barracas de los soldados y los talleres. Las monedas, la cerámica y el estilo del altar corresponden a los años 20-30 de nuestra era, lo que quizá pueda relacionarse con la revuelta gala del año 21 a la que se refiere el historiador Tácito. La unidad militar que era la legión romana aparece aquí en toda su organización rigurosa y geométrica.

En Boulogne-sur-Mer (Pas-de-Calais), la planta del campamento militar romano sigue siendo la de la Ciudad Alta actual. En Gesoriacum, el pueblo galo, Calígula hizo construir un faro en el año 39, la torre de Odre, sobre el acantilado. Cuatro años más tarde salieron de su puerto las legiones romanas para emprender la conquista de la Gran Bretaña. El emperador Claudio se unió a ellas, y Gesoriacum se convirtió entonces en la base de la flota de Bretaña. El campamento estaba instalado en la altura que domina el puerto. Tiene una planta rectangular clásica, y ocupa 12 ha. En el siglo II estaba rodeado por una muralla de piedra de 1,80 m de espesor que protegía al menos diez cuarteles. Hacia el 270 el campamento fue destruido, sin duda a consecuencia de los desórdenes que siguieron a la muerte de Póstumo. Sobre sus ruinas se levantó la ciudad nueva, que en el siglo IV se llamaba *Bononia*. ¿No refleja esa tradición el hecho de que el ejército era entonces una organización económica importante, casi urbana?

Como último ejemplo de campamento militar vamos a poner el de Estrasburgo, que se parece a los otros campamentos instalados en la región renana de la frontera o *limes*. Los múltiples trabajos de renovación del centro de la ciudad han permitido precisar la planta del campamento romano y el destino que tenían sus diferentes partes. Entre 1969 y 1972 se estudiaron cien metros de muralla en el lado nordeste, y se descubrió una de las puertas, la única que se conoce hasta ahora, con sus dos torres y un paso cubierto en el centro. Se construyó en tiempos del alto Imperio, y no había sufrido más que pequeñas modificaciones durante las obras de restauración del bajo Imperio. Se sabe que esa muralla todavía existía en la Edad Media, época en la que se renovó totalmente. En 1975 se descubrieron, dentro del campamento, los cimientos de unas grandes termas antiguas, que sin duda habían estado destinadas a los legionarios, lo mismo que en otros campamentos renanos, a partir de la época de Nerón. Los cuarteles, de construcción bastante modesta, ocupaban la mitad oriental del campamento. El centro y el lado oeste estaba reservado a los edificios monumentales, las termas ya citadas, otro edificio más enigmático descubierto en 1973, y otro con decoración de mosaicos, que podrían ser un pretorio o viviendas del legado y de los principales jefes. En Estrasburgo, la parte antigua que rodea el campamento muestra hasta qué punto éste fue el centro de un desarrollo urbano, con su puerto situado delante del barrio de Saint-Thomas, y un santuario con un altar dedicado al Rhin por un legado de Augusto llamado Oppius, con su teatro, y un amplio espacio para viviendas. En este caso de ciudad guarnición militar, fue el ejército el que dio un carácter especial a la sociedad antigua de la *pax romana*.

Esa paz va a verse amenazada desde fines del siglo III. Se producen entonces cambios internos y externos y, unos siglos más tarde, la *pax romana* se ha convertido en la «paz de Dios».

LOS TRES ÓRDENES DE LA SOCIEDAD FEUDAL: LA «PAZ DE DIOS»

Los historiadores han estudiado la sociedad de los siglos XI-XIII bajo numerosos aspectos. La lectura del libro escrito por Georges Duby sobre *Les Trois Ordres ou l'imaginaire du féodalisme* nos hace descubrir únicamente a través de los textos las feroces rivalidades entre los hombres. Los unos están dedicados al servicio de Dios, los otros se consagran a la defensa del Estado con las armas, y los últimos, la mayoría, campesinos o artesanos, mantienen la paz. Numerosos pasajes del libro nos ponen ante situaciones que son familiares para los arqueólogos, aunque lo que se describe en el relato no sea exactamente lo que ellos han encontrado. A principios del siglo XI, Gérard, obispo de Cambrai, lanza desde su palacio episcopal invectivas provocadoras contra su vecino Gautier, fogoso señor del castillo. La rivalidad de los dos poderes por dominar al tercer orden, el pueblo, no encuentra solución más que en el reconocimiento y el respeto del equilibrio del mundo querido por Dios según san Agustín, equilibrio jerárquico piramidal que, desde el Todopoderoso, pasa por los hombres de Iglesia, luego por los hombres del poder temporal, y llega a las gentes del pueblo. La ideología feudal reconoce que los tres órdenes son complementarios, ya que uno de ellos no puede concebirse sin el apoyo de los otros dos. La «paz de Dios» es el reconocimiento de ese principio.

En las páginas anteriores hemos visto la ilustración arquitectónica y arqueológica del sistema feudal de los tres órdenes. En los campos y en las ciudades, en los monasterios y los castillos, en los palacios de los arzobispos y de los duques, en los caseríos y los barrios populosos cada uno de ellos ocupa un espacio bien definido. Unos y otros aspiran a la autoridad y el poder para dominar a sus adversarios, pero los escritos dicen con toda claridad que un orden no existe más que por la presencia de los otros dos. El dinamismo de la organización ternaria de la sociedad se hace visible en algunas ciudades en las que se manifiesta la tensión entre el centro religioso y el centro laico, reunidos pronto dentro de una misma aglomeración que va creciendo. Es el caso de Tours y de Fécamp, pero también, con algunas diferencias, el de casi todas las ciudades de Europa occidental.

La arqueología de la ciudad medieval nos presenta sus primeros resultados, y su programa se ha enriquecido ya de forma considerable.

En el campo de los estudios de la sociedad, la arqueología introduce, por tanto, una visión más amplia, porque abarca un espacio temporal muy vasto y porque se interesa además por los aspectos cotidianos de todas las categorías de la población. En cuanto a la pregunta que nos hacíamos al principio de este capítulo, si era posible la arqueología social, podemos responder que, aunque reciente, ha llegado a ser indispensable en el estudio global de las sociedades del pasado.

Hacia 1023-1025, Gérard de Cambray afirmaba que «el género humano, desde su origen, está dividido en tres», y hemos visto que esa ideología medieval se había vivido y se había expresado de múltiples formas materiales. Hemos entrevisto la organización de la sociedad romana dictada por la concepción del imperialismo romano. Hemos intentado acercarnos a las sociedades más alejadas en el tiempo, protohistóricas, magdalenienses e incluso del paleolítico antiguo. Cada estudio ha mostrado la riqueza de la organización y de adaptación de los grupos humanos. Se hace ya imposible concebir la evolución general de las sociedades desde unos estadios simples y primitivos hasta unas organizaciones complejas, pasando por fases bárbaras, como se hacía a fines del siglo XIX. Hasta el más pequeño grupo humano tiene sus reglas que le vinculan a su entorno natural, a su tradición histórica, a otros grupos humanos. En todos los casos, el tejido social está formado de infinitas relaciones entre los seres. La evolución de los comportamientos y de las sociedades es el resultado de esas imbricaciones. Sólo alejándonos un poco podemos comprender algunas constantes y direcciones de esa evolución.

6. ARQUITECTURA Y RELIGIÓN, ARQUEOLOGÍA DE LO SAGRADO

Como las grandes ciudades del pasado y las que conocemos ahora han dejado inmensos edificios civiles y religiosos, se ha creído que la arquitectura era algo unido al fenómeno urbano. Y no es así. El Egipto faraónico, que sigue siendo bastante misterioso en lo que respecta a sus ciudades, concibió fabulosos monumentos arquitectónicos aislados. Generalmente, los monumentos megalíticos de la Europa occidental están alejados de los pueblos, y algunas abadías medievales se levantaron en medio del campo.

La arquitectura es la realización de un concepto del espacio y del mundo; nace de un paisaje, de una orientación, de unos materiales. Aúna voluntades y conocimientos. Emana de una colectividad que tiene el sentido de lo divino, de ahí que sean tan frecuentes las ofrendas de fundación. Querríamos destacar aquí lo que la arqueología nos descubre del significado de esos lugares sagrados.

La arqueología se encuentra ante esas «maquetas del universo» desde el paleolítico superior, con las cuevas decoradas, que nosotros calificamos de arquitectura «bruta», y que presentan todas las características de los templos antiguos y modernos, con la única diferencia de que no son «edificaciones». Si admitimos ese punto de vista, la arquitectura es una de las mayores originalidades de nuestra especie de hombre moderno. Nace casi al mismo tiempo que ella, hace varias decenas de miles de años.

Las cuevas decoradas o la arquitectura «bruta».

Extraña y singular afición la de meterse en las entrañas de la tierra para encontrar en ellas, a la luz de las antorchas, el ambiente misterioso de los pasadizos y las salas pintadas o con grabados. Ese mundo es algunas veces visible en el hueco de un abrigo rocoso, pero es frecuente que esté más escondido, a varios cientos de metros de la entrada de galerías accesibles, y en ocasiones en el fondo de una cueva sin más abertura que una grieta.

El abate Breuil contribuyó con su autoridad al reconocimiento de la autenticidad del arte de las cavernas desde el descubrimiento de las pinturas de Altamira, en 1879, hasta el de las galerías pintadas de Rouffignac, en 1956. André Leroi-Gourham intuyó la coherencia del mensaje de las cuevas decoradas, y en 1965 propuso una cronología que se basa en la sucesión de cuatro estilos. Observó también que las pinturas y los grabados de las cuevas no estaban dispuestos de cualquier manera. La caverna, con sus características naturales subrayadas por motivos y signos, es el santuario donde el hombre prehistórico expresó su pensamiento simbólico y su espiritualidad.

Pero era difícil penetrar aún más en la intimidad de esos mundos replegados sobre sí mismos, de esos «microcosmos», como dice Denis Vialou. El descubrimiento casual de una nueva gruta, intacta, y la paciente obstinación de los observadores, que pasan de la gruta al microscopio y del microscopio a la gruta, han permitido precisar varios puntos, a veces muy importantes.

La cueva de la Tête du Lion, en el valle de Ardèche, estaba tapada desde hacía veinte mil años. Volvió a quedar abierta al hacer las obras de una carretera. En una de las paredes pintada de rojo se veía una vaca con varios signos encima, dos cabezas de cabra montés y una de ciervo. Lejos de las zonas clásicas de las pinturas rupestres de Francia, los Pirineos y el Périgord, el sitio en sí era ya una excepción y una agradable sorpresa, pero, ¿de cuánto databa? El estilo de las figuras parecía bastante antiguo, pero no había ninguna otra cosa que pudiera contribuir a saber algo más, nada, salvo unas gotas de ocre, mezcladas con las cenizas de un fuego pequeño que se le habían caído al artista al pie de la pared pintada. Los trozos de carbón vegetal quemados, contemporáneos de las pinturas, se dataron por el método del carbono 14 en unos 20 000 años antes de C. Esa cueva solutrense (del nombre de la cultura de Solutré) es 5 000 años anterior a Lascaux, y sus pinturas son de las pocas que han podido datarse con precisión.

En 1972 Luc Wahl, gran aficionado a la espeleología y a buscar pasos subterráneos desconocidos en los Pirineos, fue con cinco amigos suyos a explorar una vez más la cueva de

Fontanet, cerca de Niaux. Al ver un agujero en la arcilla, lo agrandó, y fue a parar a un corredor olvidado desde hacía 13 000 años. Las estalactitas, estalagmitas y pliegues de la roca tenían la blancura brillante de la calcita húmeda, que cubría también el suelo negro con una fina película. Había huellas de pies desnudos que habían quedado petrificadas bajo la calcita. Con infinitas precauciones, los espeleólogos continuaron su camino hasta el final de la galería donde estaban las pinturas y los grabados.

La galería «Wahl» se cerró de momento para protegerla. Posteriormente Léon Pales y su equipo se han encargado del estudio de la galería. Se han encontrado distintas clases de huellas de frecuentación; son todas de hace unos 13 000 años, según las dataciones de dos muestras de carbón vegetal sacadas de dos fuegos encontrados allí. Hay razones para suponer que esos vestigios son contemporáneos de las manifestaciones artísticas, es decir, de la época del magdaleniense medio. El hundimiento del techo de la entrada prehistórica había cerrado la galería poco tiempo después de que pasaran por ella los hombres. El suelo estaba sembrado de huesos de los animales consumidos; la mayor parte de ellos son de caballo y de bisonte, pero los hay también de cabra montés y de reno. Un salmón entero, del que quedan las espinas y las vértebras, estaba junto a una lumbre, enfrente de la pared en la que hay grabados dos bisontes. Algunas lascas de sílex, utensilios de piedra, rascadores y buriles estaban esparcidos por la galería. Un análisis de los granos de polen, realizado por Arlette Leroi-Gourham, indica que los hombres habían estado allí en primavera o a principios de verano, y que había llevado hierbas, quizá para hacer con ellas una yacija. En la arcilla se descubrieron también unas huellas aún más fugaces, la doble marca de la pezuña de un cabrito o un reno pequeño se repite hasta una sala grande; un zorro había entrado hasta el fondo de la galería. Algunos niños imprimieron sus manos y dedos en la arcilla. Entre las formas negativas de los pies desnudos, hay una que parece demostrar el uso de algún tipo de calzado de piel. En el suelo hay también agujeros hechos con el dedo o con un palo sin punta. Están alineados o agrupados en nueve sitios para formar signos geométricos que marcan varios puntos característicos de la galería. Esos signos tienen su equivalente en las paredes pintadas de otras grutas. Los múltiples detalles observados en Fontanet producen una notable impresión de unidad. Una vez más sorprende la escasa frecuentación de esos lugares ocultos: las huellas no son muy numerosas y pertenecen en su mayor parte a niños y personas jóvenes; los fuegos no están pisoteados.

La frecuentación de la cueva de Lascaux se ha estudiado en una publicación reciente de las observaciones del abate Glory, fallecido en un accidente. Las revelaciones de ese «Lascaux desconocido» se deben al trabajo conjunto de Arlette Leroi-Gourham y el doctor Alain. Nos enteramos de que los magdalenienses que pintaron la gruta utilizaron andamios para llegar a las partes más altas, de qué colorantes fueron los que prepararon, y con qué se alumbraban. Descubrimos los cerca de 1 500 grabados que completan los conjuntos pictóricos. La distribución de los restos confirma el papel primordial del pozo, con su escena del bisonte destripado que carga sobre un hombre ya muerto. Lascaux continúa siendo única por su riqueza y armonía. Según las pruebas realizadas por el método del carbono 14, data de 15 000 años antes de C., es decir, en fecha real corregida, de hace 19 000 años.

Al lado del gran arte parietal de las cavernas, el arte prehistórico llamado «mobiliario» es de dimensiones más reducidas, y comprende estatuillas y motivos grabados, pintados o esculpidos en objetos de piedra, de hueso, de asta de reno o de marfil; quizá se le ha considerado como un arte menor en comparación con el monumental arte rupestre, y los prehistoriadores han tendido a estudiarlo aparte. En realidad, el arte mobiliario es una de las facetas de ese arte prehistórico, tan variado y desconcertante, que ahora nos cuesta trabajo comprender su profunda unidad, bien real, sin embargo, como vamos a verlo a través de los casi 25 000 años de su existencia.

El universo del arte prehistórico se reveló primero bajo su aspecto animalista: los bisontes y la cierva de Altamira, la plaquita de marfil del abrigo de La Madeleine, que lleva grabado un mamut, los toros, los caballos y los ciervos de Lascaux, etc.

El bestiario es abundante, y se ha observado con razón que, según las épocas y los lugares, predomina uno u otro animal, especialmente el bisonte y el caballo. En cambio, parece que el reno, un animal que se cazaba con frecuencia y del que se han encontrado abundantes restos en Lascaux, no era uno de los preferidos por los artistas, que en esa cueva no lo representaron más que una vez. En las manadas de herbívoros o entre las superposiciones de perfiles de animales, se han buscado las siluetas humanas. En contra de lo que pueda haberse dicho, su presencia no es insignificante, es sin duda muy reveladora. La famosa cabecita de mamut de marfil, encontrada en 1894 por Édouard Piette en Brassempouy, en las Landas, tienen todavía mucho que decirnos. Pero hace falta encontrar todas las piezas del sumario para poder hacerle las preguntas que interesan.

Las primeras figuraciones humanas son segmentarias: una veintena de dibujos de pubis y vulvas, profundamente grabados en los bloques del auriñaciense de cinco abrigos del valle de la Vezère, no lejos de Eyzies, representan la sexualidad femenina asociada a los órganos de la reproducción. ¡Éstas parecen ser las primeras manifestaciones figurativas del arte!

El falo, menos frecuente —media docena de veces— está también presente en esa misma región en los niveles auriñacienses y gravetienses. El tema de los órganos sexuales humanos aislados vuelve a encontrarse luego durante toda la prehistoria, pero las representaciones de pubis y vulvas siguen siendo más numerosas que las fálicas, inspiradas a menudo por una forma abultada de la roca. En la época magdaleniense, los sexos femeninos se representaron en sitios tan alejados como Arcy-sur-Cure, en el departamento de Yonne, Gouy, en el de Seine-Maritime, y la cueva de Tito Bustillo, en Ribadesella, Asturias, donde cuatro signos sexuales pintados en rojo están aislados y puestos en lugar destacado en lo que se ha llamado la «sala de las vulvas». Las tres mujeres agrupadas, y la que está entre los animales del santuario de Angles, cerca de Poitiers, nos muestran el bajo vientre, el sexo y la parte alta de los muslos; son también un maravilloso ejemplo, esculpido hace 15 000 años, de la imagen voluntariamente segmentada del cuerpo femenino en toda su sensualidad.

La mano es otra antigua forma de representación segmentaria del hombre, que aparece quizá desde la época auriñaciense, y se encuentra luego en los períodos gravetiense y magdaleniense. Una técnica especial consiste en soplar pintura roja o negra sobre una mano real pegada a la pared, para obtener «manos negativas». Es antigua, como lo demuestra el ejemplo del abrigo Labattut, y es la más corriente. Otra más rara es la de dejar impresa en la pared una mano untada de arcilla o de color. En el arte mobiliario magdaleniense se encuentran algunos grabados de manos solas, por ejemplo, en un asta de reno del abrigo Morin, en Gironde. El descubrimiento en 1907 de la gruta de Gargas, en los Pirineos, con sus 250 manos negativas, la mayor parte de ellas «mutiladas», produjo cierta emoción. ¿La ablación de algunas falanges se debía a un rito sangriento, a un frío muy intenso o alguna enfermedad del género síndrome de Raynaud? En el caso de la cueva de Maltravieso, en la España occidental, hay que descartar cualquier motivo casual: todas las manos negativas están «mutiladas» sólo a la altura del dedo meñique. La hipótesis propuesta por André Leroi-Gourham de un lenguaje mudo de las manos con los dedos doblados es una alternativa interesante que se mantiene en espera de nuevas pruebas. Manos negativas completas se han pintado también en rojo o en negro en una quincena de cuevas: algunas están repartidas por las galerías, como en la de Trois-Frères, en Ariège, o asociadas a signos y animales, como en la cueva de Pech-Merle o en la de El Castillo, en Santander. A diferencia de las representaciones sexuales, las manos parecen tener algún significado que no acertamos a descifrar.

Unas estatuillas femeninas gravetienses, en piedra o marfil, repartidas desde los Pirineos a Siberia, resumen el sentido simbólico de la representación humana. Están desnudas, y algunas de sus partes anatómicas, pechos, vientre, sexo y nalgas están exageradas, mientras que otras se reducen hasta desaparecer, como la cabeza, los brazos, piernas y pies, lo que no deja de ser otra manera de representar el cuerpo de forma fragmentaria. Los volúmenes morfológicos están estructurados de forma simétrica y muy geométrica; André Leroi-Gourham ha mostrado la importancia del rombo en la construcción general del contorno de las estatuillas. Las más conocidas son las de Lespugue, de Brassempouy, de Sireuil y de Tursac, en Francia, de Grimaldi en la frontera italiana, de Willendorf, en Austria, de Dolni Vestonice, en Checoslovaquia, y de Kostienki y Malta, en la Unión Soviética. Ese conjunto puede compararse con los relieves de Laussel, en Gironde, entre ellos la famosa «Dame à la corne». Henri Delporte ha catalogado y estudiado cada una de esas figuritas: muy pocas de ellas podrían ser masculinas, sólo una de Brassempouy y otra de Brno, en Checoslovaquia. La abstracción y estilización de todas ellas denotan la misma sexualidad femenina dominante que hemos encontrado ya con los dibujos de pubis y vulvas.

Gracias a un descubrimiento reciente, el de Penne, en el Tarn, vemos que casi 8 000 años más tarde, una estatuilla femenina magdaleniense presenta unas características muy parecidas a las de sus antepasadas. En realidad, su forma también recuerda las figuras, muy estilizadas, grabadas en piedra de la época magdaleniense: una línea dorsal ondulada o angulosa hace sobresalir el volumen de las nalgas de un cuerpo inclinado hacia delante; uno o dos pechos están claramente marcados, y la línea sinuosa del vientre y de las caderas se une a la línea dorsal a la altura de las pantorrillas. No hay pies, brazos ni cabeza. Esas figuras femeninas se hacen en serie y son muy abundantes: en Gönnersdorf, Renania, el arqueólogo Gerhard Bosinski ha contado trescientas grabadas en placas de pizarra. Hay unas cincuenta más repartidas entre las múltiples figuras grabadas en las paredes de la cueva de Combarelles. Suelen estar agrupadas en bloques de piedra, como el de Lalinde, en Dordoña, y raras veces aisladas, como en Petersfels, Alemania.

Representaciones más realistas no aparecen hasta la época solutrense y, sobre todo, en la magdaleniense. Son en su mayor parte masculinas, aunque hay algunas excepciones: dos mujeres esculpidas en la cueva de La Madeleine, otra grabada en asta de reno de Laugerie-Basse, en Dordoña, y una lámina de hueso de Isturits, en los Pirineos atlánticos, con el dibujo de dos mujeres que llevan collares, pulseras y argollas en los tobillos. Entre las innumerables rayas, muchas veces enmarañadas, hechas en las 1 500 placas de la cueva de la Marche, Léon Pal ha encontrado 120 representaciones humanas realistas en la forma del cuerpo, la postura y el tratamiento expresivo de los rostros vistos de frente o de perfil. Esos hombres, con barba o sin ella, están desnudos, los brazos abiertos o levantados, y el sexo desarrollado en los casos en que se indica. Otras placas, procedentes de la cueva de Enlène, en Ariège, presentan las mismas características. En 1987 Jean Clottes y Robert Bégouin volvieron a unir los fragmentos desperdigados de una de ellas, y apareció una escena de cópula humana, la primera que se descubre en el arte prehistórico.

Por regla general ni el hombre ni los animales aparecen como formando parte de una escena. Algunas interesantes excepciones muestran figuras de hombres, representados en un estilo realista más o menos esquematizado. En uno de los bloques de piedra de Roc-de-Sers, el visitante del museo de Saint-Germain-en-Laye puede ver una escena esculpida hace 18 000 años: un bisonte de gran tamaño embiste, con la cabeza baja, a un hombre que huye a todo correr. Es una escena que recuerda la pintura del pozo de Lascaux, ejecutada tres mil años más tarde, en la que un bisonte destripado carga contra un hombre que está tendido en el suelo, muerto. En los dos casos, el hombre está en peligro ante el animal que es el que domina. Los cazadores están representados también al acecho de un uro y un ciervo en dos bastones de asta de reno de la cueva de la Vache.

En el período magdaleniense, la relación entre el hombre y el animal llega hasta la ambigüedad y la doble apariencia gráfica, como si el hombre se inmiscuyera en el mundo animal con el artificio de la piel, y como si el animal omnipresente se convirtiera en el modelo de la propia representación humana. Podemos citar primero el «brujo» de Gabillou, bailando con su cabeza y su piel de bisonte, contemporáneo del enigmático «unicornio» de Lascaux, posible hombre-animal. Dos o tres mil años más tarde, los grabadores-pintores de la gruta de Trois Frères, en Ariège, imaginaron el «dios cornudo», que lleva una cornamenta de ciervo; mira de frente al visitante, y es una mezcla de bisonte-hombre itifálico, que salta y vuelve hacia atrás su hocico jadeante. Otro personaje con cabeza de bisonte, enarbola, según el abate Breuil, un arco musical, y danza con sus piernas de hombre; delante de él un híbrido de reno-bisonte, vuelve la cabeza para mirar al «brujo». Otros muchos dibujos atropomorfos muestran cabezas y hocicos de animales, como en las paredes de la cueva de Combarelles o el canto rodado del abrigo de La Madeleine, cerca de Eyzies. La boca abierta descubre los dientes feroces del hombre-animal grabado en Ker de Massat. En una placa de la Marche, la nariz estaba levantada para olfatear, y en un bloque de piedra de Angles-sur-l'Anglin, las ventanas de la nariz están dilatadas como las de un bisonte sin aliento. Algunas veces la ambigüedad es tan grande que, en el caso de la representación de una cabeza vista de frente, se puede dudar si se trata de una cabeza de felino o de lechuza o si es la de un hombre disfrazado. Esa ambigüedad en algunos casos parece deliberada.

Del examen de esas representaciones humanas se deduce que el hombre, a través de los miles de años del arte paleolítico, utilizó la imagen de su cuerpo desnudo, muchas veces fragmentaria, como signo de un determinado mensaje colectivo. La expresión sexual, sobre todo femenina, y quizás en menor medida masculina, parece ser el tema esencial desde el principio mismo de esas manifestaciones «artísticas»; se hace luego constante, y puede tomar formas específicas. La segunda inspiración viene sin duda del mundo animal, que presenta relaciones especiales con los hombres, cazadores. La dualidad sexual, con el principio femenino existencial, y el principio masculino mediador entre el mundo humano y el mundo animal, que asegura la existencia del primero, podría explicar la relativa coherencia de ese lenguaje artístico.

El estudio de las representaciones de animales y de los signos geométricos, el de la disposición de las pinturas en la cueva, de la combinación de los grabados en los huesos, el de la cronología de cada superposición de figuras, y de las transformaciones iconográficas, proporciona datos precisos sobre la complejidad de las evoluciones del arte prehistórico en toda su riqueza creativa.

La primera arquitectura monumental

Las grandes piedras o megalitos descubren una parte de sus antiguos secretos. Las primeras hipótesis a que dieron lugar eran más o menos peregrinas. Son las de los eruditos del siglo XIX, que vieron en esas extrañas construcciones toda suerte de cosas, unas veces altares, otras santuarios, relicarios, talleres, almacenes y tiendas, antros de hechiceros, consultorios, salas de espera, salas de espectáculos, etc.

Alrededor de esos templos megalíticos se movían unos sacerdotes o druidas imaginarios, sacados de las descripciones de Julio César en *La guerra de las Galias*. Esos ancianos de aspecto inofensivo y venerable, con sus largas barbas blancas, eran capaces de las mayores atrocidades cuando se ponían a degollar muchachos y muchachas jóvenes encima del dolmen, convertido en altar de sacrificios. La iconografía romántica y popular de fines del siglo XIX ha desarrollado ese tema con mucha imaginación.

Pero las leyendas y canciones infantiles sobre los megalitos revelan otras interpretaciones. Las piedras, obras de gigantes como Gargantúa, de enanos y de hadas, de grandes personajes míticos, como el rey Arturo o el mago Merlín, son seres a los que se dirigen plegarias. Esos seres, tranquilizadores e inquietantes a un mismo tiempo, animados de vida, interceden ante las grandes fuerzas ocultas del universo, que algunas veces se llaman la Virgen María, Jesucristo o uno u otro santo.

Los mensajes que transmiten deben reforzar el amor, la fecundidad, el vigor. Van acompañados de cierto número de ritos, poner las manos en la piedra, dar vueltas alrededor de ella, dejar pequeñas ofrendas, una piedra o una cinta. En nuestros días todavía se «cree» en los monumentos megalíticos, a pesar de la tradicional oposición de la religión cristiana, que ha tratado de asimilar esos lugares de culto más que de destruirlos.

Otra interpretación de los megalitos, más reciente, que ha logrado intrigar al público es la del astrofísico americano Gerald Hawkins. Su obra, *Stonehenge descifrado*, publicada en 1962, trata de demostrar que el famoso monumento megalítico inglés, con sus círculos concéntricos de piedras levantadas, y su piedra exterior de mira, la «hellstone», es una gigantesca calculadora para conocer día a día la posición exacta del sol y de la luna en su curso respectivo. Los hombres de la prehistoria podían prever así la fecha de los solsticios, la de los equinoccios, la de los eclipses y, probablemente, la de determinadas posiciones de algunas estrellas. El conjunto de Stonehenge debió de concebirse de acuerdo con la línea que parte de un observador situado en el centro del monumento, pasa por la «hellstone» e indica en el horizonte el lugar por donde sale el sol el día del solsticio de verano. Otro sabio, no arqueólogo, Alexander Thom, de la Universidad de Oxford, ha aplicado esos cálculos a otros conjuntos, como las alineaciones de Carnac, y ha llegado también a la conclusión de que esas piedras, junto con el Gran Menhir de Locmariaquer, servían para seguir la progresión del sol en su curso anual. De momento, la demostración no pasa de ser teórica. Aunque el principio de esas orientaciones parezca verosímil y a veces indudable, faltan todavía demasiadas pruebas para poder aceptar sin más el sistema completo de interpretación.

Los datos historiográficos, folclóricos y astronómicos no tienen demasiado que ver con la realidad arqueológica, pero contribuyen a intrigar al excavador, que está ya al acecho de todo indicio de frecuentación, de los restos de ceremonias, de la colocación de las piedras en la topografía de los lugares, porque lo propio de una arquitectura es reflejar la voluntad del arquitecto, la expresión de una colectividad, la larga historia de su existencia continuamente transformada.

Dos formas arquitectónicas diferentes pero contemporáneas

Las piedras hincadas verticalmente en el suelo y los túmulos megalíticos del IV milenio (menhires y dólmenes) son dos formas arquitectónicas religiosas de una misma sociedad.

En 1984 se hizo un descubrimiento importantísimo en Gavrinis, un islote del golfo de Morbihan actual, y simple colina del paisaje neolítico cuando el mar no había cubierto todavía las tierras bajas. En 1832 se habían limpiado ya el corredor y la cámara de las losas decoradas, y la calidad del extraño grafismo había contribuido a que ese lugar único se hiciera famoso, pero seguía sin conocerse la arquitectura del propio túmulo. Fue Charles-Tanguy Le Roux el que decidió excavarlo en 1979. Encontró una fachada de 30 m de largo y 4 de alto, y los paramentos del túmulo bajo una gruesa capa de arena y piedras, que era la que cerraba el sepulcro. Pudo identificar los restos de las ofrendas depositadas delante de la fachada, en una zona que puede calificarse de atrio.

Descubrió sobre todo los sorprendentes motivos punteados en la cara superior de la piedra de 17 toneladas que cubre la cámara. Había ido destapándolos desde arriba, y la primera sorpresa fue el toro de tres metros de largo, con grandes cuernos, cuya iconografía era desconocida o se consideraba poco segura en el arte megalítico. Los dos otros motivos, un par de cuernos de otro animal y un hacha arado, estaban incompletos porque el bloque estaba partido en dos de sus lados. La segunda sorpresa, y no pequeña, fue descubrir que los dos trozos que faltaban se habían utilizado para cubrir dos cámaras de Locmariaquer, la Table des Marchands y Er Grah o Er Vinglé, a 4 km de Gavrinis. En el primero se ve el resto del animal, un hacha con mango, una cruz y un signo en V.

Por tanto, esos tres bloques vueltos a utilizar para el mismo fin eran en su origen un solo megalito, una enorme piedra de 14 m de altura. Es posible que estuviera erigido cerca del otro gran monstruo, el «Gran menhir roto» de Locmariaquer, que mide 20 m de largo y pesa 350 toneladas.

Menhires y tumbas megalíticas pueden, por tanto, ser contemporáneos: en el Petit-Mont de Arzon se han encontrado otros ejemplos de estelas o de losas antropomorfas que volvieron a utilizarse en construcciones tumularias.

Una iconografía común, que comprende el ídolo, la cruz, el hacha, el hacha arado, y el signo en forma de V, reúne también dentro de un mismo simbolismo religioso lo que hemos llamado la arquitectura abierta, la de los menhires, y la arquitectura cerrada, la de las tumbas megalíticas.

¿Por qué razón se partieron algunos menhires monumentales y sus trozos volvieron a utilizarse en varias tumbas?

Jean L'Helgouach cree que los hombres prehistóricos derribaron los grandes ídolos después de que se produjera una revolución de las ideas y de las prácticas religiosas.

Algunas ideas sobre la religión de los megalitos

El arte megalítico nos ofrece algunas claves para comprender el papel de las construcciones gigantescas de la prehistoria. Ya era conocido en el siglo pasado, pero varios descubrimientos importantes y unos estudios exhaustivos permiten apreciar una cierta cohesión en el mensaje destinado tanto a los vivos como a los antepasados difuntos. A principios del IV milenio, cerca de un montículo primitivo, se había levantado en el Petit-Mont de Arzon, en el Morbihan, una estela antropomorfa de cuatro metros de altura. La estela se partió más tarde; la parte que había quedado hincada en la tierra se convirtió en la piedra de cabecera de una cámara megalítica, y la parte superior se colocó horizontalmente para formar un suelo artificial. Entre los bloques de construcción del monumento agrandado, Joël Lecornec y su equipo han reconocido algunos motivos punteados, como el escudo, la cruz y el hacha. Esos temas, de estilo sobrio, vuelven a encontrarse en los grandes menhires, muchos de ellos derribados, partidos y vueltos a utilizar en el IV milenio para cubrir varios sepulcros megalíticos de corredor de la región de Morbihan. La figura del «escudo» presenta el contorno de las losas antropomorfas, con su doble saliente simétrico y el rostro axial; el dibujo del escudo en la piedra se completa con un ligero estrechamiento en la base del saliente, dos orejas laterales, y una «cabellera al viento». Se ha querido ver en ese motivo la representación esquemática de un personaje femenino, sin duda una diosa. En una versión posterior del III milenio, la representación femenina es también abstracta, pero menos equívoca, con sus pechos y a veces un collar. En esa misma época, algunas estatuas y estatuas menhires indican claramente la identificación con una mujer, unas veces guardiana de los muertos, madre ancestral de una numerosa descendencia, diosa de la tierra que simboliza el misterio de la germinación o del ciclo estacional de la vida. Podría ser el equivalente en piedra de cientos de estatuillas de barro de esa misma época que se encuentran en el este y centro de Europa. María Gimbutas, de la Universidad de California, ha reunido en esas regiones numerosos ejemplos para definir los mismos temas comunes de la religión neolítica.

Las imágenes del hacha pulimentada, la cruz, el arco y, más tarde, la pala, representan en Bretaña, y varias de ellas en otras regiones occidentales, los símbolos del poder terrenal, sin duda masculino. El hacha pulimentada con el extremo en punta está presente en todas partes en el arte neolítico, en el que se representa con o sin mango.

¿Hay que asociar a la fuerza viril la imagen del toro de grandes cuernos representado en la piedra que cubre el sepulcro de Gavrinis? La impresión es de que ese tema se desarrolló en la zona de Carnac, y que se encuentra en forma de grandes cuernos esculpidos en piedra, 2 000 años antes de Cnossos.

Los secretos de las construcciones megalíticas

Esos secretos han retrasado durante mucho tiempo un estudio serio del fenómeno megalítico y de sus implicaciones sociales y demográficas. Están relacionados con la forma de mover y colocar las grandes piedras y con los motivos que impulsaron a los constructores de los monumentos. Se han propuesto las hipótesis más peregrinas: bloque de piedra que va deslizándose sobre un lecho de granos de trigo que forman un gigantesco sistema de rodamiento de bolas, bloque que avanza de pie por el sistema de ir haciéndole dar vueltas, que va pasando por una serie de enormes recipientes llenos de agua cuya presión aligera el peso que hay que mover, etc.

Para refutar esos disparates, se han preparado varios argumentos teóricos; los de Atkinson son los más convincentes. Sus investigaciones en Stonehenge le han proporcionado un buen conocimiento de esos arquitectos, aunque el número de personas que ha calculado se necesitaban para cada operación sea excesivo.

Un estudio hecho con más detenimiento nos ha convencido de que las dificultades técnicas no eran insalvables, a condición de poder contar con los conocimientos necesarios, la habilidad para arrastrar a la mano de obra y, sobre todo, la voluntad política de llevar a cabo una obra tan colosal, justificada a los ojos de todos por su finalidad sagrada. Esa parece ser la verdadera razón de los depósitos funerarios seleccionados unidos a la noción de antepasado, de las ofrendas en los menhires, de la orientación de los monumentos de acuerdo con el sol naciente, de los temas decorativos del arte megalítico. La movilización de todo un grupo en virtud de una fe colectiva es mucho más convincente que el simple afán de expresar su poder económico, como han sugerido algunas veces nuestros colegas británicos.

Los secretos de las hazañas de los constructores de megalitos tienen que dejar de ser un misterio. Esos hombres de la prehistoria reciente supieron sacar provecho de una buena organización social, de un perfecto conocimiento de los materiales y de las técnicas, y de la fuerza de un sentimiento religioso relacionado sin duda con el culto de los antepasados.

De la montaña sagrada a los santuarios celtas

La montaña adornada de símbolos, gran monumento abierto

Desde el III milenio, los hombres prehistóricos de la región de Tende, en los Alpes-Marítimos, utilizaban el pequeño valle de Minières para subir a los valles glaciares que rodean el monte Bégo (2 873 m) y el monte llamado de las Maravillas (2 720 m). En aquella época, que coincide con un óptimo climático, el hielo y la nieve se fundían en verano: unas grandes mesas inclinadas, de arenisca o de pizarra, pulimentadas por los glaciares cuaternarios, se cubrieron entonces con 25 000 dibujos, que han sido catalogados por el equipo que dirige Henry de Lumley. Según los estudios más modernos, los dibujos están formados por una sucesión de hoyitos que se practicaron haciendo girar una barra de cuarcita. Los motivos, poco variados, se repiten una y otra vez: son sobre todo cuernos, una forma de representar al buey, que a menudo aparece sola, otras acompañada a un lado y otro del arado, y a veces combinada para formar figuras antropomorfas, como el famoso «brujo», el «Cristo» o el «Jefe de Tribu». Hay también puñales y alabardas de hoja triangular; comparadas con las armas encontradas en algunas tumbas del norte de Italia, parecen corresponder a los primeros años de la edad de los metales. En la losa del Jefe de Tribu hay una asociación de símbolos que da la impresión de ser deliberada. El eje vertical está marcado por tres puñales, dos de ellos opuestos por el mango. A la izquierda, una figura antropomorfa masculina abre los brazos, y parece tener clavado en la cabeza un puñal largo. A la derecha, un rectángulo grande dividido en dos columnas de dieciséis casillas se interpreta como la representación de una tierra dividida en parcelas. Un puñal largo se asocia también con una pequeña figura que levanta los brazos al cielo. Unos cuernos completan las dos partes de esa composición. El sitio que ocupa la piedra, al principio del conjunto de grabados repartidos por otras peñas, confirma la importancia de los temas tratados. El puñal y el hombre aparecen asociados en una gran representación. ¿Se trata de una divinidad o de un héroe sacrificado? ¿De un dios espada como el que encontramos unos siglos más tarde entre los hititas? El orante pequeño no va armado; venera, pero no toma parte en la escena. Se ha pensado que el rectángulo dividido podía representar la tierra, asociada a los bueyes que en otras peñas están uncidos al arado. Esa imagen agrícola de la fertilidad (?) es una abstracción en un paisaje rocoso de alta montaña. En cambio, la multitud de puñales, armas de cobre del prestigio masculino, se relaciona sin duda con la llegada de una sociedad del metal, cuya explotación es posible que se hiciera en el valle de Minières. Ese santuario de nueve kilómetros de largo en la montaña del metal representa de forma simbólica las preferencias de la nueva sociedad de los metales, masculina y guerrera.

Túmulos y tumbas de los príncipes celtas

La tradición del montículo funerario o túmulo se mantuvo durante toda la edad del bronce. Algunos de ellos, como los de Bretaña, han sido bien estudiados por Jacques Briard. Entre el año 600 y 500 antes de C., los celtas erigieron túmulos de príncipes cerca de ciudadelas fortificadas, en el este de Francia, en Suiza y en el sur de Alemania. La tumba de Apremont, construida unos 600 años antes de C., bajo un túmulo de 70 m de diámetro y 4 m de altura, domina el valle del Saône. La cámara es de planta rectangular (3,20 por 2,80 m) y está encofrada. Se destapó en 1879, pero una revisión de los fragmentos recogidos entonces ha permitido a Jean-Marc Bouard reconstruir el carro funerario de cuatro ruedas, adornado con placas de hierro, y envuelto ritualmente en telas identificadas y estudiadas por Hubert Masurel. El muerto estaba tendido sobre el carro, con un collar ancho de hoja de oro estampada, y varios adornos más, cuentas de ámbar, pequeños objetos de oro y de marfil. Entre las ofrendas, mezcladas con cenizas, había una espada grande, envuelta, y una navaja de afeitar, dos objetos de prestigio. En un ángulo de la tumba se veía un caldero de bronce y una copa de oro, utilizados en una ceremonia de bebida colectiva, que recuerda la ceremonia griega del simposio. La comparación no es caprichosa, porque ese mismo tipo de utensilios se encuentra en las sepulturas de otros príncipes celtas con objetos importados del mundo griego. En Alemania, otro túmulo contemporáneo del de Apremont, el de Hochdorf, cerca de Stuttgart, había desaparecido casi enteramente, pero la tumba, encofrada y hundida, se conservaba intacta. El servicio de excavaciones de Baden Wurtenberg la exploró en 1978 y 1979, e hizo numerosas observaciones en la misma tumba y en el laboratorio. El muerto, un personaje que medía más de 1,80 m, vestido con ricas ropas y joyas, estaba tendido sobre una banqueta grande de bronce y hierro del tipo griego llamado *kliné,* pero de trabajo indígena, decorada con figuras de orantes e incrustaciones de coral a los pies, y combatientes con espada o montados en un carro tirado por caballos en la cabecera. La cabeza, cubierta con una especie de gorro cónico de corteza de abedul, descansaba sobre un cojín de hierbas trenzadas. En el cuello le habían puesto un collar ancho de hoja de oro estampada. Tenía varias fíbulas de oro sobre el pecho, y pulseras en las muñecas. En la cintura llevaba una placa y un puñal de bronce metido en la vaina y, para la ceremonia funeraria le habían cubierto el calzado con una hoja de oro. Los arqueólogos encontraron entre la grava del túmulo los restos del trabajo del orfebre, que sin duda había estado engalanando al príncipe muerto en el momento de depositarle en su última morada. Cerca de la banqueta, en un rincón de la tumba, un caldero de bronce, bastante parecido al de Apremont, contenía 500 litros de un líquido que según el análisis de los restos secos que habían quedado en el fondo, era hidromiel. El caldero está decorado con dos leones de bronce de origen griego, y un tercero de fabricación local. El servicio de bebida parece estar completo, con el caldero, una copa de oro y ocho cuernos de uro que se empleaban para beber. Aunque se han deshecho, su forma ha podido reconstruirse gracias a los aros de bronce que llevaban. Había también un enorme *riton*, antiguo vaso en forma de cuerno, que mide 1,23 m de largo, y es el más grande que se conoce. Es de hierro forjado, y estaba reservado al príncipe, al que se lo ofrecía un servidor en una ceremonia a la que asistían ocho invitados. Los cuernos estaban colgados de una de las paredes. Un carro de cuatro ruedas, adornado con placas de hierro y de bronce, había servido para llevar al príncipe. Iba tirado por dos caballos, que no fueron enterrados en la tumba, pero se ha encontrado el horcate que llevaban, y ha podido reconstruirse todo el sistema de arreos que se usó para engancharlos. El túmulo tenía que ser impresionante cuando estaba entero, con su orla de piedras alrededor. Otro túmulo próximo, el de Hirschlanden, llevaba en su parte más alta una escultura de piedra: representa a un guerrero desnudo, con un sombrero cónico, un collar ancho y un puñal sujeto a la cintura.

La sepultura más famosa de esa época es la de una mujer, descubierta en 1953 en Vix (Côte-d'Or), por René Joffroy y Maurice Masson. El túmulo, lo mismo que el de Hochdorf, casi había desaparecido, pero la cámara estaba también intacta, con los restos del carro de cuatro ruedas, y el cadáver adornado con un gran collar de oro, fíbulas, cuentas de ámbar, pulseras y aros de bronce en los tobillos. En la tumba se encontró el vaso antiguo de metal más grande que se conoce, una crátera, con su tapa para mezclar el agua y el vino, que mide 1,64 m de altura y pesa 208,6 kg. ¡Puede contener 1 100 litros! Los motivos de bronce del friso, infantes u hoplitas y conductores de carros o aurigas, las asas, con la representación de leones y la Gorgona, corresponden a un trabajo griego de fines del siglo VI antes de C. Encima de la tapa hay una estatuilla femenina vestida con una túnica amplia. Sobre el vaso grande habían depositado una copa de plata con el centro dorado, y dos copas áticas, una de ellas con figuras negras, que representa un combate de amazonas y guerreros griegos. Es seguro que habrían añadido también un *oinochoé*, un jarro etrusco de bronce. Todas esas piezas, así como tres vasijas grandes de bronce, que también estaban colocadas en el suelo, junto a la pared de la cámara, se utilizaban durante la ceremonia del simposio. Esa ceremonia ¿estaba reservada al rito funerario? Los fragmentos de vasos griegos y de ánforas de vino, encontrados en los recintos fortificados de esos príncipes, demuestran que en la corte de los príncipes celtas se habían adoptado las costumbres mediterráneas. El símbolo de su prestigio y su riqueza eran esos túmulos, grandes masas de tierra y piedras pequeñas que se levantaban alrededor de la ciudadela en un radio de varios kilómetros. El espacio así construido representa ahora para nosotros una forma paisajística original.

Los recintos destinados a los sacrificios galos

Esos recintos se cuentan por centenares en Europa central, y llegan hasta la Francia templada. Son de planta cuadrada o rectangular, y tienen de 30 a 50 m de lado; están limitados por una zanja y un talud rematado con una empalizada. Una entrada da paso a un patio interior, donde hay un pequeño templo de madera y adobe, con cubierta de paja, que mira al este. La arquitectura es poco espectacular, y el espacio reservado ocupa una superficie modesta, pero esos lugares fueron importantes centros religiosos, que han empezado a descubrirse en Francia desde hace diez años, desde que comenzaron los trabajos en Gournay-sur-Aronde (Oise), uno de los pocos recintos cuadrangulares que se han excavado en su totalidad. Estuvo frecuentado entre los años 300 y 60 antes de C., y se caracteriza por la abundancia de ofrendas religiosas y guerreras. Los toros y vacas sacrificados se dejaban pudrir enteros en un foso abierto frente al templo. Los cerdos y los corderos se asaban y comían dentro del recinto. Los huesos se tiraban al foso, que es interior, y se usaba como vertedero después de las ceremonias. Los ritos más espectaculares son los relacionados con las armas, que se exponían primero como trofeos en la empalizada del talud, y luego se destruían a golpe de martillo. Las espadas y puntas de lanza se doblaban y partían, y se hacían pedazos los escudos y fíbulas de los guerreros, lo cual ha llevado a Jean-Louis Brunaux a hablar del sacrificio de las armas de los vencidos. Todo ello se tiraba también al foso. La entrada al santuario era de lo más macabro. Estaba formada por un pórtico de madera cargado con un montón de ofrendas, armas, cráneos de animales y de guerreros. Esa práctica recuerda la de las cabezas cortadas de los monumentos de Entremont y de Glanum, cerca de Marsella, pero también la de los sacrificios humanos de que hablan los textos antiguos.

Un santuario celta, excavado en 1982 por Jean-Louis Cadoux en Ribemont-sur-Ancre (Somme), nos demuestra que hacia el año 200 antes de C. los cuerpos humanos y los animales eran parte esencial de los ritos galos.

El santuario es un recinto cuadragular como el de Gournay-sur-Aronde. El foso, de más de tres metros de profundidad, está lleno de armas rotas y de huesos humanos y de animales. Parece que en la empalizada del talud no se ponían sólo trofeos, sino también cadáveres de hombres y mujeres descuartizados. Se supone que un millar de personas jóvenes, entre quince y cuarenta años, en buen estado de salud, corrieron la misma suerte. Sus cuerpos, más o menos destrozados, fueron arrojados al foso. Sobre esos cadáveres se han encontrado también huesos humanos largos, que formaban unos podios cuadrados, de 1,60 m de lado, de los que salía un poste central, sobre el que se colocaban trofeos y restos de caballos. Se han encontrado dos de esos extraños «monumentos».

Es difícil reconocer en esos vestigios huellas de sacrificios humanos o de matanzas de guerra pero, la muerte y las manipulaciones de cuerpos y huesos humanos formaban parte de los ritos de la religión gala, que sin duda era la de los druidas.

Hay también algunos recintos galos en los que se practicaban otras ceremonias de culto, digamos, más «normales». En Mirebeau (Côte-d'Or) las ofrendas del foso son restos de animales domésticos, de vasos y de pequeños objetos de adorno, fíbulas y brazaletes.

¿Cómo era la religión de los druidas? Aparte de las escasas noticias que nos han transmitido los autores antiguos, empezamos a saber algo de ella gracias a la arqueología. En 1984 se encontró una estatuilla en Saint-Maur-en-Chaussée (Oise), y un año después apareció otra en Paul, Bretaña, al hacer unas excavaciones. La primera es un guerrero de latón repujado y hoja de plata en los ojos; lleva un vestido corto, ajustado al cuerpo, y sujeto con un cinturón ancho. El personaje lleva en el cuello un torques, y en la mano izquierda un escudo largo; es posible que en la derecha llevara una espada, que ha desaparecido. Ese guerrero es del siglo I de nuestra era. La otra es de piedra, lleva también un torques, pero está sentada, y sostiene con las dos manos una lira que tiene sobre las piernas. Es del siglo I antes de C. Las dos figuras representan dos aspectos característicos de la religión gala, el uno relacionado con la guerra y el otro con la poesía.

Monumentos indígenas y oficiales de la Galia romana

Los lugares de culto galos de la época romana

La palabra latina *fanum* designa un santuario galo, un edificio de planta cuadrangular o redonda rodeado de una cerca. Lo que le distingue del santuario galo que acabamos de describir es el empleo de la piedra como material de construcción. Los dos están orientados al este, mientras, que los templos grecorromanos se abren al oeste. Algunos *fanum* son de grandes dimensiones, como el templo, mal llamado «de Jano», de Autun, y la torre de Vésone, en Périgueux. Puede haber *fanum* en las ciudades, pero generalmente se construyen en el campo, cerca de una *villa* o de un pueblo. Algunas veces están agrupados, como en Estrées-Saint-Denis (Oise). Muchos de ellos —en Francia se conocen unos 400— han sido descubiertos gracias a la fotografía aérea. Son pocos los que se han excavado, pero los resultados de algunas exploraciones arqueológicas son interesantes. El edificio central está reservado a los dioses, que se conocen por algunas inscripciones y estatuas. Son dioses galos: Rosemerta, Maia, Epona, o dioses romanos adoptados, Mercurio, Apolo, Marte, Venus, y las diosas madres... Las ofrendas esparcidas por el recinto son exvotos, objetos pequeños, armas, espadas y escudos, anillos y ruedas, estatuillas, lámparas, vasos, monedas, y restos de comida, huesos de animales, tortas y bebidas.

Los miles de exvotos de madera encontrados en las fuentes del Sena (Côte-d'Or) y en Chamalières (Puy-de-Dôme) han permitido localizar varios lugares de culto galorromano en los que se adoraba a divinidades indígenas cuyo nombre se ignora. Tenían relación con las fuentes, y el origen del culto sin duda se remonta a épocas más antiguas. En Glanum, cerca de Saint-Rémy-de-Provence, la ciudad grecorromana, en opinión de su primer excavador y de la mayor parte de sus sucesores, se desarrolló en torno a la fuente monumental, que tenía propiedades curativas. En Genainville (Val-d'Oise) se ha comprobado la presencia gala cerca de tres fuentes, que dieron origen a un santuario rural y que alcanzó su apogeo en el siglo II de nuestra era, con dos templos unidos, con pórtico y frontón esculpido, un teatro o, más bien, un semianfiteatro, y algunas casas. Los arqueólogos, entre ellos Pierre-Henri Mitard, han buscado también las termas que, según el concepto clásico, completarían el santuario. Entre las esculturas hay una diosa de la que no se conoce con seguridad el nombre; está rodeada de amorcillos y ninfas, divinidades de las aguas. De uno de los templos procede también un busto en piedra de un joven ciego, equivalente de un exvoto de madera.

En Septeuil (Yvelines), no lejos de Genainville, se descubrió un ninfeo. Es un santuario pequeño, con pórtico, y una hornacina en la que hay una estatua de mármol blanco. Representa a una ninfa recostada que apoya la cabeza en el hombro. Tiene un ánfora de la que sale el agua de una fuente que va a caer a una pila octogonal. Más tarde, en el siglo IV, el dios Mitra sustituyó a la ninfa.

Los ejemplos de culto indígena en la época romana sin duda eran más numerosos de lo que parece. Son difíciles de identificar, porque muchas veces se ignora el nombre de las divinidades y no se conocen sus atributos. Eso es lo que ocurre con el santuario de Saint-Marcel (Indre), con su altar y sus dos estatuas de piedra, personajes sin duda divinos, que están sentados en el suelo y llevan un torques galo.

El altar de la Galias en Lyon

En el año 12 antes de nuestra era los sesenta pueblos de las Tres Galias dedicaron un santuario a las divinidades protectoras del Imperio, Roma y Augusto. En 1962 Amable Audin y Pierre Quoniam publicaron un trabajo sobre ese santuario monumental cuando, al hacer unos trabajos urbanos, se encontró una corona de laurel de 46 cm de diámetro y 7,5 kg de peso. Esa corona la sostenía una de las dos Victorias de 3,5 m que había a cada lado del altar federal de las Galias. En las monedas de Augusto y de Tiberio aparece el altar, más ancho que alto, con las dos columnas que sostenía a las dos Victorias, una frente a otra. Ha podido seguirse el rastro de las columnas, que se cortaron por la mitad, y hacia el siglo XI se llevaron a Ainay, donde los cuatro medios fustes son ahora los pilares de la cúpula de la basílica de Saint-Martin. Son de granito gris amarillento, una sienita importada del Alto Egipto. Las columnas medían 9,47 m de altura y, si añadimos el capitel, 10,50 m. Con la estatua de bronce, alcanzarían los 14 m. El gran altar de las Galias estaba en lo alto de un promontorio al que se subía por una doble rampa monumental. La tabla de Claudio, una de las más bellas inscripciones en bronce de la Antigüedad, procede de ese altar. Lleva el texto de un discurso del emperador Claudio al Senado romano, en el año 48 antes de nuestra era. En él describe la Narbonense y, por oposición, las Tres Galias. Al oeste de la terraza del altar, se construyó el anfiteatro de las Tres Galias, un edificio de 135 m de diámetro. Caius Julius Rufus, donante del arco de Saintes, fue también el que hizo construir el anfiteatro en tiempos de Tiberio. Su nombre aparece en la dedicatoria monumental del edificio. Era sacerdote del altar de las Galias y oficiaba todos los años.

En el año 177 ese anfiteatro fue escenario de la muerte de los primeros mártires cristianos.

Monumentos antiguos y medievales de la fe cristiana

La carta de Venecia recomienda a los arquitectos encargados de la restauración de monumentos históricos hacer estudios de conjunto antes de cualquier intervención. Entre esos estudios la investigación arqueológica ha sido eficaz en numerosas ocasiones, no sólo desde el punto de vista arquitectónico, sino también en lo que se refiere a la evolución de unas construcciones complejas de las que en muchos casos no podemos ver más que un aspecto único y tardío. Uno de los mejores ejemplos, por lo que tiene de espectacular y exhaustivo, es el de la catedral de Ginebra. Al hacer unas obras de consolidación del edificio románico-gótico, Charles Bonnet puso al descubierto los cimientos de la catedral, y también los de la plaza y las calles colindantes. Ha podido demostrar que desde la época carolingia se tendió a agrupar las distintas secciones del conjunto episcopal en un mismo edificio: la iglesia principal, construida en el eje del baptisterio, se amplió a costa de otras construcciones que desaparecieron.

Las excavaciones en la zona del conjunto episcopal de Aix-en-Provence nos permiten seguir el paso de la basílica antigua a la catedral medieval y contemporánea. En el lugar que ocupa el barrio actual existía desde el siglo I de nuestra era un foro, una plaza grande, rodeada de pórticos, y presidida al norte por una basílica civil más bien que un templo. Hacia el año 500 la ciudad antigua ya no existía y había sido reemplazada por una catedral, un baptisterio y varios edificios anejos. Un centro público se ha transformado en un centro religioso, y los progresos de la cristianización son manifiestos en pleno corazón de la ciudad. En el foro, que había dejado de serlo, se construyeron tumbas, porque la propia catedral era una necrópolis, tal vez episcopal. El barrio se renovó y extendió. Desempeñó un papel importantísimo en la historia medieval de la ciudad de Aix.

En Lyon el conjunto episcopal se construyó fuera de las murallas, en la necrópolis antigua. En el siglo V se edificó allí un pequeño mausoleo para venerar la tumba de Justus, obispo de Lyon, muerto en 380 en la Tebaida. Estaba cerca de una basílica dedicada a los siete Hermanos Macabeos, mártires.

El cementerio paleocristiano tenía una extensión de más de 300 m, y multitud de peregrinos llenaban los lugares de culto. La basílica, ampliada en el siglo V, se restauró en la época carolingia, y en el siglo XII fue sustituida por una iglesia románica. Al norte de la actual catedral de San Juan, Jean-François Reynaud ha descubierto restos de los muros de la iglesia de la Santa Cruz, reconstruida en el siglo XV sobre los cimientos de la iglesia románica. Ha identificado también los muros de la pequeña iglesia de Saint-Etienne, que estaba entre la de la Santa Cruz y la catedral. Sucedía al baptisterio paleocristiano del que se ha encontrado la pila bautismal. Esas ruinas se han conservado dentro de un jardín arqueológico, en el que el público puede ahora ver de una forma clara y concreta la complejidad de la historia episcopal de Lyon. Se han exhumado también otros documentos de gran interés, entre ellos varias estelas funerarias con inscripciones cristianas del siglo V. La de Litoria lleva grabado el crismón y las letras α y Ω dentro de una corona; a uno y otro lado hay una paloma con la palma. En otra necrópolis de Lyon, la de Saint-Laurent-de-Choulans, se han encontrado estelas paleocristianas de los siglos VII y VIII. El conjunto constituye un testimonio esencial sobre la cristiandad a principios de la alta Edad Media.

Los estudios de Renée Colardelle de la iglesia de Saint-Laurent de Grenoble demuestran la relación que existe entre el mundo funerario y la arquitectura religiosa medieval, polo del dinamismo urbano. En una necrópolis galorromana situada fuera de las murallas, en el camino de los Alpes que bordea el río Isère, había una gran *memoria* rectangular construida entre algunos mausoleos más bien pequeños, a la que fueron añadiéndose tumbas. ¿Qué veneración particular incitó a los cristianos a multiplicar las sepulturas en ese sitio? En los siglos VI-VIII se levantó una iglesia de planta de cruz para facilitar el culto. El cementerio se extendió, y aparecieron algunas casas. En los siglos VIII-IX, la iglesia tenía un altar nuevo, varias partes complementarias y una decoración pintada y esculpida. En el siglo XI, después de un período de decadencia, los benedictinos de Saint-Chaffre-en-Velay fundaron allí un priorato a petición de los obispos de Grenoble. La iglesia románica, sus sucesivos claustros y su cementerio, utilizado hasta la Revolución, fueron el núcleo de un barrio de Grenoble.

En las tierras de acarreo el arqueólogo tiene a veces la sorpresa de encontrar elementos de la decoración arquitectónica que se creían perdidos para siempre. En la iglesia de Saint-Pierre-aux-Nonnains de Metz se descubrió un cancel del siglo VIII. En la losa principal aparece la figura de Cristo con algunos detalles arquitectónicos, columnas, capiteles, bóvedas. El conjunto sigue siendo único, y modifica la idea que suele tenerse de un período de absoluta decadencia cultural.

El triunfo de la cristiandad medieval se manifiesta en la construcción de grandes edificios, iglesias, abadías, catedrales, etc., cuyo carácter sagrado va unido a una reliquia, recuerdo de una muerte gloriosa, muchas veces la de un santo y, con menos frecuencia, la de Cristo o los apóstoles. Los grandes personajes se entierran bajo las losas de esas iglesias, que están rodeadas de cementerios.

La arqueología interviene en casi todas las obras de consolidación y restauración de esos monumentos. Las excavaciones realizadas en 1967 en la gran abadía de La Charité-sur-Loire (Nièvre) han permitido a Jean Vallery-Radot dilucidar las vacilaciones de los comienzos de la construcción. entre 1080 y 1090 se siguió un primer plan de acuerdo con los principios benedictinos, y el papa Pablo II consagró el coro en 1107. Pero la abadía de Cluny acababa de dotarse de una prestigiosa arquitectura, que el nuevo arquitecto de La Charité-sur-Loire se apresuró a imitar: modificó el coro, lo hizo más profundo y lo rodeó de naves laterales y de un deambulatorio con cinco capillas radiales.

La arqueología tras las huellas de la poderosa abadía de Cluny

En la pequeña población del sur de Borgoña hay una calle que lleva el nombre de Conant en homenaje a un arqueólogo norteamericano que, con la ayuda de la *Medieval Academy of America*, consagró una parte de su vida a la más grande de las abadías. De 1926 a 1956 Kenneth John Conant publicó los resultados de sus excavaciones en los últimos escombros de una obra de demolición que había durado de 1798 a 1823, antes de quedar olvidada. En 1744, después de seis siglos de esplendor, la abadía de Cluny perdió su independencia religiosa. La Revolución dispersó a los últimos monjes, y bajo el Directorio la abadía se vendió como propiedad nacional. Lo único que queda de la iglesia es el crucero meridional, que impresiona por la altura de su bóveda, ya que alcanza 30 m, y 33 m en el óculo de la cúpula. Para hacer posible esa elevación y resistir al empuje, se inventó el arco mitral. Los otros edificios de la abadía han corrido distinta suerte. La fachada gótica del «papa Gelasio», construida hacia el 1300 en la plaza del mercado, fue restaurada en 1873 al estilo de Viollet-le-Duc. Del claustro románico de 1115 no quedan más que algunos fragmentos y restos de columnas encontrados durante las excavaciones. En el siglo XVIII fue sustituido por el claustro que vemos ahora, y que forma parte de un conjunto de edificios que en 1750 hizo construir el gran prior dom Dathoze, un verdadero palacio con una soberbia fachada. La torre del Molino, de fines del siglo XIII, es una sólida torre cuadrada. En su parte inferior lleva las ruedas que movidas por un arroyo hacían funcionar el molino de los monjes. La fachada del edificio donde se guardaba la harina, construido en el siglo XIII cerca del molino, se rehízo en el siglo XVIII.

De esa gran abadía, cuya influencia llegó a toda Europa, quedan pocos testimonios directos. La biblioteca y sus archivos antiguos se quemaron allí mismo. Son los trabajos arqueológicos los que han permitido volver a encontrar el atrio, el nártex y las basas de algunos pilares de la iglesia. El tamaño de las ruinas todavía impresiona. Todo documento arquitectónico e iconográfico contribuye a dar una idea de ese gran lugar de culto de 187,31 m de largo. El crucero medía 74 m. El volumen total del edificio, sin el nártex y los campanarios, representaba 42 000 m^3. Se ha calculado que la iglesia de San Hugo, muerto en 1109, necesitó de diez a once millones de horas de trabajo. No se trata de reconstruir Cluny, sino de conservar el testimonio más objetivo posible, es decir, mejor documentado, de esa asombrosa obra de la cristiandad medieval.

El movimiento cisterciense y la mística medieval

En el año 1146, san Bernardo de Claraval intercedió ante el emperador bizantino de Constantinopla para que hiciese caballero al hijo del conde de Champaña. Escribió también una vida de san Malaquías, monje irlandés. Desde Turquía a Irlanda se formó entonces una identidad europea gracias a las órdenes monásticas y a la orden de la caballería, pero sobre todo gracias a la expansión entre los hombres de letras de la lengua y la cultura latinas.

Dominando ese impulso monástico que se manifiesta desde Suecia hasta Italia, Bernardo de Claraval aparece como una fuerza de la naturaleza, hombre de acción, hábil político, escritor, filósofo, teólogo e inventor de la admirable arquitectura cisterciense. Esa arquitectura desnuda imita con sus esbeltos pilares los troncos rectos de un grandioso bosque, porque como decía él, «los árboles y los peñascos os enseñan más que los libros». Con ese proyecto arquitectónico, Bernardo quería «sacar miel de las piedras y aceite de las peñas más duras». En 1979 un magnífico libro de Georges Duby nos ha recordado la admirable influencia de san Bernardo.

El interés de la arqueología por las ruinas arquitectónicas y los vestigios de la vida cotidiana que las envuelven contribuye a valorar, más allá de los textos, la irradiación del movimiento cisterciense. Se han sacado a la luz los cimientos de varias construcciones monásticas desaparecidas, como las abadías alsacianas de Neuburg y de Königbruck, hijas «por enjambrazón» de la abadía de Lucelle. Otro establecimiento monástico desaparecido ha podido identificarse en Saint-Saturnin, en el Cantal: unos pequeños relieves son los restos de un muro de piedra seca que rodea las ruinas de varios edificios. En ese lugar aislado, a 1 200 m de altitud, la abadía cisterciense de Obazine (Corrèze) había construido el granero de Graule, un centro de explotación especializado en la ganadería. En Villeron puede verse todavía el granero cisterciense de Vaulerent, que data del siglo XIII. Su tamaño permite imaginar la importancia de la explotación. El granero es un edificio rectangular de 72 por 23 m. Tiene tres naves separadas por dos hileras de doce pilares cuadrados.

Sostienen las arcadas en las que se apoyan las ojivas de madera del armazón de un tejado a dos aguas. Las paredes laterales, más bien bajas, son de piedra de sillería y están reforzadas con contrafuertes en cada uno de los pilares. Las ventanas son sólo unas aberturas estrechas destinadas a dejar pasar el aire más que a dar luz. A uno y a otro lado del edificio, dos fachadas salientes de piedra contribuyen a dar al granero un aspecto monumental. En medio de la fachada principal, una puerta grande permitía la entrada de los carros hasta el interior del granero, donde eran descargados. Otra puerta lateral más pequeña estaba reservada a los peatones. La capacidad del granero era de 600 a 700 m^3. Gracias a la fotografía aérea se ha podido determinar el sistema de explotación de la finca, que comprende 380 ha. Se trata de una explotación abierta formada por grandes parcelas de forma irregular; las señales de antiguos caminos y límites de los campos son las fuentes de un estudio de arqueología espacial.

El ascetismo cisterciense, místico y religioso, llevaba consigo una forma de vida alejada de las ciudades y del mundo ruidoso de los laicos. Varias de esas construcciones, destinadas a una vida austera de meditación y trabajo, se levantaron en lugares apartados en los que fue preciso colonizar las tierras. El mapa de esos establecimientos del Císter muestra la expansión de la orden en el siglo XII por toda la Europa occidental y central, hasta Hungría. Tenemos ahí un magnífico ejemplo de una identidad espiritual, que todavía ahora marca de varias maneras nuestro mundo —en el Concilio Vaticano II hay una referencia al espíritu del Císter— y que continúa siendo uno de los componentes de la herencia cultural de la civilización de Occidente.

Catedrales e iglesias

Las abadías no son los únicos grandes monumentos de la fe cristiana. En el corazón mismo de las ciudades, las famosas catedrales góticas forman parte tanto de la vida religiosa como de la vida civil, y hemos tenido ya ocasión de ver numerosos ejemplos de ello.

Un estudio reciente de la catedral de Reims, hecho por Jean-Pierre Ravaux, distingue doce campañas sucesivas de construcción, de las que cinco se han observado en el suelo y las otras en las partes altas, donde el examen de los diferentes aparejos, las superposiciones y traslapos conduce, por un método verdaderamente arqueológico, a una cronología relativa de la progresión de la obra. Una obra que no es únicamente ir colocando piedras, sino más bien la de una ideología cristiana elaborada hasta el secreto, en la que volvemos a encontrar la organización ternaria del mundo, reflejo del principio de la Trinidad.

En 1977 el descubrimiento de las cabezas de Nuestra Señora de París, en el número 20 de la calle de la Chaussée-d'Antin, tuvo una gran repercusión. En los primeros días de la Revolución, el maestro de obras Varin recibió el encargo de desmontar 120 estatuas que decoraban el exterior de la catedral. Realizó su delicado trabajo entre diciembre de 1793 y septiembre de 1794. Las estatuas estuvieron dos años tiradas en la plaza, hasta que se encargó a otro maestro de obras llamado Bertrand que repartiera las piedras, destinadas a servir de materiales de construcción. 364 fragmentos de estatuas quedaron depositados por capas en un foso y se cubrieron de yeso. Las cabezas de san Pablo, de los reyes de Judá, de un ángel, de un rey mago, etc., son ahora algunas de las más hermosas muestras de la escultura gótica monumental de los siglos XII y XIII. Las imágenes de las catedrales se elegían con una intención didáctica, eran una forma de enseñar la religión a los fieles.

En 1976, durante las obras de restauración del convento de los agustinos de Toulouse, convertido en museo en 1794, aparecieron nueve esculturas mutiladas, que estaban escondidas en un hoyo de la galería del claustro. Pertenecían al edificio religioso, y Denis Milhau, el conservador del museo, supone que las enterraron en la época del Terror, es decir, poco antes de la creación del museo. Representan al Ángel de la Resurrección, un grupo en el que aparecen varios demonios, un obispo que lleva su cabeza en las manos, etc., y son todas obras de calidad, características de finales del siglo XV y principios del XVI.

Quisiéramos citar por último un magnífico trabajo arqueológico llevado a cabo por Léon Pressouyre, entre 1963 y 1977, en Châlons-sur-Marne. El claustro de la iglesia de Notre-Dame-en-Vaux fue destruido en 1759, y parte de sus piedras se utilizó luego como material de construcción. Una paciente busca de los fragmentos ha permitido reconstituciones progresivas, no completas, pero sí suficientes para restituir varias esculturas góticas notables, como la estatua columna de san Pablo. Una vez más, aparte el valor estético, lo que se restituye es una parte de la expresión religiosa del lugar.

Hay otros muchos monumentos religiosos más modestos, calvarios bretones, capillas y crucifijos al borde de los caminos, hornacinas con imágenes piadosas. Todos ellos recuerdos y testimonios que dan vida a nuestros paisajes y que la arqueología contribuye a salvar.

7. DAR Y DARSE UN NOMBRE: UNA ARQUEOLOGÍA DE LAS IDENTIDADES

En sus comienzos la arqueología se proponía encontrar a los grandes personajes y los lugares famosos mencionados en los textos escritos. Así, Heinrich Schliemann descubrió Troya y Micenas, la tumba de los Átridas. Pero la máscara de oro encontrada en Micenas y atribuida a Agamenón no puede haber pertenecido a ese rey, ya que vivió cuatro siglos después de que se depositaran en la tumba la máscara y las ofrendas que había junto a ella. La identificación de las grandes ciudades antiguas, como Pompeya, Herculano, Lugdunum, Massalia, Burdigala, Lutetia, etc., ha sido bastante fácil. Sin embargo, es poco frecuente que no surjan dudas en esa clase de identificación. Los especialistas aceptan la idea de que el sepulcro de bóveda n.º 2, encontrado en 1977 en Vergina, la antigua capital de Macedonia, es efectivamente el del rey Filipo II, padre de Alejandro, incinerado según el rito griego que se reservaba para los más altos personajes. Un ejemplo más problemático es el de la reina Aregonda, una de las esposas de Clotario I, hijo de Clodoveo. Desde 1957, Michel Fleury y Albert France Lanord han hecho excavaciones en el coro de la basílica de Saint-Denis, cerca de París. Los sepulcros que se encontraron en dos niveles eran de mujeres y de niños, y sólo uno de ellos era de hombre. La tumba de una mujer se distinguía por la riqueza de las joyas y vestidos, bordados con hilos de oro. El dato que pareció decisivo fue un anillo de sello que llevaba grabado el nombre de Aregonda, y la primera interpretación de los arqueólogos fue pensar que estaban en presencia de la reina merovingia, muerta entre 565 y 570. Pero un examen más detenido de las joyas, los broches, los pendientes y la placa de la hebilla indicaba una fecha posterior en varias decenas de años. Es posible que el anillo que llevaba la mujer descubierta sea el de Aregonda, pero ella no es esa reina. Si queremos poner un ejemplo de identificación muy discutido, pensamos en seguida en el caso de Alesia. Se han defendido con vehemencia varias posibilidades en cuanto a su situación y, aunque hayan desaparecido las dudas y la Alesia de Borgoña esté bien atestiguada, gracias a las excavaciones que empezó Napoleón III y que han continuado después, y gracias a una inscripción con el nombre de Alesia, todavía hay quien continúa buscando en otro sitio los restos de la ciudad de Vercingetórix.

Para los períodos históricos la numismática constituye una gran ayuda. El arqueólogo acude a sus colegas especializados en monedas por numerosas razones, como aclarar un rompecabezas cronológico, reforzar las hipótesis de las relaciones con cierto personaje o región, calcular el dinamismo económico, etc. Las series de monedas nos permiten así ir de un emperador romano a otro y luego de un rey a otro.

Además de la identificación iconográfica, podemos determinar la identificación económica de una moneda calculando su peso y el grado de pureza del metal. Jean-Noël Barrandon ha estudiado las series romanas desde ese punto de vista y ha demostrado lo difícil que resultaba mantener una paridad de las monedas dentro de un sistema en perpetua devaluación.

Aparte la identidad individual, existen identidades colectivas, con frecuencia más difíciles de determinar. Entre ellas nos encontramos con la identidad de los pueblos y de las naciones. Veamos cómo los nuevos descubrimientos arqueológicos renuevan la idea que teníamos de esas realidades difíciles de aprehender.

Primeras muestras de conciencia

Desde el paleolítico medio, algunos pequeños objetos de adorno indican una cierta atención prestada al cuerpo. Otro aspecto igualmente conmovedor es la preparación de las primeras sepulturas hace unos 100 000 años en el Próximo Oriente, según los últimos descubrimientos de Bernard Vandermeersch, y hace unos 50 000 años en la Europa occidental. Hemos visto que los que las hicieron eran tanto los hombres de Neandertal como los hombres modernos. El ritual funerario que acompaña a la muerte se practica de acuerdo con la identidad del muerto y con la idea que se tiene del más allá. Para los griegos de la Antigüedad, la situación más degradante que podía imaginarse era la de un muerto sin sepultura. Desde el principio de las prácticas funerarias, los múltiples cuidados que se dedican al cadáver, los ritos y ceremonias que se organizan en torno de él refuerzan la apropiación del individuo muerto por su propio grupo, que afirma así su identidad cultural colectiva.

Pero la plena conciencia del hombre sobre la tierra se hace patente cuando aparece el arte hace 35 000 años, la imagen más o menos fragmentaria de su cuerpo masculino o femenino grabada en la roca o esculpida sobre una plaquita de hueso o de marfil; más tarde aparecen manos negativas pintadas en las paredes de algunas cuevas. El arte prehistórico equivale a un lenguaje que transmite cierto número de mensajes.

Según la clasificación que hace André Leroi-Gourhan, el arte prehistórico se divide en cuatro estilos. A cada estilo corresponden preferencias técnicas y temáticas que pueden apreciarse en las representaciones de animales. La sucesión de los estilos, según Leroi-Gourhan, confirma la idea de una evolución normal de lo más simple a lo más complicado, antes de terminarse por una fase degenerada. La cronología de los estilos se determina por las dataciones de los niveles arqueológicos que contienen objetos de arte mobiliario. Hay otros investigadores que van más lejos, como Juan Apellaniz que, además del estilo colectivo de algunas representaciones paleolíticas de animales, cree poder identificar el estilo personal de un artista determinado o, cuando menos, de una «escuela». Eso es lo que ocurre con el artista de ciertos bisontes grabados de la cueva de Isturits (Pirineos Atlánticos).

Las analogías que ponen de manifiesto las investigaciones arqueológicas permiten ver algunas señales de reconocimiento social que en ciertos casos pueden interpretarse como expresiones de identidad. Las ofrendas de una sepultura colectiva neolítica, como la de Mesnil-sur-Oger (Marne) son, según André Leroi-Gourhan y Michel Brézillon, las del conjunto del grupo al que pertenece. Brigitta Hardh ha demostrado que las diferencias en la decoración de la cerámica depositada en los monumentos megalíticos del sur de Suecia sin duda correspondían a diferencias sociales de su propietario o al menos de su fabricante. Desde los Urales a los Países Bajos, las sepulturas de principios de la edad de los metales, con moldes, crisoles, yunques y martillos, son una prueba de la importancia social que tenía el oficio de trabajar los metales. Los adornos y las armas de las tumbas ricas de la edad del bronce armoricana son los símbolos de la identidad de los príncipes enterrados en ellas. En los túmulos del sur de Alemania y del este de Francia, las distintas partes del vestido femenino de la edad del bronce parecen tan características que en ellas se ve el equivalente de las que componen el traje típico tradicional llevado por las mujeres de determinada región geográfica. La moneda con la efigie del emperador se convierte en el signo de la identidad a la vez política y económica del Imperio romano. ¿Qué mejor símbolo de la identidad que la cruz del Occidente cristiano? En nuestros días, los ecomuseos quieren salvar las identidades territoriales y profesionales. Estos ejemplos dan una idea de la complejidad del problema de las identidades. Preferimos no ocuparnos aquí más que de algunos de los temas que se han debatido últimamente.

El nacimiento de los pueblos

Heródoto, que en el siglo v antes de C. habla de los primeros pueblos de Europa cuyos nombres conocemos (los escitas, los tracios, los ilirios, los dacios, los celtas, los iberos, etc.), nos ayuda a concebir la idea de pueblo (del latín *populum*) o más bien de etnia (del griego *ethnos*) porque él escribía en griego. Para Heródoto, la etnia posee un país de determinada extensión, con su relieve, sus ríos, su clima, sus plantas y sus animales. La etnia está constituida por una población unida por su historia, su forma de vida y sus costumbres. Por tanto, si nos atenemos a la definición de Heródoto, la arqueología puede aspirar a volver a encontrar las etnias, ya que ninguno de los aspectos que las constituyen es ajeno a la investigación arqueológica.

Pero no tardan en surgir preguntas que hacen que esa primera forma de enfocar el asunto no resulte ya tan clara. ¿Requiere la unidad de la etnia una organización política coherente y única? Vemos que en muchos casos ambas cosas van juntas, pero existen también ejemplos de poderes políticos divididos entre los antiguos celtas, mientras que el Imperio romano extendía su autoridad política sobre varias etnias.

¿Posee la etnia su propia lengua? Una vez más la respuesta no puede ser única, porque, aunque es verdad que varias etnias hablan una determinada lengua, los tracios el tracio, los celtas el celta, los iberos el ibero, etc., otras etnias pueden utilizar varias lenguas, lengua aristocrática y lengua popular, lengua moderna y lengua arcaica, como el etrusco los itálicos.

¿Hasta qué punto los propios interesados tienen conciencia de la unidad de la etnia? Porque si esa unidad estuviera definida únicamente por los mapas de distribución de los arqueólogos, podría emitirse alguna duda sobre la autenticidad de la realidad étnica. Por suerte para el arqueólogo, algunas etnias han acentuado ciertos rasgos culturales, en estilos de decoración, adornos, monumentos funerarios y sagrados, manifestando así su necesidad de afirmar el sentimiento étnico. Pero, ¿hasta dónde llegaba la conciencia de la identidad? Sin duda hasta el reconocimiento de la diferencia de las otras etnias. Aunque las ciudades griegas estuvieran políticamente divididas, sus habitantes se sentían ante todo griegos. Se reunían en las Olimpíadas, en las que podían competir en condiciones de absoluta igualdad, pero sólo ellos, los que hablaban el griego. Todos los demás, los «bárbaros», que hablaban otras lenguas que ellos no comprendían, eran rechazados. ¿Es excepcional el ejemplo griego? Ellos mismos se llamaban «helenos» o «griegos» pero, ¿las otras etnias de la Antigüedad se daban ellas mismas su nombre? ¿O fueron los primeros geógrafos e historiadores los que transcribieron en griego los nombres que los griegos daban a esas gentes? En el primer caso podemos afirmar que la etnia está constituida por un conjunto estrechamente unido de grupos humanos puesto que se definen por un etnónimo. En el segundo caso hay que averiguar a qué nivel se sitúa la unidad.

Dos observaciones más se imponen al llegar a este punto del análisis. Cuando se compara la Europa céltica descrita por Heródoto, es decir, la Europa occidental, y la región esencialmente atlántica que ocupan los celtas actuales, al menos los que se consideran celtas, se comprende que ese asunto de la identidad de las etnias se refiere a realidades poco firmes, que cambian según las épocas y los lugares. Los celtas de César no son ya los mismos que los celtas de Heródoto, aunque en el aspecto lingüístico haya elementos comunes y reconocibles. De ahí que hay que ser prudentes cuando se trata del problema del origen de los indoeuropeos y en especial de los celtas. Está claro que la lengua y la etnia pueden constituir dos elementos capitales de una misma identidad, pero la una y la otra pueden ser autónomas; la lengua puede no ser más que un medio de comunicación sin ser siempre un medio de identidad. La etnia puede tener otra manifestación de la conciencia de sí misma que no sea la lengua; una historia, una forma de vida, unas costumbres son capaces de solidarizar en etnia a varios grupos humanos.

De los aquitanos a los vascos, un pueblo preindoeuropeo

En el siglo I antes de nuestra era Julio Cesar llama «aquitanos» a los pueblos que viven el triángulo limitado por el Océano, el Garona y los Pirineos. Los opone a los celtas y los compara con los iberos, aunque sin dejar de distinguirlos. Esa región, a la que se añade la de Ariège, es precisamente lo que los historiadores y los lingüistas llaman «Gascuña», Vasconia. Los lingüistas, como Jacques Allières, admiten ahora que las lenguas «euscaroides», que no tienen ningún punto en común con las lenguas indoeuropeas, se hablaban al norte de los Pirineos, más allá de los límites actuales del País Vasco, en toda la Gascuña. La toponimia es en ese aspecto reveladora. Jean Séguy, que desde 1952 estudia los sufijos toponímicos preindoeuropeos (-os, -osse, -ous, -ost, -oz), los encuentra desde Ariège (Vicessos), el valle de Arán (Bosost), el Béarn (Bedous y Urdos) hasta la Gironde (Auros, Andernos, Mios, Biganos), pasando por las Landas (Ygos, Saint-Vincent-de-Tyrosse). En el País Vasco son los más numerosos. Otras investigaciones han venido a confirmar la existencia de lenguas arcaicas no indoeuropeas en el territorio de Gascuña. Jacques Allières enumera una serie de hábitos lingüísticos, de particularidades fonéticas e incluso de formas sintácticas, propias de los aquitanos, que han transformado el bajo latín: -ll se ha convertido en -r o -t, -r en -arr, y -f en -h. El mismo autor escribe a propósito de los nombres de divinidades y de personas que aparecen en las piedras epigráficas repartidas por la mitad oriental del territorio gascón, desde las fronteras del Soule (Tardets) al sudeste del departamento de Lot-et-Garonne (Sos) y al Ariège gascón (Saint-Girons): «Entre esos nombres señalamos, entre otros, Cisou, Andere, Nescato o los elementos Sembe-, Bihos-, que corresponden exactamente al vasco *gizou,* «hombre», *andere,* «señora, señorita», *neskato,* «muchacha», *seme,* «hijo», *bihotz,* «corazón».[1] El autor concluye que los aquitanos de César eran protovascos que en su mayor parte se dejaron romanizar (Gascuña actual), mientras que las poblaciones del extremo sudoeste, el actual País Vasco francés, se mantuvieron fieles al idioma protohistórico.

1. Jacques Allières, *Les Basques,* P.U.F., París, 1977.

Otros argumentos sacados del estudio de algunas costumbres medievales, como la del «derecho de recuperación» (derechos de los parientes sobre un bien puesto en venta) o el de la «primogenitura absoluta», confirman el particularismo cultural prerromano de esa región. Por último, la determinación de los grupos sanguíneos ha revelado la persistencia de un fondo de población muy antiguo caracterizado por una gran frecuencia del grupo O, en una zona que comprende la Bigorre, el Béarn y el País Vasco, y una frecuencia menor, pero todavía notable, al sudeste de una línea que va del país de Foix a la Gironde, siguiendo el Garona, límite de Gascuña.

Hemos tenido ocasión de demostrar, en un estudio arqueológico sobre Aquitania publicado en 1980, que esa región situada al sur del Garona presenta una fuerte unidad cultural durante la protohistoria. La influencia que tuvieron los grupos pirenaico y landés sobre el conjunto del sudoeste de Francia al final de la primera edad del hierro es sin duda un episodio brillante de la historia de los aquitanos (¿protovascos?), interrumpido por los celtas que, en el siglo III antes de nuestra era, dominan políticamente el eje del Garona. Parece que la mayoría de los topónimos celtas datan de esa época. La arqueología aporta también su contribución al problema de las relaciones entre los aquitanos y los iberos: varios tipos de objetos, como placas de cinturón de bronce y armas de hierro, espadas con antenas y lanzas grandes, están repartidos a uno y otro lado de los Pirineos, pero es sobre todo el descubrimiento en Aubagnan, en las Landas, de fragmentos de un vaso de plata dorada con una inscripción ibérica lo que indica contactos con el sudeste, pues el mundo ibérico de entonces se extendía por la costa mediterránea, desde el sur de España hasta Ensérune, cerca de Montpellier, o al menos eso es lo que nos dice el mapa de distribución de las inscripciones ibéricas, muchas veces grabadas en los vasos.

Se plantea por último la cuestión de hasta dónde podemos remontar en el tiempo la tradición arqueológica de los aquitanos que nos parecía tan homogénea antes de la llegada de los celtas. La información que tenemos es incompleta, y sobre la edad del bronce, por ejemplo, muy escasa. A pesar de eso, podemos seguir la tradición funeraria pirenaica de los túmulos desde el montículo megalítico del IV milenio hasta los túmulos de la edad del hierro con depósitos incinerados rodeados de piedras, pasando por el túmulo de la edad del bronce. Podemos apreciar ahí una continuidad que podría significar que la población protovasca estaba establecida allí al menos desde el neolítico medio.

El problema indoeuropeo: ¿quiénes son los celtas?

A fines del siglo XVIII los lingüistas empezaron a buscar el origen de las lenguas, y no tardaron en llegar a la conclusión de que las lenguas vivas son el resultado de una larga evolución de lenguas muy antiguas. Sus huellas se encuentran en las inscripciones, en los textos antiguos, en los topónimos y en la etimología de las palabras actuales. Una de las conclusiones importantes que se sacaron entonces fue que la mayoría de las lenguas de Europa y de una parte de Asia pertenecían a una misma familia lingüística. Esa identidad no se ha puesto nunca en duda, pero su origen ha sido motivo de polémicas. La verdad es que las fuentes habladas y escritas del problema indoeuropeo son limitadas en el tiempo; los arqueólogos, como Gordon Childe en 1926 con su libro, *The Aryans,* y Pedro Bosch Gimpera, en 1961, con su estudio sobre *Los indoeuropeos,* han tratado de buscar algunos fenómenos arqueológicos similares a los fenómenos lingüísticos, con interrupciones o, por el contrario, desarrollos bruscos, que se interpretan como el resultado de invasiones. Según ellos, la difusión de la cerámica con decoración acanalada y de la espada de tipo Nenzingen confirma, por ejemplo, la llegada de los dorios a Grecia y, por tanto, la introducción de la lengua griega y la mitología del Olimpo. Más allá de las manifestaciones arqueológicas y lingüísticas, es fácil dar un paso suplementario e interpretar el fenómeno en términos étnicos e incluso nacionalistas. Ese método de las amalgamas, aplicado por autores como Gustav Kossinna, ha tenido inesperadas y catastróficas consecuencias nacionales que han hecho dudar de la pertinencia del problema indoeuropeo. En estos últimos tiempos, varios enfoques especializados de ese problema han encontrado notables defensores. George Dumézil le ha consagrado su vida desde el punto de vista de la literatura comparada. Maria Gimbutas ha interpretado las diferentes fases de la arqueología de la Europa oriental y central en términos de oleadas de indoeuropeización. En 1987 Colin Renfrew ha comparado las experiencias recientes de la lingüística y las de la nueva arqueología, y ofrece una visión atractiva y original del tema. J.-P. Mallory, por su parte, ha resumido la cuestión indoeuropea desde un punto de vista más clásico.

Más adelante volveremos a ocuparnos de la obra de Georges Dumézil y del análisis de J.-P. Mallory. Ahora querríamos examinar las hipótesis de Colin Renfrew, que se refieren en primer lugar a la interpretación arqueológica de los hechos. El autor recuerda la respuesta que Sir John Myres daba en 1930 a la pregunta que encabezaba su libro sobre los griegos: «Who were the Greeks?» — «They were always in process of becoming». Es decir, «Estaban siempre en proceso de formación». La frase es ingeniosa y actual, porque las hipótesis formuladas entonces sobre las invasiones dorias como origen de la llegada de la lengua y la religión griegas ahora se ponen en duda, y se cree más bien en un largo proceso de helenización que empieza muy pronto y se nutre de influencias múltiples venidas del norte y del Egeo.

¿Cómo podemos entonces imaginar el «proceso» que condujo a la aparición de los indoeuropeos, cuya existencia no niega nadie? Según Colin Renfrew son dos fenómenos los que intervinieron: una expansión demográfica, sin duda repartida entre varios milenios, pero lo bastante espectacular como para dar la impresión de una ocupación repentina, que generalmente se interpreta como una invasión; invasión de los campos de urnas, según Herman Müller-Karpe, al comienzo de los movimientos de los celtas hacia el oeste, de los itálicos hacia Italia, de los dorios hacia Grecia y de los pueblos del mar hacia Egipto; invasiones, hacia el 2000 antes de C., y según Maria Gimbutas, de los pueblos de las estepas de la Europa oriental, llamados los «pueblos de la cerámica con decoraciones en forma de corazón» o «portadores del hacha de combate». Colin Renfrew refuta las dos hipótesis, porque la explosión demográfica no puede confundirse con esos supuestos desplazamientos de guerreros de poblaciones reducidas por comparación con la inmensidad de los espacios cubiertos. Ese autor relaciona también la aparición de los indoeuropeos con la constitución de una sociedad que posee los rasgos fundamentales de los grupos indoeuropeos, es decir, la sociedad agrícola. Como se ha comprobado que la expansión demográfica y la formación de una sociedad rural se producen al mismo tiempo, a partir del VII milenio en el Próximo Oriente, y 5 000 años antes de C. en las regiones de Europa occidental, Colin Renfrew cree que la indoeuropeización de la sociedades y de sus lenguas empieza en esa época, y que la descripción de los pueblos indoeuropeos hecha por

Heródoto corresponde a una etapa protohistórica de la larga evolución que todavía continúa. Algunos núcleos de sociedades preindoeuropeas conservaron una identidad separada: son los vascos, los etruscos y los caucasianos, pueblos que tienen una lengua preindoeuropea. Esa referencia a la lengua hace pensar a Colin Renfrew que la sociedad indoeuropea era también la que transmitía los principios de la lengua indoeuropea que forman las lenguas protohistóricas que conocemos nosotros.

Veamos, por ejemplo, cómo se aplica esa teoría a los celtas.

¿Quiénes son los celtas?

Los celtas son los que hablan la lengua celta. Julio César habla de una doble identidad étnica y lingüística:

> La Galia, en su conjunto, está dividida en tres partes, una de las cuales está habitada por los belgas, otra por los aquitanos y la tercera por los que en su propia lengua se llaman celtas, y en la nuestra galos. Todos esos pueblos difieren entre sí por la lengua, las costumbres, las leyes.[2]

A propósito de los galos, habitantes de la Galia, uno de los pueblos celtas del tiempo de Julio César, Diodoro de Sicilia nos da una sabrosa descripción étnica:

> Físicamente, los galos tenían un aspecto aterrador, con voces graves y muy rudas. En la conversación, utilizan pocas palabras y hablan por enigmas, haciendo sobre todo alusión a las cosas y dejando una gran parte sin aclarar. Exageran frecuentemente con esa manera de darse importancia y de rebajar el mérito de los demás. Son jactanciosos y comediantes, y dramatizan mucho, aunque a pesar de eso reflexionan con rapidez y tienen una facilidad natural para el estudio. Tienen también poetas líricos a los que llaman *bardos*. Cantan acompañándose de unos instrumentos parecidos a liras, a veces elegías y a veces sátiras. Tienen también algunos filósofos y teólogos que son tratados con especial consideración y a los que llaman *druidas*.[3]

2. César, *Guerra de las Galias*, I, I.
3. Diodoro de Sicilia, V, 31.

¿A qué se aplica el concepto de «celta»?

— a una realidad étnica definida por los geógrafos y los cronistas de la Antigüedad;

— a unos pueblos antiguos y modernos que se denominan a sí mismos «celtas»;

— a dos grupos de lenguas, el grupo P, con el galés y el bretón, y el grupo q, con el irlandés y el gaélico-escocés;

— a unas culturas arqueológicas como el «marnien»; según algunos, esas culturas se desplazan y forman oleadas de invasiones que se extienden en todas direcciones hasta los extremos de Europa y llegan a Anatolia, al país de los gálatas;

— a un estilo estético decorativo que nace en el continente en el siglo v antes de C., y que se encuentra luego en las Islas Británicas;

— a varias formas de civilización, como la religión, la música, la poesía, e incluso una mentalidad...

Vamos a limitar nuestro estudio a la contribución de la arqueología en el amplio debate sobre la identidad celta. Para dar más claridad al análisis, Colin Renfrew distingue el estudio de las lenguas celtas, el del arte, el de la arqueología, las designaciones étnicas de los geógrafos griegos y romanos, y las percepciones étnicas reales de los propios pueblos. Acusa a sus predecesores, de Schrader a Maria Gimbutas, de haber hecho venir a los celtas de Europa central en una fecha reciente, lo más pronto a fines del neolítico, durante el III milenio. Los lingüistas Antonio Tovar, Karl Horst Schmidt y Wolfgang Meid han dado una idea más dinámica de la evolución de los topónimos, pero han quedado prisioneros de las cronologías de los arqueólogos. Hay que rechazar la idea de invasión celta como principio de explicación general y sustituirla por la «celticidad acumulativa», según la magnífica expresión de Christopher Hawkes. Significa, por ejemplo, que un país como la Galia no puede ser una zona celta secundaria, sino una de las zonas principales en las que se formó la identidad celta. Por supuesto, lo mismo sucede con las Islas Británicas, una parte de España y de Italia, etc.

Colin Renfrew investiga desde cuándo está en marcha el proceso de formación de la identidad celta y en qué condiciones lo está. El fenómeno cultural importante que puede introducir semejante cambio es la «llegada del primer pueblo de lengua indoeuropea a Europa occidental» en tiempos de los primeros agricultores. Esa llegada va unida a la neolitización de la sociedad entre 6000 antes de C. en el sur de Francia y 3500 antes de C. en el extremo norte de la Gran Bretaña.

Así quedaría establecido el fondo céltico arcaico. No son guerreros los que imponen la novedad, sino las familias de colonos que se multiplican a favor de la nueva forma de vida rural y se desparraman en busca de nuevas tierras que cultivar, las que van haciéndolo progresivamente.

Colin Renfrew tiene razón al creer que el problema del origen de los celtas no puede reducirse ya a la gran aventura del llamado arte de La Tène, del nombre de un yacimiento del lago de Neuchâtel, que apareció al norte de los Alpes en el siglo v antes de nuestra era y se difundió por toda Europa. Ese aspecto de la civilización celta no es despreciable, pero no representa por sí solo la riqueza de la identidad celta. El nacimiento del arte de La Tène se produce en una sociedad aristocrática que ya no representaba más que una pequeña parte del mundo céltico.

Veamos otro ejemplo, unos siglos más tarde, en el siglo III antes de C. Los miembros de una aristocracia celta parecen imponerse en el valle del Garona y empujan a los aquitanos hacia el sur. Lo único que ese episodio tiene de nuevo es un aspecto de la celtización del sur de Europa, porque los textos celtíberos muestran formas arcaicas más antiguas de un proceso que ya había empezado en esa región antes de que los jefes celtas tomaran el poder en el valle del Garona. Por eso Colin Renfrew no presenta el saqueo de Roma, el pillaje de Delfos y el paso a Anatolia como acontecimientos históricos que desencadenan la celtización de una parte de Italia, de Grecia y del Asia occidental, sino como el resultado de un largo proceso que había empezado mucho antes y que cristalizó en la forma dramática que cuenta la historia. Esos tres ejemplos son interesantes para ilustrar tres situaciones diferentes. Los celtas estaban en Italia desde hacía mucho tiempo, y puede parecer casi lógico que acabasen por llegar hasta Roma. En cambio, la incursión de Grecia y el ataque a Delfos parecen más inesperados, y es seguro que Anatolia no estaba preparada para recibir a la horda que se estableció en Galacia, aislándose así de los otros celtas.

Todos estos ejemplos demuestran la variedad de las situaciones del fenómeno de celtización. Y qué decir de sociedades como las nuestras que fueron celtas pero que después de dos mil años han olvidado en su mayor parte que lo fueron. Nos parece evidente que los celtas descritos por los autores antiguos representan efectivamente a los celtas de aquella época. En nuestros días el término celta, en el sentido de celta insular o peninsular, se aplica a una realidad distinta de la Antigüedad, con una filiación evolutiva que puede seguirse. La noción de celta antiguo no es algo que se sienta ya como en las regiones en las que se aplicaba, aunque las lenguas hayan conservado palabras celtas mezcladas con las otras. En esas condiciones, ¿cómo podemos buscar el origen de los celtas unos tres mil años antes de tener realmente la prueba de su existencia? La celtización en germen ¿había llegado ya a una fase de celticidad?

Los pueblos celtas tienen una forma de vida rural, algunas costumbres y quizás hasta unos hábitos lingüísticos muy antiguos. Como todos los habitantes de Europa, son sin duda alguna los descendientes de los primeros agricultores. ¿Basta eso para concebir la noción de pueblo celta? A nosotros nos parece que no, y creemos que los celtas de Heródoto, lo mismo que los de Julio César y más tarde los de Ossián, son hechos históricos complejos, cada vez diferentes, unidos entre sí por estructuras evolutivas sociales, políticas, étnicas, culturales y sobre todo lingüísticas. El paso que da Colin Renfrew nos parece interesante y positivo en el debate actual, pero no podemos estar de acuerdo con su simplificación del problema a la hora de montar su teoría del origen neolítico de la celtización. ¿Tiene todavía algún sentido el problema de los orígenes cuando se llega a ese grado de generalidad? Volvemos a la frase de Sir John Myren a propósito de los griegos, citada por el propio Colin Renfrew.

Mitología y sociedad indoeuropea

Existe un mito moderno del indoeuropeo o, en un lenguaje ya pasado de moda, del ario, con el que hay que acabar: el inventado por los nazis, pero antes que ellos por Gordon Childe, de la superioridad cultural de esos «promoters of true progress». La implicación racista fue inmediata. Había que encontrar a la pareja de antepasados ideales en el aspecto físico y moral que correspondieran a la unidad del lenguaje indoeuropeo. De una manera mucho más poética y sutil, Virgilio había imaginado también a Eneas, que había llegado a Italia desde Troya para ser el antepasado de los romanos por voluntad de los dioses. Dido le pide que deje su nombre de «troyano» para ser «romano», y no le libera más que a ese precio.

Después de hacer un amplio estudio comparativo de las mitologías indias, eslavas, persas, griegas, latinas, germánicas, celtas... Georges Dumézil llega a la conclusión de que esos pueblos que hablan lenguas indoeuropeas emparentadas entre sí tienen una estructura mitológica común, tal vez sociorreligiosa, que se manifiesta por una misma visión del mundo que él llama la ideología tripartita. La definió en 1939 en un libro titulado *Mythes et dieux des Germains*. Según los indoeuropeos, las sociedad ideal está dividida en tres castas ritualmente separadas: los sacerdotes, los guerreros y los productores. Esa estructura de la sociedad se encuentra en numerosos niveles, por ejemplo, en el panteón de las religiones clásicas: la tríada latina Júpiter-Marte-Quirino corresponde a una tríada germánica Odín-Thor-Freyr, así como a una tríada india, Varuna-Indra-Naatya. Georges Dumézil ve también una aplicación del espíritu indoeuropeo en la sociedad del Antiguo Régimen francés, con su clero, su nobleza y su tercer estado. Basándose en una inmensa erudición —los textos sobre la religión romana arcaica y los dedicados al Cáucaso son extraordinarios— esos estudios han planteado grandes y temibles preguntas para las que el autor no siempre ha encontrado respuesta... cosa que haríamos mal en reprocharle. Las correspondencias establecidas entre la mitología india y la mitología itálica ¿son el resultado de un origen común, de una influencia tardía o de otro fenómeno más complejo? ¿Cómo es que la mitología griega se presta mal a ese análisis y la mitología japonesa, que no tiene nada que ver con la ideología indoeuropea, es un ejemplo de tripartismo? Ya hemos visto que los medievalistas se interesan también por «los tres órdenes del feudalismo».

Galos, griegos y romanos

Los contactos entre los celtas y los griegos sin duda permitieron la introducción de los primeros textos desde el comienzo de la colonización. Una piedra epigráfica grande, de serpentina verde, exvoto del santuario de Afrodita en el siglo IV antes de C., se encontró casualmente en Antibes. Puede considerarse que ese descubrimiento es auténtico, y representa uno de los documentos epigráficos más antiguos encontrados en Francia. A partir de fines del siglo III, el empleo de monedas en las transacciones económicas, a imitación del mundo helenístico, contribuye a difundir las imágenes símbolos de los pueblos y sus nombres, que a menudo aparecen mal escritos.

Monedas galas e identidad de los pueblos

A falta de textos explícitos, el protohistoriador acude al numismático, que para la época gala dispone de una documentación de primer orden: más de 30 000 monedas de los dos últimos siglos antes de C. procedentes de toda la Galia. Esas monedas, que vuelven a situarse en su contexto arqueológico, aclaran importantes aspectos de la historia económica, artística, étnica y política. En Alesia, la identificación étnica de las monedas galas indica el origen de los refuerzos que acudieron en ayuda de Vercingetórix, sitiado por Julio César. Gracias a ellas se comprueba que los pueblos de la Galia Bélgica, que entonces se extendía hasta París, los de la Armórica y de Aquitania no escucharon la llamada del jefe galo, que sólo pudo federar a los pueblos del centro y del este de la Galia céltica. Hay monedas de oro y de cobre que llevan su nombre. La mención epigráfica de un personaje es rara, y sólo se encuentra al final de la independencia gala. Casi todas las otras monedas se reconocen por la imagen que llevan grabada y por su aleación, pero pocas veces por el nombre. Colbert de Beaulieu ha utilizado la distribución geográfica de los descubrimientos de cada clase de monedas para comprobar los límites de la influencia étnica: así, las monedas de plata de los *redones* se concentran en un radio de 40 km alrededor de Rennes, llegan por el norte al territorio de los coriolitas, y aparecen en tres depósitos descubiertos en la isla de Jersey.

En 1974, al hacer las obras de una traída de aguas, se encontró un tesoro en Trébry (Bretaña), dentro de un vaso de cerámica común. Comprende 1 756 monedas galas, atribuidas a la ciudad armoricana de los coriosolitas. Un estudio iconográfico y técnico ha permitido clasificarlas en seis grupos. En el anverso se ve una cabeza humana de perfil, con el pelo encrespado, y en el reverso un caballo al galope y encima de él una figura muy estilizada (¿el auriga de las primeras monedas imitadas de los prototipos griegos de Filipo de Macedonia?); entre las patas del caballo hay una figura pequeña que parece un jabalí. El análisis por activación neutrónica en reactor ha dado resultados precisos de composición del metal. La aleación de esos «vellones», una mezcla de plata, cobre y estaño, no es constante para cada clase. Katherine Gruel y Jean-Noël Barandon han comprobado una significativa disminución de la masa de plata de las monedas, que llega al 25 % entre las clases V y IV. En este caso, la identidad étnica va acompañada de la identidad económica del grupo.

Escritura y civilización clásicas

La escritura se extiende después por la Galia meridional; está grabada en la piedra y en la cerámica. Los caracteres son griegos; esos documentos datan de los tres últimos siglos antes de nuestra era. El helenismo de las dedicatorias grabadas en los vasos ofrecidos a Aristeo, nieto de Zeus, dios protector de los ganados y los campos en un santuario del sur de Francia, refleja por la lengua y el nombre de los fieles la comunidad focense fundadora de Marsella y de sus colonias. Jacques Coupry y Michèle Giffaut leeen en ellas:

> «El dedicante: Aristodemos, hijo de Dionnis de Marsella.» «Me ha consagrado en el recinto de Aristeo, al lado del altar, Poulymakhos de Dias (?), miembro de la profesión de los carpinteros de obra.»
>
> «Klea, hija de Oulis a Aristeo con agradecimiento.»
>
> «Si ella puede hurtar su corazoncito a Oulis, se alegra, Philto.»

Otros documentos son más anodinos; un fondo de vaso con inscripción, encontrado en Olbia, cerca del lugar anterior, dice en griego: «Salud, te enviaré una carta referente a los esclavos.»

Un contrato de transacción económica del siglo III antes de C. está grabado en dialecto jónico en una placa de plomo encontrada en Pech-Maho, cerca de Sigean (Aude): dos comerciantes jónicos, uno de ellos el redactor del texto, residentes en Pech-Maho, compran un barco pequeño en Ampurias; entregan las arras y ajustan las condiciones de los pagos ante varios testigos helenizados de origen ibérico. En el mismo sitio, varios textos e inscripciones etruscas e ibéricas confirman el carácter cosmopolita de esa ciudad mercantil.

Otras veces aparecen nombres galos escritos en griego del municipio de La Cloche, cerca de Marsella, una inscripción advierte: «Pertenezco a Eskengolatis, que no me roben». Y en una estela funeraria descubierta en Coudoux (Bocas del Ródano), se lee: «Atestas, (hijo de) Smerturix».

Esos dos últimos ejemplos son las premisas de una contaminación de la tradición oral por la tradición escrita. Los celtas, y con ellos los galos, ponían algunos reparos a la segunda; los druidas prohibían que se transcribieran los actos religiosos. Según Julio César, ellos eran los únicos que tenían derecho a redactar contratos y tratados oficiales. A pesar de eso, poco a poco va utilizándose el griego para transcribir nombres galos. Según Christian Goudineau, se conocen 400 documentos en escritura greco-gala repartidos por los valles del Ródano y el Saona. Algunos de los nombres designan personas y otros etnias.

La escritura desempeña un importante papel en el despertar de las identidades étnicas: una mano de bronce, procedente de la tienda de un anticuario marsellés del siglo XVIII, lleva esta inscripción, «Sumbolon pros Ouelaunious», «vale para los velaunii». Se supone que es un salvoconducto para los comerciantes de la tribu de los velaunii, que estaban establecidos en los Alpes meridionales, y que data del siglo II antes de nuestra era.

La inscripción del torques de oro de Mailly-le-Camp (Aube) lleva seis inscripciones del siglo I antes de C. Tres de ellas mencionan en caracteres griegos a los nitiobriges, tribu de la región de Agen. El nombre está precedido de símbolos, signos de cuentas de pesos o de valores. Se supone que es el registro de un tesoro religioso depositado por los nitiobriges.

Cuando los galos eran romanos

En menos de un siglo Roma hizo entrar a la Galia en un proceso que transformó totalmente su civilización. En el aspecto cultural el resultado es asombroso. La Galia romana aprende la lengua latina, medio de comunicación político, jurídico, económico, literario, filosófico, etc. La aristocracia gala comprendió en seguida que la romanización era algo que estaba a su alcance, y que era condición indispensable para prosperar. Los galos se decidieron a cambiar de nombre. El caso de una familia de Saintes, que gracias a una inscripción podemos seguir durante cuatro generaciones, es un ejemplo de que el fenómeno no era sólo una moda, sino una verdadera forma de afirmación social. El bisabuelo se llamaba Epotsorovidos, un solo nombre galo. Su hijo, al que Julio César hizo ciudadano romano hacia el 50-45 antes de nuestra era, tenía ya tres nombres, como los romanos, Cayo Julio Gedomo. Los dos primeros nombres eran los del «bienhechor» de la Galia, el señor de Roma, pero el apellido seguía siendo galo. Su nieto, Cayo Julio Otuaneunos, había conservado también el apellido galo, pero los tres nombres del bisnieto están ya romanizados, Cayo Julio Rufo. Es el que aparece en 19 antes de C. en Lyon como gran sacerdote de Roma y de Augusto en el altar federal de las Tres Galias.

Muchos galos fueron adoptados por César. Convertidos en ciudadanos romanos, añadieron en agradecimiento a su apellido galo el nombre de Cayo y el gentilicio Julio. Los otros emperadores romanos continuaron haciendo lo mismo hasta que en el año 212 Caracalla concedió la ciudadanía romana a todos los hombres libres del Imperio.

Otro ejemplo epigráfico nos muestra cómo la romanización podía servir para ascender en la categoría social. El mármol de Thorigny nos habla de un tal Tito Sennio Sollemnis, natural de Aragenuae, en Normandía, que en el siglo III era magistrado en su ciudad, y luego delegado en la asamblea de Lyon y gran sacerdote de Roma y de Augusto. Un año más tarde era oficial subalterno cerca del gobernador de Bretaña insular, y luego en el ejército de África. Así, después de haber ejercido un cargo municipal, un galo podía ocupar un puesto reservado de ordinario a un romano.

Hubo incluso un emperador «galo», Claudio (41-54), nacido en Lyon, que pidió la entrada de notables galos en el Senado. Embelleció varias ciudades con grandes monumentos, entre otros, los acueductos de Lyon, el anfiteatro de Saintes y el teatro de Feurs.

La lengua latina, símbolo de la romanidad al servicio de la Galia, se enseñaba a los niños, que escribían con un punzón en tablillas enceradas. Las inscripciones monumentales, los numerosos epitafios, las cuentas de alfareros grabadas en el barro, los sellos de oculista indican que el latín se había incorporado ya a la civilización galorromana. Françoise Beck y Hélène Chew, que acaban de darnos una visión de conjunto de esa importante fase de nuestra historia, observan que el galo se habló durante bastante tiempo, que en el siglo IV el padre de Ausonio entendía mal el latín, y que fue la Iglesia la que impuso definitivamente el latín en nuestro territorio.

Romanos y bárbaros

La prosperidad de la Galia, famosa en el mundo antiguo desde las épocas protohistóricas, se debía a la riqueza de sus campos de cereales y al trabajo de un artesanado muy activo. A principios de nuestra era, grandes fortunas permitieron la construcción de los centros monumentales de las ciudades. El comercio de productos alimenticios y de lujo creó las condiciones favorables para la formación de esas fortunas, de las que tenemos un ejemplo en el tesoro de Eauze. En los tiempos del Imperio romano, los traslados del ejército a través del país, y su estacionamiento en las ciudades renanas de la frontera o *limes,* aportaron grandes sumas de dinero y contribuyeron a un nuevo auge económico.

Se comprende la atracción que esas riquezas de la Galia romana tenían que ejercer sobre las tribus germánicas contenidas al otro lado del Rhin. Hacia 258 cedió una primera línea de la frontera del Rhin, y hubo que esperar cincuenta años para reconstruir el *limes.* A mediados del siglo III las amenazas habían creado un clima de inseguridad, y muchas ciudades de toda la Galia se rodearon entonces de murallas para vencer el miedo y demostrar el poder local.

Mientras que los historiadores del bajo imperio comentan esas reacciones del mundo antiguo ante la amenaza de los bárbaros, basándose en textos de cronistas y escritores de los siglos IV y V, como san Agustín, Sidonio Apolinar y san Avito de Viena, hombres cultos de origen aristrocrático, esencialmente contrarios al paganismo bárbaro, los arqueólogos abordan ese período estudiando el ajuar funerario de las necrópolis y los restos de la vida diaria de algunos hábitats rurales. Esa doble manera de ver las cosas, que lleva a veces a conclusiones contradictorias, nos descubre un trozo de historia que fue el germen de nuestra cultura nacional.

¿Quién era el rey franco Childerico?

Cuando en 1653 se descubrió en Tournai, cerca de la iglesia de Saint-Brice, la tumba del rey Childerico, considerado como el primer rey de los franceses, no se sabía muy bien cuál era la personalidad cultural de ese hombre que dio origen a la dinastía merovingia. Childerico vivió en el siglo V y murió en el año 481. Era uno de los reyezuelos francos que fueron a instalarse en la Galia como confederados del Imperio romano. Tenía que ayudar al ejército romano a mantener la paz en el país, reprimiendo los desórdenes internos y conteniendo a los germanos que amenazaban las fronteras. Por eso tuvo que guerrear al lado de los romanos contra los sajones, los visigodos y los alanos. Parece que fueron algunas tensiones con el general romano Egidio las que le obligaron a refugiarse durante ocho años en Turingia. Allí se casó con la esposa del rey, que le siguió a Tournai cuando volvió a su reino franco, y fue la madre de Clodoveo (466-511).

En su tumba, Childerico, vestido con ropas bordadas de oro, llevaba un anillo también de oro con su retrato y la leyenda CHILDIRICI REGIS. El rey está representado como un jefe germánico, con el pelo largo, que le llega a los hombros, dividido por una raya; sostiene una lanza, símbolo real, pero lleva también una coraza y un manto corto, como corresponde a su rango de oficial romano. La fíbula cruciforme de oro, insignia de alto funcionario imperial, sujetaba quizá los dos lados de ese manto corto. Kurt Böhner, que ha estudiado el ajuar de la tumba, cree que las monedas de oro, más de un centenar, encontradas en la bolsa de cuero del rey y acuñadas con la efigie de los emperadores, de Teodosio (450) a Zenón (426-491), representaban las pagas entregadas por el emperador. Había, además, doscientas monedas romanas de plata. Los otros elementos romanos de la tumba son, aparte la sortija de sello, el cinturón, el tahalí de la espada y las hebillas del calzado. Las tradiciones paganas germánicas están representadas por el rico ajuar que acompaña al rey, la naturaleza de las joyas y las armas, y la sepultura de caballo. El brazalete de oro es una distinción de los príncipes germánicos. El hacha arrojadiza o francisca, la punta de lanza y la espada larga son armas características de los francos. La forma de la espada, que lleva como adorno dos animales adosados en el pomo, y dos cabezas de pájaro en la contera, es también de estilo franco. En cambio, esos motivos están tratados según la técnica del tabicado de granates muy planos, en la que eran maestros los orfebres de las orillas del mar Negro. Es posible que el rey les encargase a ellos la decoración de su espada con granates orientales. El *scramasaxe,* gran cuchilla de guerra, rara en aquella época, se convirtió luego en una de las armas características de los francos. Está dentro de una vaina adornada también con granates tabicados, lo mismo que las hebillas del cinturón y del tahalí, y la bolsa, que lleva unas cabezas de caballo en los extremos. Los arreos comprenden un colgante en forma de cabeza de toro que caía sobre la frente del caballo, y adornos inspirados en modelos del bajo Danubio. De ese tesoro, robado en 1831, no quedan más que algunas piezas originales conservadas en la

Biblioteca Nacional de París, y algunos documentos. Son una muestra de la mezcla cultural de esa época, que es la que impone las formas nuevas y originales de la sociedad de la alta Edad Media.

La arqueología de los cementerios merovingios

Desde hace un siglo se han excavado miles de tumbas merovingias, pero son los recientes estudios sistemáticos de los cementerios los que nos informan sobre la población y las afinidades culturales de esos hombres. Un buen ejemplo es el de la necrópolis de Saint-Martin-de-Fontenay, cerca de Caen. Christian Pilet excavó, en 1985 y 1986, los 8 000 m^2 de ese gran cementerio en el que hay 880 enterramientos y 64 cremaciones. Por la diferencia de ritos, pueden distinguirse varias fases, relacionadas con la evolución de la población de esa zona. Durante el período del alto Imperio, predominan las incineraciones. El cementerio correspondía a una villa romana importante, situada al este de la necrópolis. A fines del siglo IV y durante el V, se encuentran algunos objetos romano-germánicos, e incluso de influencia danubiana, entre las ofrendas depositadas en las tumbas. Son fíbulas de bronce, atribuidas a soldados o a funcionarios, y fíbulas de mujer, en plata chapada, con formas que recuerdan las de Europa central. A fines del siglo V otro grupo de tumbas distintas, con armas como la espada grande para los hombres y numerosos objetos de adorno para las mujeres, representa sin duda al nuevo grupo que ocupaba el poder. El examen antropológico de los esqueletos confirma la llegada de gentes de fuera, y en particular la de mujeres de gran estatura, entre las que era costumbre deformar el cráneo. El examen global de la población demuestra la existencia de dos grupos con hombres y mujeres, uno indudablemente indígena y el otro extranjero. Las diferencias antropológicas y las separaciones en el cementerio se observan hasta el siglo VII. Se atribuye a ese movimiento de población el salto demográfico que se comprueba a fines del siglo V y en el siglo VI.

La excavación de un cementerio puede proporcionarnos así datos muy precisos sobre el papel desempeñado por extranjeros germánicos en la evolución de una comunidad rural. No conviene tampoco generalizar esas conclusiones, pero esos datos concretos constituyen una fuente suplementaria de gran valor para el estudio de ese período.

El descubrimiento de un fragmento de estuco con el dibujo de un barco escandinavo, al excavar un hábitat rural de La Grande-Paroisse, al este de París, ha despertado nuevamente el interés por los testimonios arqueológicos de las incursiones vikingas y escandinavas, y de la creación de un ducado de los «hombres del Norte», los «normandos». Mientras que todos los textos hablan de los estragos causados por esos terribles aventureros de los mares que, remontando el Sena, llegaron hasta París, donde fueron milagrosamente detenidos por sus habitantes, y que saquearon una tras otra Quentovic, cerca de Étaples, Ruán, Nantes y Burdeos, las fuentes arqueológicas no nos dicen casi nada de esos acontecimientos. En 1906 se encontró en la isla de Groix la única tumba de barco, según el rito funerario de los príncipes nórdicos, que se conoce en Francia. Bajo un túmulo de 2,30 m de altura, se descubrió un barco de roble que medía doce metros de largo, y una embarcación más pequeña de pino. Los restos de un cuerpo o posiblemente los de dos son, a juzgar por las ofrendas, los de un jefe de origen noruego y de su esclavo. Una espada de las llamadas de «Mammen», con incrustaciones de plata, permite fechar la sepultura a fines del siglo X. Las otras piezas del ajuar funerario, armas, adornos y joyas, un caldero de hierro, otros dos recipientes de bronce, y unas sujeciones de escudo confirman el origen escandinavo de los personajes, pero indican también una estancia larga en Francia y es posible que en Irlanda.

De otra tumba probable, descubierta en Pîtres (Eure) en 1865, la única de Normandía, procede un par de fíbulas de bronce dorado de las llamadas de «concha de tortuga». Están adornadas con calados y figuras de monstruos. Esos objetos de adorno del fines del siglo IX son escandinavos y femeninos, y es seguro que en la tumba habría otros que no se han encontrado. Esas dos fíbulas ¿eran parte del ajuar de la compañera nórdica de un vikingo? Parece probable, porque se han encontrado ofrendas como ésas en las sepulturas de Escandinavia. Otros restos atribuibles a los vikingos proceden del lecho de los ríos, del Sena, desde París a El Havre, y de la desembocadura del Loira. Son armas, espadas grandes, puntas de lanza y hachas, objetos perdidos o abandonados.

Algunos datos proceden también de excavaciones recientes de ciudades o hábitats rurales en las que se aprecian destrucciones y cambios en la evolución de la vida indígena que hay que achacar a la presencia nórdica.

¿Nos explica entonces la arqueología una realidad distinta de la que nos han transmitido las fuentes de la historia? ¿Cómo interpretar esa distorsión que quizás es sólo aparente? Resulta imprescindible comparar todos los datos de que disponemos para tratar de comprender lo que ocurrió. Lucien Musset se ha propuesto aclarar ciertos aspectos de ese período «de las invasiones». Después del 850, el poder franco de Neustria se rompe por razones internas y a causa de las incursiones vikingas y la colonización escandinava que se prolonga al menos durante tres generaciones. El poder carolingio se repliega hacia algunas ciudades, como Laon y Soissons, Boulogne-sur-Mer y Montreuil-sur-Mer, que organizan la resistencia. Algunas regiones, como Picardía y Flandes, conservan un poder fuerte, pero los bretones avanzan hacia Mayenne. Ante la amenaza nórdica, los monjes del monasterio de Saint-Ouen de Ruán se refugian en Condé-sur-Aisne y en Luxemburgo, mientras que los monjes de Saint-Wandrille huyen a Gante. A fines del siglo X el ducado de Normandía era ya un estado fuerte creado por los invasores en torno a Ruán. Los descendientes de Rollón, Ricardo I (942-996) y Ricardo II (996-1026) restablecieron las estructuras eclesiásticas, episcopales y monásticas. Esos recién llegados procedían en su mayor parte de Dinamarca y algunos de Noruega. Eran poco numerosos, y aunque ocuparon puestos de mando no tuvieron gran influencia sobre la población, salvo en las costas y en algunas zonas peninsulares como el país de Caux y el Contentin. Dejaron pocas huellas fuera del terrible recuerdo de su llegada, conservado en las crónicas y en la onomástica. Muchos de ellos se casaron y no tardaron en olvidar su lengua y quedar asimilados, salvo en la franja marítima. Su presencia se advierte en los ritos funerarios del siglo IX, pero es poco lo que sabemos del X. En los campos normandos puede seguirse una evolución sin ruptura desde mediados del siglo VIII, con la agrupación de las casas alrededor de alguna capilla, y la aparición progresiva de las parroquias rurales. Los castillos empiezan a construirse en el siglo X, y hay pruebas de que se roturan algunas tierras en el XI. Los vikingos y los escandinavos causaron mayores estragos en ciudades como Ruán, Nantes y Burdeos, situadas en la desembocadura de los grandes ríos pero, fuera de Normandía, su presencia duró poco tiempo. Eso explica que sea un acontecimiento histórico que ha dejado escasas huellas arqueológicas.

El despertar de la nación «Francia» y la aparición del concepto de patrimonio

La palabra «identidad» nos hace pensar en el título de la última obra de Fernand Braudel, *L'Identité de la France*. He aquí lo que dice en la introducción:

> ¿Qué puede entenderse, pues, por identidad de Francia, sino una especie de superlativo, una problemática central, un coger ella misma las riendas, el resultado vivo de lo que el interminable pasado ha ido depositando pacientemente por capas sucesivas, lo mismo que el imperceptible depósito de sedimentos marinos ha creado, a fuerza de tiempo, los fuertes cimientos de la corteza terrestre? En resumen, un residuo, una amalgama, una serie de adiciones, de mezclas. Un proceso, un combate contra uno mismo destinado a perpetuarse. Si se interrumpiera, todo se vendría abajo. Una nación no puede *ser* más que a costa de estar siempre buscándose, de transformarse en el sentido de su evolución lógica, de oponerse sin desmayo a los otros, de identificarse con lo mejor, con lo esencial de sí misma y, por consiguiente, de reconocerse a la vista de ciertas imágenes, de contraseñas conocidas por los iniciados, ya sean un grupo escogido o la masa entera del país, cosa que no siempre ocurre. Reconocerse por mil señales, creencias, palabras, excusas, vasto inconsciente sin orillas, oscuras confluencias, ideologías, mitos, sueños... Además de eso, toda identidad nacional implica por fuerza una cierta unidad nacional, de la que es como el reflejo, la transposición, la condición.[4]

Al leer ese párrafo comprendemos lo que puede aportar la arqueología a una concepción tan amplia y profunda de la historia. Una historia que gradualmente presenta múltiples realidades. Pero, ¿desde qué momento se puede hablar de nación francesa, es decir, de conciencia de esa identidad? El historiador nos dice que en Francia la idea moderna de patria aparece en el siglo XVI, que la nación toma forma con la Revolución, pero que la palabra *nacionalismo* la escribe

4. Fernand Braudel, *L'Identité de la France*, I, Arthaud, Flammarion, 1986, p. 17.

por vez primera Balzac. El concepto de patrimonio aparece al mismo tiempo. En Europa los grandes museos de arqueología nacional nacen en el siglo XIX; el de Saint-Germain-en-Laye se crea en 1862. El ciudadano que, según la ley, está encargado de proteger el patrimonio y de contribuir a valorarlo, ha de tener el sentimiento de identidad nacional. Es indudable que para muchos Lascaux representa un tesoro del patrimonio universal, pero es la colectividad nacional la que tiene que tomar a su cargo el conservarlo. Lo mismo puede decirse de los monumentos más conocidos, como el puente del Gard, la catedral de Reims o la torre Eiffel, pero también de otros objetos, auténticos tesoros nacionales, como la cabecita esculpida en marfil de mamut encontrada en Brassempouy, la crátera griega depositada en la tumba celta de Vix, las cabezas de piedra de Nuestra Señora de París... El patrimonio es ante todo diversidad.

CONCLUSIÓN

LA ARQUEOLOGÍA EN LA CIVILIZACIÓN CONTEMPORÁNEA

La igualdad entre los hombres es la de pertenecer a la misma especie; todos los hombres son mamíferos bípedos; su capacidad cerebral es de 1 500 cm^3; la parte anterior de su cerebro, desarrollada, le da el lenguaje articulado y el sentimiento profundo de ser el responsable de su supervivencia.

Hemos elegido jalones significativos de algunas etapas del dominio humano de los materiales y de los seres vivos. Podría estar preparándose una mutación sociocultural que haría que el hombre tuviera en sus manos las riendas del destino de su universo. El miedo colectivo que provoca, la dimensión metafísica de esa angustia se expresan en una obra llena de fantasía y de humor:

Tu porquería de fuego va a aniquilarnos a todos, a ti y a tu especie, y en un abrir y cerrar de ojos, créeme. ¡Venga ya! Yo me vuelvo a mi árbol, esta vez te has pasado de la raya, Édouard, y acuérdate de que el brontosaurio también se pasó de la raya y ¿qué ha sido de él? Adiós. Back to the trees!, gritó, llamando a los otros. ¡Vuelta a los árboles![1]

¿Qué testimonio da el arqueólogo, subordinado a la rápida evolución del descubrimiento de sus antepasados, escondidos e íntimos, de la existencia del hombre heredero de pronto de su propia historia, enriquecida y renovada en proporciones difíciles de concebir? El arqueólogo explora el espacio del hombre por inducción del pasado, valiéndose de los restos que arranca a la erosión de nuestro planeta, y por proyección de sus mitos. El rigor científico exige objetividad en el trabajo arqueológico y en la definición del pasado. Pero el historiador y el filósofo saben las precauciones que hay que tomar para alcanzar cierto grado de verdad. La ficción,

1. Roy Lewis, *Pourquoi j'ai mangé mon père,* Actes Sud, 1990.

debidamente controlada, permite ir más allá de la simple observación con una cierta fiabilidad.

Habremos examinado un poco por encima a través del tiempo las huellas de nuestros antepasados de ayer y de mañana, nuestros «seres soñados». ¿Podremos comprenderlas un poco mejor, ponerlas a salvo como nos pide la ley, ya que tienen muchas cosas que contarnos?

Vamos a hacer, para terminar, una pregunta de actualidad: ¿es posible conciliar la arqueología con las exigencias de la vida moderna?

REVIVIR EL PASADO, UNA UTOPÍA QUE HAY QUE CONSIDERAR

La arqueología experimental es una especie de ficción porque proyecta las hipótesis en una realización ideal, que resucita el acontecimiento pasado. Es evidente que el arqueólogo que destruye la capa de tierra a medida que la observa y hace sus anotaciones no puede valerse del método experimental del biólogo Claude Bernard, que provocaba, repitiéndolas en organismos vivos, reacciones similares para comprobar por el examen la comprensión del fenómeno. El arqueólogo, ante la imposibilidad de experimentar el pasado, pone a prueba las hipótesis que constituyen la imagen que él tiene de ese pasado.

Algunas interpretaciones demasiado absurdas se han tomado a broma. Los sitios en los que abundan los objetos de culto y la divinidades desconocidas tienen que ser por fuerza santuarios. Dos megalitos en un campo indican sin duda alguna la existencia de una vía prehistórica muy frecuentada, que vuelve a aparecer unos kilómetros más allá porque en ese sitio hay otro megalito. Un bloque de piedra de varias toneladas habían podido levantarlo gracias a la presión del agua de un depósito construido a su alrededor. Incluso cuando los arqueólogos son más críticos, sus hipótesis continúan siendo muy endebles. Un ejemplo es la excavación del campamento indio en el que la vieja Millie había vivido en su juventud. Los arqueólogos trabajaron como tienen costumbre de hacerlo en ese hábitat de dos mil años de antigüedad. Una vez terminado el trabajo, presentaron sus conclusiones a la vieja que, con ayuda de sus recuerdos, corrigió la reconstrucción que ellos habían hecho. Los recuerdos de Millie tenían la riqueza del testimonio vivido, algo que les falta a los arqueólogos.

La arqueología experimental puede paliar esa terrible ausencia de los actores; los pone en el escenario más convincente que pueda encontrarse, que son algunos centros, como el Archéodrome de Beaune, el de Samara, cerca de Amiens, el Pfahlbauland de Zurich, o la granja de la edad del hierro de Buster Farm, en Inglaterra. Los que hacen el experimento, especializados en la talla del sílex, en el arte de tejer, en la fabricación de vasijas de barro, en el trabajo del metal, en la preparación de los campos, en el cuidado de los animales domésticos, el tiro con arco, el descuartizamiento de piezas de caza, etc., representan su personaje inventado, teniendo en cuenta las observaciones arqueológicas y los primeros resultados obtenidos. Algunos buscan una asimilación más profunda con esos predecesores a los que quieren imitar: se aíslan del mundo actual y viven como en la edad de piedra en la reconstrucción prehistórica de Buster Farm. Es indudable que en todo ello no deja de haber una parte de ficción; es positiva en el estudio de los aspectos técnicos, y más discutible en cuanto al aspecto psicológico, porque se trata de una comunidad artificial muy aislada. Haciendo el esfuerzo físico de manejar los fuelles, el experimentador puede tener la impresión de abstraerse él también del tiempo presente y unirse a la legión de herreros prehistóricos, con sus fatigas, inquietudes y alegrías. Ese simulacro tiene el mérito de favorecer la exploración y el descubrimiento preparado con esmero en las mejores condiciones científicas.

En 1979, cuando la población vecina de la necrópolis de Bougon (Deux-Sèvres) fue a participar en la experiencia de arrastrar y levantar un bloque de 32 toneladas, se pusieron a prueba los medios técnicos y las maneras de hacerlo. Las hipótesis de partida estaban más cerca de la ficción que de la realidad, pero, a medida que las carpetas iban llenándose con observaciones arqueológicas, con comparaciones de historia antigua o etnología, con las observaciones hechas durante el desarrollo de las pruebas, la imagen que podíamos dar de los medios empleados en las construcciones megalíticas iba afinándose y alcanzaba un razonable grado de verosimilitud. Más allá del aspecto técnico, se hizo evidente una dimensión demográfica: si hacían falta doscientas personas para arrastrar una piedra de 32 t., la población que había intervenido en los trabajos tenía que estar compuesta por un grupo de 500 a 1 000 personas, si se añaden los niños y los viejos, y según que las mujeres ayudaran o no a los hombres (en Asiria y en Egipto sólo los hombres realizaban los grandes trabajos colectivos). Como la losa más pesada de la necrópolis de Bougon es la del túmulo A, que se ha calculado que pesa 90 t., es decir, tres veces más que la piedra usada en la prueba, para construir ese monumento haría falta una población de 1 500 a 3 000 personas. Comparemos esa cifra con el número de esqueletos encontrados en las tumbas megalíticas, 400 como máximo en toda la necrópolis, que se utilizó repetidas veces durante un período de dos mil años. Sacamos la conclusión de que en esas cámaras se enterraba únicamente a algunos personajes principales, y adivinamos una función muy simbólica de esos túmulos monumentales convertidos en santuarios. La hipótesis de una demografía bastante considerable nos lleva a hacer otras investigaciones, por ejemplo, algunas prospecciones para establecer un mapa de ocupación del suelo en el neolítico, con sus viviendas amplias, y rodeadas de zanjas o de accidentes naturales del terreno, y los restos de sus instalaciones sin duda más precarias en las proximidades de los campos. La experiencia de Bougon también nos ha permitido observar la organización de un grupo humano movido por una firme voluntad de llevar a cabo un proyecto, que confía en una autoridad técnica, y que elige espontáneamente a los que pueden asegurar el éxito de la empresa. Puede uno preguntarse si es posible en nuestros días una historia de los comportamientos humanos de orden social y psicológico, una idea que Jacques Cauvin ha expuesto ya a propósito de la adaptación de los hombres a su propio grupo en el proceso de neolitización del Próximo Oriente.

Reconstrucciones por la imagen y la palabra. De la novela prehistórica a la ciencia-ficción

Hay una abundante literatura prehistórica e histórica. Algunas de esas obras, más o menos bien documentadas desde el punto de vista arqueológico e histórico, pero por fuerza interpretaciones del autor, se han llevado a la pantalla. Todos hemos disfrutado viendo o volviendo a ver *Los últimos días de Pompeya, Espartaco, Ben Hur* o *La guerra del fuego*. Para épocas más recientes, una película, *Si Versalles pudiera hablar*, y una novela, *L'allée du roi*, podrían ser la ilustración de un trabajo arqueológico sobre los palacios de Versalles y de Saint-Germain-en-Laye. ¿Tienen esas reconstrucciones noveladas algún interés para la arqueología o no son más que el ejemplo de una inspiración histórica para una obra literaria?

Ben Hur o el protagonista de *La guerra del fuego* han hecho soñar a muchos niños y han despertado algunas vocaciones de arqueólogos. En esas novelas y esos guiones hay algo más que un simple ejercicio literario. Para comprender el efecto que producen, podemos comparar primero esas novelas y esas películas con las imágenes, pinturas o dibujos, que se han hecho populares desde fines del siglo XIX. En el verano de 1990 el museo de Solutré dedicó una exposición al tema prehistórico. En torno a los cuadros del pintor checo Zdenek Burian (1905-1981) se reunieron verdaderas obras maestras que, de Paul Jamin en el siglo XIX, a Gilles Tosello y Eric Guerrier, artistas arqueólogos de hoy, ponen en escena la vida de los hombres de la prehistoria y difunden bajo esa forma de imágenes el conocimiento científico entre un gran número de personas. Cada una de esas escenas, «La huida ante un mamut», «Caza de pájaros prehistórica», «El valle del Sena hace 200 000 años», «Entrada de la gruta del Arago, Tautavel», es una síntesis de lo que sabemos de los homínidos, de su forma de vida, de su entorno natural. La imagen fija la idea que nos hacemos de esos antepasados primitivos; para muchas personas, las palabras Cro-Magnon, Neandertal, pitecántropo no van unidas a unos esqueletos, sino a esas reconstrucciones del pasado, teñidas sin embargo de cierta subjetividad. En el campo de la historieta, la figura de Astérix, imagen típica del galo pendenciero y astuto, nos hace reflexionar sobre el inevitable mensaje que transmiten esos episodios. Los grabados de Épinal son temibles por su fuerza de evocación y su capacidad simplificadora: ¡Vercingetórix tira su espada a los pies de César vencedor! Sin ser tan caricaturescas, algunas obras eruditas ofrecen una visión parcial de la historia. Una de las más épicas sigue siendo los *Relatos de tiempos merovingios*, escrita por Augustin Thierry entre 1835 y 1840. El autor nos presenta la barbarie en todos sus excesos románticos, que son a su vez fuentes de críticas y preguntas. ¿Y qué pensar de los propios testimonios? La arqueología puede aportar alguna luz o algún punto de vista que complete o renueve la comprensión de una lectura de *La guerra de las Galias* de César, de *La historia de los francos* de Gregorio de Tours, de las *Memorias* de Joinville, o incluso de las crónicas campesinas de los tiempos de la Revolución francesa.

La riqueza particular y subjetiva de todos esos documentos nos incita a la crítica, pero también a algunos viajes por mundos fantásticos, unidos a nosotros de una u otra manera como lo sugiere este párrafo:

> Es necesario que el lector recuerde que la descripción que acabo de hacer de la Rapide no es la que habría hecho Grande-Dent, el otro yo de mis sueños, mi antepasado prehistórico. Por medio de mis sueños mi yo moderno mira y ve por los ojos de Grade-Dent.[2]

Hemos citado ya la novela prehistórica de Roy Lewis, *Pourquoi j'ai mangé mon père* pero, como el título es bastante enigmático, es el momento de dar una breve explicación que ilustra a las mil maravillas el tema de esta obra, pero de una forma inesperada. Ernest, el protagonista de la novela prehistórica, se convierte en el hombre dominante de la horda, pero está asustado de tener un padre demasiado ingenioso que quiere acelerar el progreso inventando... el arco. Para devolver una cierta tranquilidad a los miembros de su grupo y de paso prestar un servicio al viejo obstinado, preso en el loco engranaje de una evolución precipitada, durante unos ejercicios dirige hacia él la nueva arma y dispara la flecha.

> Ese fue el fin de mi padre en cuanto carne, muchachos. Y estoy seguro de que fue el que él hubiera deseado: que le mataran con un arma verdaderamente moderna y se lo comieran de una manera verdaderamente civilizada. Su supervivencia ha quedado así asegurada en cuanto al cuerpo y en cuanto a la sombra. En este mundo vive en nosotros, mientras que en el otro su sombra interior pica, en trocitos tan menudos como para hacer pastel de carne, los elefantes soñados. Decís que os ha asustado al encontraros una o dos veces con él mientras dormíais. ¡Pero ya veis que también tenía aspectos simpáticos![3]

Otra forma de apropiarse o de reconocer dentro de uno mismo trozos del pasado, es la de interesarse por una personalidad histórica e identificarse con ella: Napoleón III se siente fascinado por César, Marguerite Yourcenar escribe la *Memorias de Adriano*, Hubert Monteillet contrapone a Nerón y *Nerópolis* a la ciudad cristiana virtuosa, etc.

La inspiración del pasado, reconstruido después de un estudio perfectamente arqueológico del entorno material y de

2. Jack London, *Avant Adam,* Librairie Félix Juven, París, p. 151.
3. Roy Lewis, *Pourquoi j'ai mangé mon père,* Actes Sud, 1990, p. 162.

las mentalidades sirve de base a temas que volvemos a encontrar en algunas novelas de ciencia-ficción, como si el largo tiempo borrase el presente.

La arqueología en el planeta de los simios

El novelista Pierre Boulle nos ha hecho ir esta vez con el periodista Ulysse Mérou al planeta de los simios, en el año 2500. Allí, unos cuantos humanos viven acosados por los monos, que los meten en reservas y hasta los encierran en jaulas cuando son recalcitrantes. No es que los monos sean muy malos con los humanos, es más bien que desconfían de ellos. Hay algo humano que continúa siendo incomprensible para los simios, que experimentan por ello enorme complejo de inferioridad. El problema moral de la evolución sigue sin resolverse: ¿por qué sólo el hombre goza de inteligencia? La orientación de ese tema de ciencia-ficción con trasfondo filosófico queda clara en esta escena arqueológica, en la que el chimpancé Cornelio, director de las excavaciones, descubre la prueba de una antiquísima intervención humana en su planeta, y comprende el error de sus congéneres de haber estancado, en beneficio suyo, la evolución:

> —¡Ulysse, Ulysse!
>
> Jamás le había visto en semejante estado. Casi no puede hablar. Los obreros que también han salido del hoyo, se apiñan alrededor del hallazgo e impiden que pueda verlo. Se lo señalan unos a otros con el dedo, y dan la impresión de estar simplemente divertidos. Algunos se ríen. En su mayoría son robustos gorilas. Cornelio los mantiene a distancia.
>
> —¡Ulysse!
>
> —¿Qué ocurre?
>
> Descubro a mi vez el objeto que hay en la arena, mientras él murmura con voz ahogada:
>
> —Una muñeca, una simple muñeca de porcelana... Es una visión tan familiar para mí que, al principio, no comprendo la emoción de Cornelio. Necesito varios segundos para darme cuenta... De pronto, lo insólito penetra en mí y me trastorna. Es una muñeca *humana*, que representa a una niña, una niña de las nuestras, *vestida*, y que dice *pa pa*.[4]

4. Pierre Boulle: *La planète des singes*, Julliard.

El viejo orangután no ha visto en esa estatuilla más que un simple juguete de cualquier monita, pero Cornelius, el chimpance, tiene ya miedo a sus investigaciones y lamenta que Ulysse esté presente.

La novela de ciencia-ficción presenta aquí un problema filosófico revelado por la arqueología y la paleontología humana. Lo hace de forma brillante, pero dentro de una situación inverosímil. Esa situación da rienda suelta al cuento, que turba y conmueve a los lectores.

Un mundo feliz, entre utopía y primitivismo

La novela de Aldous Huxley es más incisiva. Propone una reflexión moral sobre una condición humana poco alejada de la que revela la arqueología. Al Salvaje no se le ofrece más que alternativa, o una vida utópica absurda o una vida de indio primitivo, más humana en algunos aspectos, pero igualmente extraña y anormal. Ese libro, escrito hacia 1930 y publicado en 1932, es una fantasía aterradora que el paso de un cuarto de siglo actualiza en proporciones inquietantes, como admitió su propio autor. La utopía de la «fabricación en serie de los productos humanos», llevada a extremos fantásticos en el libro, se hace posible; es ya en parte una realidad. El bebé-probeta, llamado «bebé en frasco», está admitido en la mayor parte de los países. La promiscuidad sexual refleja una libertad de la vida individual que estaba integrada en el sistema económico y social. La fragilidad del sistema económico y político mundial se compensa con esa libertad caótica. La vida utópica orquestada por algunos dictadores bajo la amenaza de peligros como la bomba atómica, con la ayuda de los políticos y de los hombres de ciencia, es una busca de la felicidad, que se define como la aceptación de la servidumbre. El amor a la servidumbre se fomenta mediante técnicas de sugestión y de educación desde la primera infancia, con la selección de los individuos y la atribución a cada uno de ellos de un lugar determinado en la jerarquía social y económica, con el consumo de productos nocivos y dispensadores de placer, como medicamentos, drogas y medios de comunicación de masas, y por manipulaciones genéticas. Dos temibles alternativas se presentan al llegar a esa fase, los «totalitarismos nacionales militarizados» o un «solo totalitarismo supranacional, suscitado por el caos social resultante de la rapidez del progreso tecnológico en general y de la revolución atómica en particular, y que, ante la necesidad de aumentar el rendimiento y mantener la estabilidad, se desarrolla para tomar la forma de la tiranía... providencia de la Utopía.[5] La vía inesperada sería la descentralización de los poderes y la utilización racional de las ciencias aplicadas, es decir, la vía intermedia entre el primitivismo descentralizado y una cierta utopía nacida de nuestro mundo moderno ultratécnico.

¿Hay otras informaciones que puedan dar los arqueólogos para precisar nuestra visión del futuro?

Cita para dentro de 5 000, 22 000, 60 000 años

En su obra, *L'Identité de la France* Fernand Braudel nos ofrece un ejemplo de «glaciación ficción», «porque lo que ocurrió hace muchos siglos, en la noche de los tiempos, podría teóricamente volver a ocurrir en la noche ultralejana del futuro». Para tener una idea del fenómeno de la glaciación, el autor nos invita a imaginar la tierra dentro de varios millones de años. Els casquete glaciar se extiende abarcando Escandinavia, Alemania, Polonia, el norte de Rusia, Holanda y las Islas Británicas. Los glaciares alpinos bajan hasta los valles del Ródano y llegan a Lyon. Otra espesa capa de hielo cubre el Jura, los Vosgos y la Selva Negra. El Macizo Central y los Pirineos son inaccesibles. Los bosque de la zona templada actual han dado paso a la tundra siberiana y a la estepa en la que crecen unos pocos abedules. Sin nada que los detenga, los vientos fríos barren las cuencas parisiense y aquitana, y lanzan nubes de loes que se acumulan para formar dunas o mantos, tan buscados hace muchos siglos por los primeros agricultores en Alsacia, en el valle del Danubio, y en China, para cultivar entonces las plantas interglaciares. Mezclados con el barro, enormes bloques de piedra empujados por los glaciares cierran los valles. Algunos animales y plantas han desaparecido; otros resisten. Los hombres han tenido que abandonar algunas regiones, que dejar algunas de sus ciudades ancestrales, y agruparse en las zonas que todavía no están heladas. Muchos han huido a África, a América del Sur o a los mares ecuatoriales. El agua de los océanos, acaparada por el casquete glaciar, alcanza un nivel muy bajo y, al retirarse, deja de nuevo al descubierto inmensos

5. Aldous Huxley, *Le Meilleur des mondes,* Plon, 1977, p. 28.

fondos marinos; Gran Bretaña vuelve a estar unida al Continente.

Hemos visto que los arqueólogos-astrónomos, como André Berger, no consideran ya como una fantasía las próximas glaciaciones; dan fechas bastante precisas: dentro de 5 000 años la tierra conocerá una glaciación de amplitud media; después de un período de clima más suave, dentro de 22 000 años, vendrá una nueva glaciación más fuerte que la anterior; dentro de unos 60 000 años el clima será tan riguroso como lo era hace 20 000 años, en la época de la Dama de Brassempouy. Es decir de 10 a 15° menos con relación a la temperatura media natural.

Esa evolución natural ¿se verá modificada por la contaminación humana que acentúa el calentamiento por el efecto invernadero, por el aumento del gas carbónico, del metano, de los clorofluoracarburos y de los óxidos de nitrógeno? En 1990 un informe de la ONU acaba de confirmar los riesgos de cambios en las condiciones de vida de nuestro planeta. Pero, ¿cuándo, dónde y cómo?

En cualquier caso, hay que hacerce a la idea de que dentro de más o menos tiempo la Tierra no se parecerá a la que tenemos ahora ante los ojos, con todo lo que eso significará de nuevo despliegue de los recursos vegetales y animales, y es seguro que de una distribución de las poblaciones humanas en la tierra y en otros planetas.

¿PUEDE EXISTIR EL «HOMBRE FUTURO»?

El ejemplo del hombre de Neandertal, primo del hombre moderno, nos ha hecho preguntarnos si era previsible una nueva subespecie mutante del hombre, ya que en teoría era posible. En su libro, *Le geste et la parole*, André Leroi-Gourhan nos explica por qué cree que el hombre ha alcanzado una fase definitiva de la evolución de los homínidos. Si pensamos en los caracteres fundamentales de la posición vertical, el uso de la mano y del lenguaje, se adquirieron todos hace al menos tres millones de años.

Las transformaciones de la caja craneal han traído luego los cambios más importantes hacia el hombre moderno. ¿Dónde estamos ahora?

> El conjunto Parieto-occipital está estabilizado desde hace mucho tiempo por la posición vertical, y haría falta un

> cambio de postura para que se produjesen transformaciones por ese lado. La bóveda parece también estabilizada en su parte media: salvo algunas variaciones, el abanico cortical está completamente desplegado. Una última ventaja se ha conseguido en las zonas prefrontales con la pérdida de la visera orbitaria, y luego con la pérdida, todavía apenas iniciada, de las muelas del juicio. El progreso en esa dirección no puede ser indefinido, y hay que tener presente que, para continuar siendo hombres tal como lo concebimos nosotros fisiológica y mentalmente, apenas puede admitirse todavía una variación considerable.[6]

El autor recuerda la idea infantil de fines del siglo XIX que suponía que el hombre del año 2000 tendría un cerebro enorme, una cara minúscula y un cuerpo más bien raquítico. Ahora ya vemos que no ha sido así. En cualquier caso, todo cambio no podría producirse más que a escala de la evolución biológica, es decir, en varias decenas de miles de años. Y, si el hombre quisiera intervenir a toda prisa para aumentar el peso del cerebro, destruiría el equilibrio biológico actual, con la pérdida probable de la mano y de la dentadura y, por consiguiente, la de la posición vertical. ¡Y qué decir de una humanidad anunciada ya en las novelas de anticipación, con individuos sin dientes, larguiruchos y provistos de muñones para pulsar los mandos!

El estudio paleontológico del mundo viviente en su cuadro evolutivo nos pone ante dos posibles casos: o bien las especies han alcanzado un punto de equilibrio que dura y adquiere una cierta permanencia, como el tiburón y la tortuga, o bien las especies llegadas a ese punto de equilibrio se extinguen como los grandes mamíferos de la era secundaria.

André Leroi-Gourhan imagina que el hombre moderno vuelve a encontrar en el curso de sus viajes interplanetarios las condiciones del cuaternario antiguo en un astro lejano. Ve allí al elefante meridional y se encuentra con el pitecántropo. Podría apostarse a que, en ese ambiente «retro», el hombre no se convertirá otra vez en cantero de sílex.

Si el hombre no puede refugiarse en su pasado, ¿cuál es su porvenir? Los más pesimistas responderán que el hombre que es capaz de contaminar su planeta puede destruirse sin darse demasiada cuenta de que lo hace. Está también la angustia de ver aparecer al que tiene en sus manos algún apo-

6. A. Leroi-Gourhan, *Le geste et la parole,* Albin Michel, París, 1964, p. 183.

calipsis fatal. ¡Pero los hombres han sobrevivido a tantas pruebas y a tantas catástrofes naturales y humanas! Samuel Beckett ha dicho a su público que en el límite mismo de la desesperación hay ese poquito de ternura que nos hace responsables de nuestra supervivencia. Esa reacción afectiva se nutre de los recuerdos pegados a las cosas, bien arqueológicas, que Winnie ha ido sacando de su bolso en *Ah, les beaux jours!*; la mirada echada hacia atrás no tiene pertinencia más que en el momento, el de la identidad, adaptación moderna de la idea socrática del conocimiento de sí mismo.

¿Es posible conciliar la arqueología con las exigencias de la vida moderna?

La respuesta es, por supuesto, afirmativa. Es posible y urgente conciliar la arqueología con las exigencias de la vida moderna. En el capítulo I hemos visto que, como ciencia nueva que era, la arqueología formaba parte de la vida moderna, que utilizaba los instrumentos más perfeccionados de ella, y que sus conclusiones tienen el máximo interés para los que tratan de delimitar los múltiples aspectos de nuestro mundo contemporáneo. Pero los encargados de aplicar la ley que en numerosos países protege el patrimonio cultural y por ello arqueológico, o que piensan en la forma de mejorarlo, saben que la defensa de esos valores humanos es compleja y que se descuida a menudo en favor de otros valores más productivos. He aquí algunas contradicciones que conviene dejar atrás, si suponemos que la sociedad moderna se hace cargo de la arqueología.

La abundancia de los restos ocasiona cierto número de problemas: ¿qué hacer cuando en un yacimiento lacustre aparecen miles de postes hincados en el fango? ¿Hay que meter en un museo todos los trozos de teja de un barrio antiguo descubierto al hacer aparcamiento, y las paredes y los revestimientos del suelo? Cuanto más minuciosa es la investigación, más tentaciones siente el arqueólogo de conservar el mayor número posible de testimonios de su información: la forma ideal de excavar una cueva sería poner en saquitos, por categorías de documentos, la totalidad de las capas arqueológicas. Pero no, los arqueólogos no llegan a tanto. No son unos utopistas fanáticos que pretenden guardar todo lo que sean restos de la vida antigua e inmovilizar la vida moderna. Habría que derribar el centro de todas las grandes ciudades para mostrar las ruinas, pero es que debajo de las primeras ruinas hay otras. ¿Qué hacer si llega el caso de tener que decidir qué es lo que se exhibe? Un acuerdo con los distintos especialistas, con los responsables locales permite decidir qué se escoge.

El descubrimiento arqueológico y el estudio que lo acompaña, en las condiciones actuales de las grandes obras modernas, son una improvisación absolutamente contraria a la forma en que se programan esos trabajos. Hay que programar lo imprevisible y eso cuesta muy caro. Eso significa que esos vestigios están considerados como el patrimonio de todos, en la mayor parte de los casos, anónimo. El propietario de un terreno o una empresa que trabaja en ese terreno tiene el deber cívico de dar a conocer y proteger el patrimonio nacional. Ahora se destinan cantidades importantes para que los arqueólogos puedan intervenir, estudiar y poner a salvo, si es necesario, los restos del pasado. En Francia y en otros países se discute si la arqueología puede ser cosa de una iniciativa privada, de un alcalde o del director de una compañía, o si debe ser definida en sus grandes líneas por el Estado encargado de redacter la ley y de hacerla aplicar de acuerdo con unos principios discutidos por las instancias competentes. Esos principios parecen indispensables para dirigir unas operaciones, por definición, descentralizadas en el aspecto geográfico y cada vez más en el económico.

Uno de los principios repetidos por el Consejo superior de investigaciones arqueológicas es que la arqueología es una ciencia. Todos los arqueólogos están de acuerdo en eso, pero la cosa no es tan sencilla. El objeto arqueológico de una colección antigua puede no ser considerado como fuente de una investigación científica, sino como una obra de arte que decora un salón, como una pieza rara, con una preciosa pátina y un precio prohibitivo. Eso es lo que ocurre con algunas antigüedades aisladas que se encuentran en el mercado del arte. El valor científico depende del potencial informativo del documento y, por tanto, en muchos casos va unido al contexto de la excavación; puede corresponder a un valor comercial irrisorio —es lo más frecuente— o a un valor comercial considerable en el caso de algunos tesoros. Una vez más la ley ha de tener en cuenta dos situaciones opuestas: por un lado, protege la propiedad privada del objeto arqueológico, a condición de que se declare el descubrimiento, y facilita también la adquisición, por medio de compra y admitiendo donaciones, de toda serie arqueológica que tenga un valor de conjunto. La ley nacional e internacional, la Unesco, vigilan el tráfico ilícito de obras de arte y de arqueología, convertidas en patrimonio nacional, pero también, para traficantes, en moneda de cambio. La pérdida de esas obras se considera en un país como una pérdida de identidad cultural.

Es necesaria y urgente una movilización de todas las fuerzas culturales en el plano nacional e internacional. Hay que investigar la finalidad y las exigencias de la arqueología, y estudiar la armonización de los múltiples aspectos de la vida moderna para hacer frente a las dificultades inmediatas. Ponemos entre ellas la carrera por salvar los yacimientos arqueológicos destruidos ante la indiferencia general. Querríamos reservar un lugar especial a la necesidad de desarrollar la información y la educación para explicar la gestión científica de la investigació arqueológica, y el valor documental histórico que es inseparable del descubrimiento. Ese es todavía un terreno demasiado hermético para muchas personas y, sin embargo, es algo que les concierne. La información es primordial para hacer comprender a la gente que algunos cantos tallados o algunos trozos de platos de loza decorados con lagartos pueden ser tan importantes para la historia de los hombres como las conquistas de Alejandro o los cuadernos de Leonardo da Vinci.

En algunos casos la gente ha comprendido ya la importancia de ese pasado que reaparece. La posibilidad de acercarse a los sitios donde se realizan excavaciones atrae a muchos curiosos, simpatizantes y entusiastas. Dentro del marco de la política turística, se han abierto al público varios museos y parques arqueológicos. Podemos citar en Francia el monte Beuvray, Alesia, Bliesbrück, Carnac, Bougon, Les Eyzies, Saint-Bernard-de-Comminges, Tautavel, Glanum, Saint-Rémy-de-Provence, Vaison-la-Romaine, Orgnac, Solutré, etc. El colmo de la contradicción es que cuando la gente se maravilla hay que prohibir la entrada en Lascaux. La copia —hecha lo mejor posible— nos recuerda que el original existe, examinado con regularidad, como un enfermo muy viejo que se encuentra bien, y que su estado es el de un vivo de 17 000 años. Es un sentimiento doble el que se desprende de Lascaux, el de un profundo respeto por sus autores, y el de una extrema fragilidad de lo que nos dejaron. Desde que se descubrió la cueva hace cincuenta años, su destino, pero también el de millares de hombres paleolíticos de los que ella es testigo, está en nuestras manos.

ANEXO

Algunas indicaciones cronológicas

Año	Período	Clima (Caliente – Frío)	Hombres	Adquisiciones e inventos	Acontecimientos y culturas	Lugares
2000		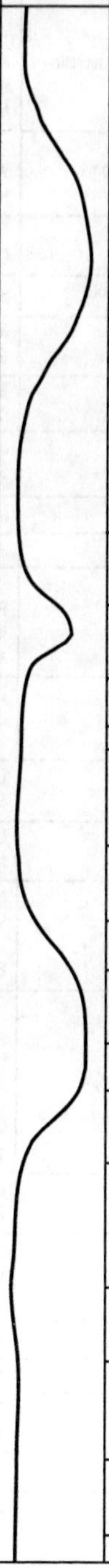	1955 Einstein	ingeniería genética conquista del espacio energía atómica	1949 Método del C. 14	1912 Titanic Le Creusot
1900	EDAD MODERNA		1890 Van Gogh 1821 Napoleón I	motor de explosión industrialización	1859 Darwin: el origen de las especies Lamark	Ironbridge Aube-Rouen
1800			1727 Newton 1715 Luis XIV	Ley de la gravedad	1789 Revolución francesa Montesquieu J.J. Rousseau	Forjas de Buffon Versalles Sant-Germain-en-Laye
1700			1642 Galileo 1610 Enrique IV			Sedan-Sadirac
1600			Copérnico 1547 Francisco I 1519 Leonardo da Vinci	loza Bernard Palissy	Lutero	Sainte-Marie-aux-Mines París-Louvre
1500			1431 Juana de Arco	navegación alrededor del mundo timón-mapas-brújula Gutenberg imprenta	1492 Cristóbal Colón 1453 Toma de Constantinopla por Mohamed II	Toulouse
1400				pólvora de cañón molino de viento collera de caballos		Mont-Saint-Jean Aviñón
1300			1270 San Luis 1227 Gengis Khan			Dracy Rougiers
1200					Universidad de París arte gótico	Nuestra Señora de París Citeaux
1100						La Charité/Loire
1000			996 Hugo Capeto		arte románico 910 fundación de Cluny	Charavines Le Chatelard de Chirens Douai Fécamp
900	EDAD MEDIA		814 Carlomagno		incursiones vikingas templo de Borobudur en Java	Villiers-le-Sec
800						Juvincourt-et-Damary Saint-Martin-de-Fontenay
700			639 Dagoberto 622 de la Héjira Mahoma		templos Khmer	Brebières Tours
600			511 Clodoveo	Imprenta en China		St-Denis Tournai
500			492 Childerico Buda		476 fin Imperio de Occidente Atila	
400			395 Teodosio 337 Constantino		314 división del Imperio romano	Metz Le Mans Arles Burdeos Eauze
300			275 Aureliano 211 Septimio Severo		276 los francos en la Galia 267 los godos en Atenas	Saint-Marcel
200	ANTIGUA		180 Marco Aurelio 117 Trajano	papel descubierto en China		Nîmes Narbona Boulogne-sur-Mer Lutetia: París
100			68 Nerón 14 Augusto		79 erupción del Vesubio Pompeya-Herculano Imperio romano	Aulnay-de-Saintonge Aix-Amiens Lyon-Arles
0					nacimiento de Jesús	Roma

Año	Período	Clima Caliente Frío	Hombres	Adquisiciones e inventos	Acontecimientos y culturas	Lugares
0	EDAD DE LOS METALES ANTIGUA		Julio César Alejandro Pericles	moneda tornillo de Arquímedes	nacimiento de Jesucristo	Alesia Bibracte-Glanum Manching
500			Sócrates Confucio Salomón		muralla de China nacimiento de Roma	Vi Hochdorf-Apremont
1000			Agamenón Tutankamen	hierro caballo montado	guerra de Troya éxodo bíblico	Micenas-Pilos Cnossos
2000					pirámides de Egipto	Stonehenge
3000	NEOLÍTICO		Menes, primer faraón	escritura rueda	dinastía de Ur ciudades-estado	Newgrange Gavrinis-Locmariaquer
4000				megalitos meta- lurgia-orfebrería		Bougon-Barmenez Cuiry-les-Chaudardes
5000				ciudades guerra		Jomon Salièles-Cabardes
6000				cerámica		Noyen-Star Carr
8000	PALEOLITICO SUPERIOR			agricultura	Sauveterrien	Jericó
10000				ganadería: perro pueblos	Aziliense Magdaleniense	Pincevent Niaux-Cueva de la Vache Angles-La Madeleine
20000					Solutrense Auriñaciense	Lascaux Cueva Bidon
30000			HOMO SAPIENS	navegación en australia	Perigordiense	Cro-Magnon Saint-Césaire
50000	PALEOLITICO MEDIO			arte		La Quina Neandertal
100000			HOMO SAPIENS NEANDERTALENSIS	sepulturas	Musteriense	Nice-Lazaret Qafzeh Biache-Saint-Vaast
200000	PALEOLITICO INFERIOR		HOMO ERECTUS	dominio del lenguaje articulado dominio del fuego	Achelense	Orgnac Tautavel
400000			HOMO HABILIS			Java Pekín
500000					Abbeviliense	Lunel Viel
1000000			AUSTRALOPITECUS	estructuras de hábitat		Soleilhac
2000000				primeros útiles	cantos rodados	Omo-Afar-Olduvai
4000000				bipedismo		Hadar (Lucie) Laetoli
6000000			PRIMEROS HOMÍNIDOS			Lothagam
7000000						Sugata

Índice onomástico

Impreso en Talleres Gráficos
DUPLEX, S. A.
Ciudad de Asunción, 26, int., letra D
08030 Barcelona